물리학 패러독스

물리학의 역사에서 가장 위대한 9가지 수수께끼

물리학 패러독스

인쇄 2014년 4월 30일 초판 1쇄
발행 2014년 5월 09일 초판 1쇄

지은이 Jim Al-Khalili
옮긴이 장종훈

발행인 채희만
출판기획 안성일
영업 김우연
편집진행 우지연
관리 최은정
발행처 INFINITYBOOKS

주소 경기도 고양시 일산동구 하늘마을로 158 대방트리플라온 C동 209호
대표전화 02-302-8441 **팩스** 02-6085-0777
Homepage www.infinitybooks.co.kr
E-mail helloworld@infinitybooks.co.kr

ISBN 979-11-85578-02-6
등록번호 제 313-2010-241호

* 이 책의 국립중앙도서관 출판시도서목록(CIP)은 서지정보유통지원시스템 홈페이지 (http://seoji.nl.go.kr)와 국가자료공동목록시스템(http://www.nl.go.kr/kolisnet) 에서 이용하실 수 있습니다.(CIP제어번호: CIP2014012835)

PARADOX

The Nine Greatest Enigmas in Science

물리학 패러독스

물리학의 역사에서
가장 위대한 9가지 수수께끼

Jim Al-Khalili 지음 / 장종훈 옮김

목차

감사의 말

이 책을 쓰는 동안 말로 표현할 수 없을 만큼 즐거웠다. 이 책의 내용 대부분은 학부 물리학을 가르치는 동안 천천히 모아 온 것들이다. 본문에서 논의하고 분석한 여러 패러독스들은 양자역학과 상대성 이론의 복잡한 개념들을 설명하고 강조하기 위해서 강의에서 예시로 사용했던 것들이다. 지난 몇 년간 나에게 조언과 도움을 주었던 분들에게 감사를 해야겠다. 내 저작권 대리인인 패트릭 월시Patrick Walsh와 트랜스월드Transworld의 편집자 사이몬 쏘로굿Simon Thorogood과 크라운Crown의 바네사 모블리Vanessa Mobley는 언제나 그랬듯이 나에게 아낌없는 응원을 보내 주었다. 또한 교열 담당자인 질리언 서머스케일스Gillian Somerscales의 유용한 코멘트, 수정 그리고 내 설명을 최대한 명확하게 만드는 그녀의 고집에 큰 빚을 졌다. 또한 지난 서리 대학Surrey University에서 수년간 가르쳤던 수백 명의 학부생들에게 현대 물리학의 더욱 미묘한 부분을 다룰 때도 진정성을 유지하도록 도움을 준 것에 대해 감사하고 싶다. 마지막으로, 내가 하는 모든 일을 부단히 지원하고 응원해 주는 나의 아내, 줄리에게 감사를 전한다.

서문

패러독스는 각양각색이다. 조금만 생각해 보면 알아낼 수 있는 단순한 논리적 패러독스가 있는가 하면, 어떤 것은 과학 법칙 전체라는 빙산을 깔고 앉은 놈도 있다. 대부분은 밑에 깔려 있는 한 가지 이상의 잘못된 가정을 조심스럽게 살펴봄으로써 풀어낼 수 있다. 하지만 이런 것들은 엄격하게 따지자면 패러독스라고 부를 수 없다. 한 번 풀려버린 퍼즐은 패러독스가 될 수 없으니까.

진정한 패러독스라면 순환 논리, 자기 모순적인 주장이 들어 있거나, 논리적으로 불가능한 상황을 설명하는 것이어야 한다. 하지만 패러독스라고 하면 보통은 패러독스가 아니지만 그렇게 보이는 것들도 포함한다. 빠져나갈 구멍이 있는 그런 퍼즐들 말이다. 듣는 사람 혹은 독자를 고의로 엉뚱한 길로 끌고 가는 꼼수나, 교묘한 속임수를 감추고 있는 패러독스일 수도 있겠다. 일단 비밀이 밝혀지고 나면, 모순은 사라지게 된다. 패러독스처럼 보이는 또 다른 유형은 처음에는 모순이거나 직관에 반하는 것처럼 들리지만 자세히 살펴보면 그렇지 않은 것들이다. 물론 여전히 결론은 다소 놀라운 것들이지만.

그리고 다음 유형으로 물리학의 패러독스들이 있다. 이런 유형은 모두 – 거의 다 – 약간의 기초 과학적 지식을 필요로 하는데, 이 책에서 내가 주로 다룰 것들이다.

그럼 우선 순수한 논리적 패러독스들을 간단히 살펴볼 텐데, 이건 그저 내가 이 책에서 이런 것들을 다루지 않을 것임을 명확히 하기 위해서다. 이런 문장도 순환 논리로 구성된 문장의 일종이다.

단순한 예를 하나 들어 보자. "이 말은 거짓말이다"라는 문장이 있다면, 첫 눈에 보기에도 충분히 뜻이 명확할 거라고 생각한다. 하지만 그 의미를 생각해 보면 이 문장의 뜻을 곰곰이 생각할수록 논리적인 모순이 보이게 된다. 이 짧은 문장 때문에 머리가 아플 수도 있을까? 만약 그렇다면 즐거운 고통이라고 말하고 싶다. 이를테면 그 자체는 패러독스지만 틀림없이 짓궂게도 가족이나 친구들에게 던져 주고 싶을 그런 문제 말이다.

보다시피 "이 말은 거짓말이다"라는 문장은 지금 하고 있는 말을 거짓이라고 선언함과 동시에 그 문장 자체가 거짓이 되어 결과적으로 거짓말이 아니게 되어 버린다. 만약 그것이 참이라면 – 즉, 그 문장이 거짓이라면 – 거짓말이 아니게 되는 식으로 무한히 반복된다.

그런 류의 패러독스는 얼마든지 있지만 이 책에서 다룰 내용은 그런 것이 아니다.

대신 이 책에서는 내가 좋아하는 과학 속의 퍼즐과 수수께끼를 다룰 텐데, 모두 패러독스로 유명세를 떨친 것들이지만 주의 깊게 생각하고 적절한 관점에서 본다면 해결할 수 있는 것이기도 하다. 처음 보면 완전히 직관에 반대되는 이야기지만, 항상 마지막에는 어떤 미묘한 물리학적 가정을 빼먹었다는 것을 찾아낼 수 있다. 이런 미묘한 부분은 패러독스를 구성하는 기둥을 흔들고 결국 전체 구성을 무너뜨리게 된다. 이렇게 패러독스를 풀어냈음에도 불구하고 그 중 많은 것들이 여전히 패러독스라는 이름을 유지하고 있는 것은 처음 알려졌을 때 얻은 악명 덕분이기도 하지만, 부분적으로는 이런 패러독스들이 다소 복잡한 개념을 이해하는 데 매우 유용한 도구가 되기 때문이다. 아, 한편으로는 탐구해 볼 만한 맛깔나는 주제이기 때문이기도 하다.

앞으로 살펴볼 퍼즐 중 대부분은 처음 보았을 때 '패러독스처럼 보이는 가짜'가 아니라 진짜 패러독스로 느껴지는 것들이다. 그게 요점이다. 유명한 시간 여행자 패러독스의 간단한 버전을 보자. 만약 당신이 타임머신을 타고 과거로 돌아가 어렸을 때의 자신을 죽이면 어떻게 될까? 살인자인 당신은 어떻게 될까? 어렸을 때의 당신이 자라기도 전에 죽여 버렸으니 당신의 존재도 뿅하고 사라질까? 그렇다고 하면, 당신이 사람 잡는 시간 여행자가 될 때까지 나이를 먹을 일도 없을 텐데 누가 어린 당신을 죽일 수 있을까? 나이 든 당신에게는 완벽한 알리바이가 생겨 버린다. 당신은 존재한 적도 없으니까! 당신이 시간 여행을 하고 어린 당신을 죽이러 갈 때까지 살아 있을 일이 없다면, 어린 당신이 죽을 일도 없고 살아남은 당신은 다시 나이를 먹고 시간 여행을 해서 다시 죽이러 가고, 그러면 또 살아남을 수 없고, 그런 식이다. 이렇게 보면 완벽한 논리적 패러독스처럼 보인다. 한편 물리학자들은 이론적으로나마 시간 여행의 가능성을 완전히 배제하지 않고 있다. 그러면 어떻게 이 패러독스에서 빠져나올 수 있을까? 이 주제는 7장에서 다시 다룰 예정이다.

'패러독스처럼 보이는 것들'이 모두 그것을 이해하는 데 과학적인 배경지식을 필요로 하는 건 아니다. 그걸 보여주기 위해서 첫 번째 장은 상식적인 수준의 논리로 풀어낼 수 있는 그런 류의 패러독스로 채워 놓았다. 이걸로 뭘 하려는 걸까? 단순한 연관관계에서 잘못된 결론을 내리기 쉬운 간단한 통계 패러독스를 살펴보자. 널리 알려진 통계로 일반적으로 교회가 많은 도시에 범죄율이 높다는 것이 있다. 교회가 범죄의 온상이라고 보는 사람이 아니라면 종교나 도덕적 가치관을 떠나서 다소 아이러니하게 보일 것이다. 하지만 답은 간단하다. 교회의 수가 많은 것이나 범죄율이 높은 것 모두 인구밀도가 높기에 나타나는 공통된 결과다. A가 B의 원인이고, 또 A가 C의 원인이라고 해서, B가 C의 원인인 것은 아니다. (그 반대도 마찬가지고)

이번에도 처음에는 패러독스처럼 들리지만 일단 설명이 되고 나면 패러독스가 사라지는 간단한 문제를 살펴보자. 이 문제는 몇 년 전 내 가까운 친구인 스코틀랜드 출신 물리학 교수가 들려준 이야기다. 그가 던진 말은 이러했다. "잉글랜드로 가는 스코틀랜드인들은 양쪽 나라 모두의 평균 IQ를 높인다" 요점은 모든 스코틀랜드 사람은 잉글랜드 사람보다 머리가 좋으니까, 어떤 스코틀랜드 사람이 잉글랜드로 가더라도 잉글랜드의 평균 IQ를 높이게 된다. 한편, 스코틀랜드를 떠나서 잉글랜드로 가는 건 그 중에서 덜떨어진 사람들이나 할 법한 짓이니, 그들이 스코틀랜드를 떠나 주는 것이 스코틀랜드의 평균 IQ를 올리는 데 도움이 되는 것이다. 처음 봤을 땐 모순처럼 보이던 것이 간단한 논리적인 이유를 덧붙여서 우아하게 풀리는 것을 볼 수 있다. 물론 영국 사람들에겐 그렇지 않을 수도 있겠다.

1장에서 이렇게 별다른 과학적 지식 없이도 풀 수 있는 잘 알려진 패러독스 몇 개로 재미를 본 다음, 내가 엄선한 물리학의 패러독스 아홉 가지를 살펴볼 것이다. 패러독스의 내용을 설명하고 차례차례 비밀을 풀어낸 다음, 자신의 문제를 드러내 줄 숨어 있는 논리를 통해 패러독스가 없어지는 과정이나 왜 그것이 전혀 문제가 되지 않는지를 설명할 것이다. 이런 것이 모두 재미있는 건 지적으로 즐길 거리가 있고, 한편으로는 빠져나갈 구멍이 있기 때문이다. 여러분이 그저 어디를 살펴봐야 할지 알고, 꼼꼼히 들여다보거나 과학을 좀 더 잘 이해해서 아킬레스건을 찾아내기만 하면 이전까지 패러독스였던 것이 더 이상 패러독스가 아닐 것이다.

어떤 패러독스는 이름이 낯익을 수도 있다. 예를 들면, 상자가 열릴 때까지 그 안에서 죽어 있으면서 동시에 살아 있는 상태로 갇혀 있어야 하는 불쌍한 고양이인 슈뢰딩거의 고양이가 있다. 그보다는 좀 덜 유명하지만 알 만한 사람은 아는 맥스웰의 악마도 있다. 이 악마는 (고양이가 있는 상자 말고) 또 다른 상자에 앉아서 상자 속에 섞여 있는 분자를 정렬해서 과학의 가장 신성한 계율 중 하나인 열역학 제2법칙을 어길 수 있는 능력을 가진 것으로 묘사된다. 이런 패러독스와 그 해법을 이해하기 위해서는 약간의 과학적 배경지식이 필요하기에 나는 이 책에서 여러분들에게 미적분학이나, 통계역학, 양자역학에 대한 지식 없이도 이것을 이해하고 즐길 수 있도록, 가능하면 혼란을 주지 않고 과학적 개념을 전달하는 것을 목표로 삼았다.

그 외 다른 패러독스들은 내가 14년간 가르쳐 온 학부 상대성 이론 과정에서 골랐다. 아인슈타인의 시공간에 대한 아이디어들은 논리적 수수께끼들에 풍부한 양분을 제공해 주었다. 이를테면 헛간 속의 장대 문제, 쌍둥이 패러독스, 할아버지 패러독스 같은 것들 말이다. 그 외에 고양이나 악마 문제 같은 것들도 어떤 사람들에게는 충분히 재미난 문제일 것이다.

이 책에 쓸 위대한 수수께끼들을 선정하는 데 있어, 물리학에서 풀리지 않은 가장 어려운 문제들을 바로 꺼내 들 수는 없었다. 이를테면 우리 우주의 95%를 차지한다는 암흑 물질과 암흑 에너지는 대체 무엇으로 되어 있는지, 빅뱅 이전에는 무엇이 – 뭔가 있었다고 하면 – 있었는지 같은 문제 말이다. 이런 문제들은 과학자들도 아직 답을 찾지 못한 엄청나게 어렵고 심오한 것들이다. 우리 은하 질량의 대부분을 차지하는 암흑 물질의 성질 같은 문제는 스위스에 있는 거대 강입자 가속기 LHC가 앞으로도 계속 새롭고 흥미로운 결과를 쏟아낸다면 가까운 미래에 답을 알아낼 수도 있을 것 같다. 그 외에 빅뱅 이전의 시간에 대한 정교한 설명 같은 문제는 앞으로도 해결되지 않은 채로 남아 있을 것 같다.

이 책에서는 가능하면 합리적이고 넓은 범위의 주제를 고르려고 했다. 본문에서 다룰 모든 패러독스들은 시공간의 본질과 우주의 거시적, 미시적 성질에 대한 깊이 있는 질문들을 다룬다. 어떤 것들은 처음 보기엔 다소 이상할 수도 있는 이론적 예측들이지만 이론의 뒤에 숨어 있는 아이디어를 주의 깊게 살펴본다면 이해할 수 있게 될 것이다. 그럼 이제 독자 여러분과 우리의 의식을 확장시켜 줄 즐거운 여정을 함께하며, 우리가 과연 이 문제들을 풀어낼 수 있을지 없을지 한 번 알아보도록 하자.

THE GAME SHOW PARADOX
게임 쇼 패러독스

머리를 벙벙하게 만드는 단순한 확률 문제들

여러분은 게임 쇼에 출연해서 세 개의 문 A, B, C 중에 하나를 골라야 한다. 그 중 하나에는 차가 있고, 나머지는 염소가 있다. 여러분은 문을 하나 고르고 (A라고 하자) 어디에 무엇이 있는지 알고 있는 진행자가 다른 문을 열어서 (B라고 하자) 염소를 보여준다. 진행자는 여러분에게 "C로 바꾸시겠습니까?"라고 묻는다. 선택을 바꾸는 것이 이득일까 아닐까?

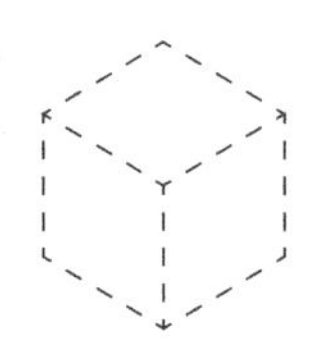

본격적으로 물리 이야기를 하기에 앞서, 몇 가지 간단하고 재미있지만 헷갈리는 문제로 몸을 푸는 게 좋을 것 같다. 이 책에 나오는 나머지 다른 이야기와 마찬가지로 여기 나오는 것 중에 진정한 패러독스는 없다. 그저 조심스럽게 풀어야 하는 문제일 뿐이다. 하지만 뒤에 나올 물리를 이해해야 하는 문제와는 다르게, 이 장에 나오는 패러독스들은 배경이 되는 과학 지식이 필요 없으며 그저 논리적으로 머리를 쓰면 해결되는 문제들이다. 맨 마지막에 나오는 가장 맛깔나는 문제인 몬티 홀 패러독스는 너무 헷갈리는 문제인지라, 이 문제를 해석하고 설명하는 데 굉장한 노력을 들였다. 몇 가지 다른 풀이법을 설명해 두었으니 입맛에 맞는 방식을 골라 보시길.

이 장에 나오는 퍼즐들은 이름도 그럴싸한 '진정한(veridical–진실을 말하는) 패러독스'와 '위장된(falsidical–거짓을 말하는) 패러독스' 둘 중 한 종류에 속한다. 진정한 패러독스는 상식에 반대되는 결론이지만 조심스럽게 논리적으로 들여다보면 사실인 종류이다. 사실 이런 종류의 묘미는 어딘가 꼼수가 있을 거라는 찝찝한 느낌에도 불구하고 그게 사실이라는 걸 보여주는 가장 설득력 있는 방법을 찾는 데 있다. 생일 패러독스와 몬티 홀 패러독스가 이 분류에 해당한다.

반면에 위장된 패러독스는 시작은 매우 그럴싸한데 결론이 이상하게 나오는 걸 말한다. 어쨌든, 이런 경우에 그 이상한 결과는 사실 미묘한 오해나 증명에 오류가 있어서 사실은 틀린 것이다.

위장된 패러독스의 예로는 몇 단계의 단순한 산수로 2 = 1을 증명하는 것 같은 수학적 장난들이 있다. 아무리 수학적 논리나 심각한 설명을 들이댄다고 해도 이런 결과를 참으로 받아들이도록 설득하긴 어려울 것이다. 여러분은 나처럼 수학을 좋아하진 않을 테니 이런 걸로 머리 아프게 만들고 싶지 않기에 여기서는 이런 류의 문제는 다루지 않겠다. 보통 이런 경우에는 증명 과정 중에 0으로 나누는 과정이 들어 있다는 것만 말해 두겠다. 보통 수학자들은 어떻게든 이런 실수를 저지르지 않으려고 한다. 대신, 여러분이 간단한 산수만 할 수 있다면 이해할 수 있는 몇 가지 문제에 집중해 보자. 우선 위장된 패러독스로 유명한 잃어버린 1달러와 베르트랑의 상자를 살펴보자.

잃어버린 달러의 수수께끼

이 문제는 내가 몇 년 전에 마인드 게임이라는 TV 퀴즈쇼에 나갔을 때 써먹었던 퍼즐이다. 아, 물론 내가 처음 만들었다고 하려는 건 아니고. 이 쇼의 규칙은 참가자들이 쇼의 진행자인 수학자 마커스 두 사토이Marcus du Sautoy가 낸 문제를 놓고 경합을 벌이는 것이었다. 거기에 각 참가자들은 자기가 좋아하는 문제를 들고 와서 다른 팀을 골탕 먹일 수 있도록 되어 있었다.

문제를 살펴보자.

세 명의 여행자가 호텔에 하루를 묵게 되었다. 카운터에 있던 젊은 직원이 침대 3개짜리 방 하나에 30달러를 받았다. 세 명은 방값을 똑같이 나누기로 하고 각자 10달러씩 내고 키를 받아서 묵을 방으로 올라갔다. 잠시 후에 직원은 자기의 실수를 알아챘다. 호텔에서 할인 행사가 진행 중이라서 25달러만 받아야 했던 것이다. 그래서 매니저에게 야단맞기 싫은 이 직원은 카운터에서 5달러를 챙겨 들고 계단을 올랐다. 방으로 향하던 중 그는 5달러를 세 명에게 똑같이 나누어 줄 수 없다는 걸 깨닫고는 1달러씩만 나눠 주고 나머지는 자기가 챙기기로 마음먹었다. 그럼 다 좋은 거 아니냐고 생각했다. 자, 여기서 문제가 생긴다. 3명은 각자 9달러씩 낸 셈이고 합하면 27달러인데, 직원이 챙긴 2달러를 합치면 29달러가 된다. 그럼 원래 30달러에서 1달러는 어디로 갔을까?

여러분은 한 번에 해답을 알아챘을지도 모르겠지만 나는 이 문제를 처음 들었을 때 금방 답을 찾지 못했다. 그래서 계속 읽어 내려가기 전에 여러분에게 잠시 생각할 시간을 주겠다.

답을 생각해 내셨는지? 보다시피, 이 문제는 문제를 설명하는 방식에서 오해를 만들고 있어서 패러독스처럼 보이는 것뿐이다. 추리 과정에서 27달러에 직원의 2달러를 더했는데, 그럴 이유가 하나도 없다. 왜냐하면 합산이 30달러가 될 필요가 없기 때문이다. 직원이 챙긴 2달러는 이 친구들이 지불한 27달러에서 빼는 것이 맞다. 카운터에 남은 돈은 25달러니까.

베르트랑의 상자

위장된 패러독스의 두 번째 예는 19세기 프랑스의 수학자인 조제프 베르트랑Joseph Bertrand이 고안한 문제다. (이것이 그의 가장 유명한 패러독스는 아니다. 그건 수학적으로 훨씬 복잡하다)

3개의 상자에 동전이 두 개씩 들어 있다고 가정해 보자. 각 상자는 반반씩 두 칸으로 나뉘어져 있고 각 칸에 동전이 하나씩 들어 있다. 각 칸은 따로 열어서 내부의 동전을 볼 수 있도록 되어 있다. (즉, 다른 칸의 동전을 볼 수 없다는 얘기다) 한 상자에는 금화 2개가 (GG라고 부르자), 두 번째 상자에는 은화 2개 (SS라고 부르자), 마지막 상자에는 금화와 은화가 하나씩 들어 있다.(GS) 그럼 금화와 은화가 함께 들어 있는 상자를 고를 확률은 얼마일까? 답은 간단하다. 당연히 1/3이다. 이게 문제는 아니고……

그림 1.1 베르트랑의 상자

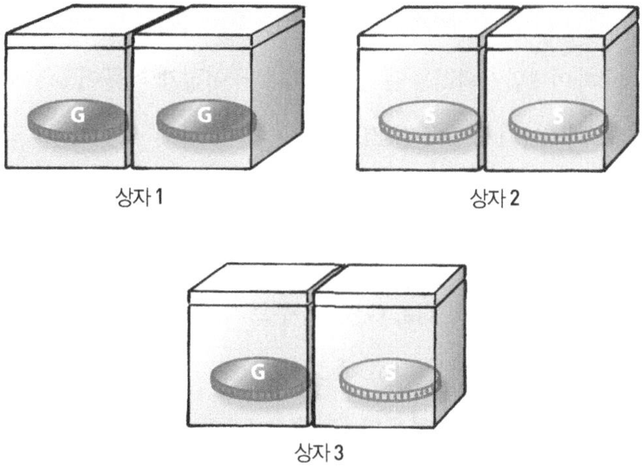

G G
상자 1

S S
상자 2

G S
상자 3

그럼 상자 하나를 임의로 골라보자. 그 중 뚜껑 하나를 열었을 때 금화가 들어 있었다면, 이 상자가 금화와 은화가 같이 들어 있는 상자일 확률은 얼마일까? 음, 일단 금화가 들어 있으니까 이 상자가 SS일 가능성은 없고, GG 아니면 GS일 가능성 두 가지만 남을 것이다. 그러므로 GS일 확률은 1/2이다. 그런가?

그럼 반대로 뚜껑을 열었을 때 은화가 나왔다면 GG를 제외하고 SS와 GS가 남을 테고, GS일 확률은 마찬가지로 1/2이 될 것이다.

선택한 상자의 뚜껑을 열었을 때 금화 혹은 은화가 나올 수밖에 없고, 각 종류마다 3개씩 있으니, 금화 혹은 은화를 찾을 확률이 같으니까, 어떤 동전이 나오든 GS 상자를 찾을 가능성은 1/2이 된다. 그러므로, 상자의 뚜껑 중 하나를 열어 보게 되면 그 상자가 GS일 가능성이 원래의 1/3에서 1/2로 달라진다. 그런데 뚜껑을 하나 열었을 뿐인데 이렇게 확률이 변하는 걸까? 여러분이 임의로 상자를 선택하면, 뚜껑을 열기 전에는 그게 GS일 가능성은 1/3이라는 걸 알고 있다. 그럼 둘 중 하나의 동전을 보는 것만으로 이에 대한 다른 추가적인 정보를 얻는 것도 없이 (어차피 여기서 나올 수 있는 건 금화 아니면 은화라는 걸 알고 있으니까) 어떻게 확률이 1/3에서 1/2로 바뀌는 걸까? 어디서 잘못된 걸까?

답은 여러분이 상자 안의 동전을 보든 보지 않든 확률은 항상 1/3이며 1/2이 되진 않는다는 것이다. 고른 상자에서 금화가 나왔다고 해 보자. 금화는 총 3개가 있으니 G1, G2, G3라고 부르기로 하고 GG 상자에는 G1, G2가, GS 상자에는 G3이 있다고 해 보자. 상자 하나의 뚜껑을 열어서 금화가 나왔다면 GG 상자일 경우가 G1 혹은 G2를 뽑는 두 가지 경우가 있지만, GS에 있는 G3을 뽑는 경우의 수는 한 가지뿐이다.

생일 패러독스

이 문제는 가장 유명한 진정한 패러독스 중 하나다. 앞서 살펴본 두 예와는 달리, 어떤 트릭도 없고 논리적인 오류나 교묘한 설명도 없다. 풀이가 여러분에게 설득력이 있든 없든, 이 문제 자체는 논리적으로도 수학적으로도 완벽하게 맞고 일치한다는 점을 강조하고 싶다. 이런 혼란스러운 부분이 이 패러독스를 더욱 재미있게 만들어 준다.

한 방에서 생일이 같은 사람이 한 쌍이라도 있을 가능성이 생일이 모두 다 다를 가능성보다 높으려면, 몇 명이 필요할까?

우선 약간 순진한 수준의 상식으로 생각해 보자. (물론 틀린 것으로 나오겠지만) 1년이 365일이니까, 강의실에 365개의 빈 자리가 있다고 상상해 보자. 학생 100명이 강의실에 들어와서 자기 마음대로 자리에 앉는다. 어떤 사람은 친구 옆에 앉고 싶어할 수도 있을 것이고, 몇 명은 잠을 자도 걸리지 않을 만한 뒷자리 아무 곳에나 앉고 싶어할 것이다. 공부 잘하는 학생들은 앞자리에 앉을 것이고. 학생들이 어떤 자리에 앉느냐는 별로 중요하지 않다. 어차피 2/3 이상은 비어 있으니까. 물론 누구도 이미 앉아 있는 자리에 올라앉지는 않겠지만, 앉을 수 있는 공간이 얼마든지 있다는 점을 감안할 때, 굳이 같은 자리에 앉고 싶어할 가능성은 다소 낮을 거라는 느낌이 들 것이다.

이런 상식적인 방법을 생일 문제에 적용해 보면, 100명의 학생 중 생일이 같은 사람이 있을 확률도 강의실에 자리가 많은 것처럼 고를 날짜가 많은 상황에서는 마찬가지로 낮을 거라고 생각할 수 있다. 물론, 간혹 생일이 같은 사람이 있겠지만, 직관적으로 생일이 같은 사람이 없을 확률이 더 높을 것 같다고 생각한다.

당연한 얘기지만, 366명이 있다면 (윤년은 빼고) 볼 것도 없이 한 쌍은 생일이 같을 수밖에 없다. 하지만 숫자를 줄여 나가면 상당히 재미있어진다.

사실 말도 안 되게 보일 수 있겠지만, 생일이 같은 사람이 있을 확률이 99%를 넘기려면 57명만 있으면 된다. 즉, 57명이 있으면 거의 확실히 생일이 같은 사람이 있다는 뜻이다! 이 자체만 놓고 봐도 굉장히 믿기 힘들 것이다. 하지만 이 문제의 답이 되는 '생일이 같은 사람이 있을 확률이 없을 확률보다 높은'(확률이 1/2 이상인) 경우의 사람 수는 57보다 훨씬 낮다. 이 경우는 23명밖에 안 된다!

대부분의 사람들이 이 답을 처음 들을 땐 굉장히 놀랍다고 생각하고, 심지어 그것이 맞다는 확신이 들어도 직관적으로는 믿기 어려운지라 계속 찝찝한 기분을 느끼곤 한다. 그래서 최대한 깔끔하게 수식을 써서 설명해 보려고 한다.

우선, 문제를 최대한 간단하게 하기 위해 윤년을 제외하고, 사람이 태어나는 날은 1년 중 모든 날짜에 대해 확률이 같으며, 쌍둥이가 없다고 가정하자.

많은 사람들이 이 문제를 두고 방 안에 있는 사람 숫자와 1년의 날짜를 연관지어 생각하는 실수를 저지른다. 그리하여 23명이 365일 중 하나씩을 고르는 거니까, 생일이 모두 다를 가능성이 그렇지 않을 가능성보다 높아 보이는 것이다. 하지만 이런 식으로 보는 것은 문제를 오해하는 것이다. 생일이 같다는 것은 한 사람씩 따지는 것이 아니라 사람들의 짝을 짓는 것이므로 짝을 지을 수 있는 가능한 다른 경우의 수를 생각해야 한다. 가장 단순한 것부터 해 보자. 세 사람이 있다면 짝을 짓는 방법은 세 가지다. A–B, B–C, A–C. 네 명이라면 여섯 가지다. A–B, A–C, A–D, B–C, B–D, C–D. 23명이라면 253가지 방법이 있다.[1] 이제 253 쌍 중 하나가 365일 중 한 날짜를 같은 생일로 갖는 경우를 생각해 보면 좀 더 믿기 쉬울 것이다.

이 확률을 올바르게 이해하는 방법은 한 쌍으로 시작해서 한 명씩 늘려가며 생일이 같을 확률이 어떻게 달라지는지 살펴보는 것이다. 생일이 같을 확률이 아니라, 새로 들어온 사람이 그 전에 있던 사람들과 생일이 다를 확률을 보는 것이다. 두 번째 사람이 첫 번째 사람과 생일이 다를 확률은 하루를 빼고 아무 날짜나 고를 수 있으므로 364 나누기 365가 된다. 세 번째 사람이 첫 번째와 두 번째 사람과 생일이 다를 확률은 363 나누기 365이다. 하지만 이때도 여전히 앞의 두 사람은 서로 생일이 달라야 한다는 점을 잊지 말자. (364 / 365) 확률 이론에 따라, 서로 다른 두 가지 일이 동시에 일어날 때는 각각의 확률을 곱해야 한다. 따라서 두 번째 사람이 첫 번째 사람의 생일을 피하고, 세 번째 사람이 첫 번째와 두 번째 사람의 생일을 피해갈 확률은 $364/365 \times 363/365 = 0.9918$이 된다. 결과적으로, 이 확률은 세 사람이 모두 생일이 다를 확률이고, 이 중 생일이 같은 사람이 있을 확률은 $1 - 0.9918 = 0.0082$이다. 세 사람 중에 생일이 같은 사람이 있을 확률은 여러분 생각처럼 꽤 낮다.

---

1 이것을 이해하는 수학적 방법으로 이항 계수라는 것이 있다. 이 경우, 계산은 다음과 같다.

$$\binom{23}{2} = \frac{23 \times 22}{2} = 253$$

이제 한 사람씩 더해 가며 생일을 피해갈 확률을 곱해서 이 확률이 0.5, 즉 50% 밑으로 떨어질 때까지 반복해 보자. 물론 그 때가 바로 생일이 같은 사람이 있을 확률이 50% 이상이 되는 시점이다. 이 분수를 23번째까지 곱하면 되는데, 23명째까지 생일이 다를 확률은 :

$$\frac{364}{365} \times \frac{363}{365} \times \frac{362}{365} \times \frac{361}{365} \times \frac{360}{365} \times \cdots\cdots = 0.4927...$$

← 23번째까지 분수를 곱해 나간다 →

따라서 23명 중 생일이 같은 사람이 있을 확률은

$$1 - 0.4927 = 0.5073 = 50.73\%$$

이 문제를 푸는 데는 약간의 확률 이론이 필요하다. 다음 문제는 어떤 면에선 좀 더 간단하다. 내 생각엔 이 점이 문제를 더 골치 아프게 만드는 것 같다. 문제도 간단하고, 설명도 쉽지만 파악하긴 어려워서 내가 가장 좋아하는 진정한 패러독스다.

몬티 홀 패러독스

이 문제는 베르트랑의 상자 문제에서 유래된 것으로 수학자들이 '조건부 확률'이라고 부르는 것의 막강함을 보여주는 예이다. 이 문제는 미국의 수학자인 마틴 가드너Martin Gardner가 1959년 〈사이언티픽 아메리카〉에 실린 '수학 게임'이라는 칼럼에서 소개한 세 죄수라는 문제에서 나왔다. 하지만 내 생각에는 몬티 홀 패러독스가 우수하고 깔끔한 예인 것 같다. 이 문제는 카리스마 넘치는 캐나다 출신 방송인 몬티 홀Monte Hall(Monty로 개명함)이 진행하던 장수 TV쇼 "Let's make a deal"의 시나리오로 소개되면서 그런 이름이 붙게 되었다.

스티브 셀빈Steve Selvin은 미국의 통계학자이며 UC 버클리의 교수이다. 그는 교수법과 지도력으로 수상한 경력이 있는 이름난 교육자이다. 연구자로서 그는 수학을 의학에 적용했는데, 그 중에 특히 생물통계학 분야에 기여했다. 하지만 그가 세상에 이름을 떨친 것은 그의 주목할 만한 연구 업적 때문이 아니라 몬티 홀 패러독스에 대해 쓴 놀라운 논문 덕분이었다. 반 페이지 정도밖에 안 되는 그 논문은 1975년 〈The American Statistician〉이라는 학술 저널에 실렸다.

셀빈은 그의 짧은 논문이 그렇게 큰 반향을 가져올 줄은 예상하지 못했다. 어쨌든, 〈The American Statistician〉은 연구자 혹은 교수들이 주로 읽는 전문 저널이었고, 그가 제시하고 풀어낸 그 문제가 사람들의 주목을 받기까지는 15년이 걸렸다. 1990년 9월, 수천만의 독자를 자랑하는 주간지 〈퍼레이드Parade〉의 한 독자가 "메릴린에게 물어보세요" 코너에 퍼즐을 보냈다. 그 코너는 세상에서 가장 IQ가 높은 (185였다) 사람으로 기네스 북에 등재된, 유명한 메릴린 보스 사반트Marilyn vos Savant가 독자들로부터 수학 퍼즐, 수수께끼, 논리 문제들을 받아서 답해 주는 코너였다. "메릴린에게 물어보세요"의 작가는 크레이그 휘태커Craig F. Whitaker라는 사람이었는데, 그는 그녀에게 셀빈의 몬티 홀 패러독스 개정판을 제안했다. 결과는 매우 주목할 만했다.

〈퍼레이드〉지에 실린 그 문제와 메릴린 보스 사반트의 답변은 미국 전체, 그리고 전 세계의 주목을 받았다. 그녀의 답변은 완전히 직관에 반하는 것이었지만, 셀빈의 해답과 마찬가지로 완전히 옳은 것이었다. 하지만 그 덕에 그녀가 틀렸음을 주장하고 싶어하는 격분한 수학자들의 편지가 쇄도했다. 그 중 일부를 발췌해 본다.

> 수학자로서, 일반 대중들의 수학적 소양이 턱없이 부족하다는 사실이 매우 걱정스럽다. 당신의 잘못을 밝혀 앞으로는 보다 신중한 태도를 취할 수 있도록 해 주겠다.
>
> 당신은 사고를 쳐도 아주 대형 사고를 쳤다. 당신은 여기서 기본적인 원리도 이해하지 못하는 것 같다. 이 나라엔 안 그래도 수학에 무지한 사람이 많건만, 세계에서 IQ가 제일 높은 사람이라는 이름이 퍼지는 게 부끄럽다!
>
> 다음부터는 이런 유형의 문제에 답하기 전에 확률 교과서를 구해서 좀 읽어 보시면 어떨까요?
>
> 적어도 세 사람의 수학자에게 지적을 당하고도 아직도 자기 실수를 모르는 걸 보니 충격이네요.
>
> 여자는 수학 문제를 볼 때 남자랑은 다르게 보는 모양이다.

휴, 사람들 성질하고는. 대놓고 면박을 주는 사람이 저렇게나 많다니. 사반트는 그 뒤에 그 문제를 다시 논의하였는데 기존 입장을 고수하면서, IQ 185짜리 사람답게 깔끔하고 확실하게 그녀의 주장을 펼쳤다. 이 이야기는 결국 〈뉴욕 타임즈〉의 표지를 장식했고 해당 논쟁은 아직까지도 유명하다. (궁금하시면 인터넷에 찾아보시길)

슬슬 이 패러독스는 너무 어려워서 천재들만 이해할 수 있을 거라는 얘기처럼 들리겠지만 사실 그렇진 않다. 이것을 설명할 수 있는 간단한 방법은 얼마든지 있고, 인터넷에도 글과 논문, 심지어 유튜브 영상까지 널려 있다.

어쨌든, 옛날 이야기로 두서없이 얘기하는 건 이쯤하고, 본론으로 들어가자. 1975년에 〈The American Statistician〉에 실렸던 셀빈의 원래 문제를 인용하면서 시작하는 게 좋을 것 같다.

확률 속의 문제

몬티 홀이 출연하는 유명 TV쇼 "Let's make a deal".

몬티 홀 : A, B, C라고 적힌 세 개의 상자 중 하나에 최신 1975년형 링컨 콘티넨탈의 열쇠가 들어 있습니다. 나머지 두 상자는 비어 있습니다. 열쇠가 들어 있는 상자를 고르시면 차를 가질 수 있습니다.

참가자 : 헉!

몬티 홀 : 상자를 고르시죠.

참가자 : B로 하겠습니다.

몬티 홀 : 이제 탁자 위에 상자 A와 C가 있고, 여기에는 상자 B가 있습니다. (참가자는 상자 B를 꼭 쥐고 있다) 저 상자에 열쇠가 들어 있을지도 모릅니다. 제가 100달러를 드릴 테니 상자를 넘기시죠.

참가자 : 아니오. 됐습니다.

몬티 홀 : 그럼 200 달러는 어떠십니까?

참가자 : 싫습니다!

방청객 : 안 되요!

몬티 홀 : 참가자분께서 고른 그 상자에 열쇠가 들어 있을 가능성은 1/3이고 비어 있을 가능성은 2/3라는 점을 명심하세요. 500달러 드리겠습니다.

방청객 : 안 되요!

참가자 : 아니오. 그냥 이 상자로 하겠습니다.

몬티 홀 : 그럼 제가 인심을 써서 탁자 위에 남은 상자 중 하나를 열어 드리겠습니다. (상자 A를 연다) 비어 있네요! (방청객 : 박수) 자 이제 상자 C 아니면 당신이 선택한 상자 B에 열쇠가 들어 있겠지요. 상자가 두 개밖에 남지 않았으니 당신 상자에 열쇠가 있을 확률은 이제 1/2입니다. 1000달러를 드릴 테니 상자를 주시죠.

잠깐!!!

몬티 말이 맞는가? 참가자는 탁자 위에 있는 상자 중 최소 하나는 비어 있다는 걸 알고 있다. 이제 상자 A가 비었다는 걸 알게 됐다. 이걸 알게 된 것이 상자 안에 열쇠가 있을 확률을 1/3에서 1/2로 바꿔 주는가? 탁자 위에 있는 상자 중 하나는 비어 있어야 한다. 몬티가 상자 중 하나를 열어서 비어 있다는 걸 보여준 것은 정말 호의를 베푼 것일까? 차를 얻을 수 있는 확률은 1/2인가 1/3인가?

참가자 : 상자 B를 팔고 C로 바꾸겠습니다.

몬티 홀 : 그거 참 이상하네요!

힌트 : 참가자는 자기가 뭘 하고 있는지 알고 있다!

위의 글에서, 셀빈은 문제의 중요한 부분을 빼먹었다. (관련성은 금방 밝혀질 것이다) 그는 글에서 몬티 홀이 열쇠가 어디에 있는지를 알고 있으며 항상 빈 상자만 골라서 열 수 있다는 점을 확실히 언급하지 않았다. 몬티 홀은 "그럼 제가 인심을 써서 탁자 위에 남은 상자 중 하나를 열어 드리겠습니다."라고 말했다. 나는 이 대사를 몬티 홀이 어느 상자가 비어 있는지 확실히 알고 있다는 의미로 받아들였지만, 나는 이미 이 문제에 익숙해진 상태였다. 당연한 부분처럼 보일 수도 있겠지만, 결국 참가자 입장에서는 어떻게 그게 영향을 미칠 수 있을까 하는 생각이 들 것이다. 조만간 이 문제 전체가 몬티 홀이 무엇을 알고 있느냐에 달려있다는 걸 확인하게 될 것이다.

그의 풀이를 받아들일 수 없었던 다른 수학자들의 비판을 받고, 15년 뒤의 메릴린 보스 사반트와 마찬가지로, 셀빈도 1975년 8월호에서 이 부분을 명확하게 언급한다.

> 나는 1975년 2월호에 보낸 '편집자에게' 코너의 '확률 속의 문제'라는 제목의 글에 대해 지적하는 편지를 몇 통 받았다. 몇몇 독자들이 내 답이 틀렸다고 지적해 주셨다. 내 풀이에서는 몬티 홀이 열쇠가 들어 있는 상자를 알고 있다고 가정한다.

이제 작은 부분이 바뀌면서 문제를 좀 더 조심스럽게 바라볼 수 있게 되었다. 좀 더 짧고 유명한 버전인 〈퍼레이드〉지에 실린 문제를 살펴보자. 이 버전에서는 세 개의 상자가 문으로 바뀌어서 나온다.

> 여러분은 게임 쇼에 출연해서 세 개의 문 A, B, C 중에 하나를 골라야 한다. 그 중 하나에는 차가 있고, 나머지에는 염소가 있다. 여러분은 문을 하나 고르고 (A라고 하자) 어디에 무엇이 있는지 알고 있는 진행자가 다른 문을 열어서 (B라

고 하자) 염소를 보여준다. 진행자는 여러분에게 "C로 바꾸시겠습니까?"라고 묻는다. 선택을 바꾸는 것이 이득일까 아닐까?

물론, 여기서 참가자가 염소보다 차를 더 좋아한다는 가정이 필요하다. 여기서는 이 점이 명시되어 있지 않은데, 추가로 참가자는 염소를 좋아하는 자전거 애호가는 아니라고 하자.

메릴린 보스 사반트는 수년전에 셀빈이 했던 답과 마찬가지로, 참가자가 선택을 바꾸는 것이 1/3에서 2/3로 확률을 높여 주기 때문에 항상 득이라고 말했다. 어떻게 그렇게 되는 걸까? 이 부분이 몬티 홀 패러독스의 가장 중요한 부분이다.

물론 대부분의 참가자들이 이런 선택에 놓이게 되면 무슨 함정이 있는게 아닌가 의심할 것이다. 상품은 분명 둘 중 하나에 같은 확률로 있을 텐데, 원래 선택한 A를 고집하지 않을 이유가 있는가? 물론, 참가자 입장에서는 차는 A 아니면 C에 똑같은 확률로 있다는 생각이 들 텐데, 그렇다면 원래 선택을 밀고 나가든 바꾸든 아무 상관이 없다.

이 모든 게 다소 의심스럽고 혼란스럽게 들리겠지만, 그래서 전문적인 수학자들도 잘못 풀기 쉬운 문제였다. 그럼 이제 이 패러독스를 설명하는 방법 몇 가지를 살펴보자.

확률 따져보기

이 방법은 어째서 선택을 바꾸는 것이 확률을 두 배로 올려 주는지 증명하는 가장 체계적이고 빈틈없는 방법이다. 여러분이 A를 골랐다는 걸 상기해 보자. 차가 어디에 있는지 알고 있는 몬티 홀은 남은 두 개의 문 중에

그림 1.2 몬티 홀 패러독스 : 문제

우승 상품은 세 개의 문 중 하나에 있는데...

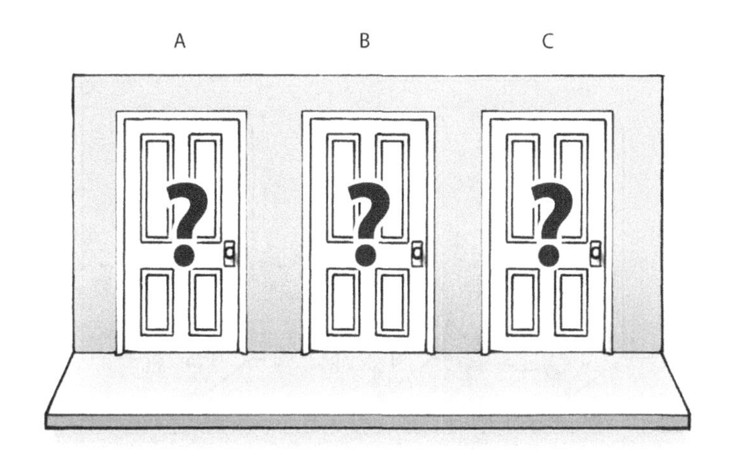

진행자는 B를 열어서 염소가 들어 있다는 걸 보여준다.
여러분은 원래 선택한 A를 고수하겠는가? 아니면 C로 바꾸겠는가?

그림1.3 몬티 홀 패러독스 : 해답

차가 어디에 있는지 알고 있는 몬티 홀이 B를 열어서 염소를 보여주었을 때, C로 바꿀 경우의 확률 2/3에 비해, 여러분이 A를 고수할 경우 차를 얻을 확률은 1/3이다.

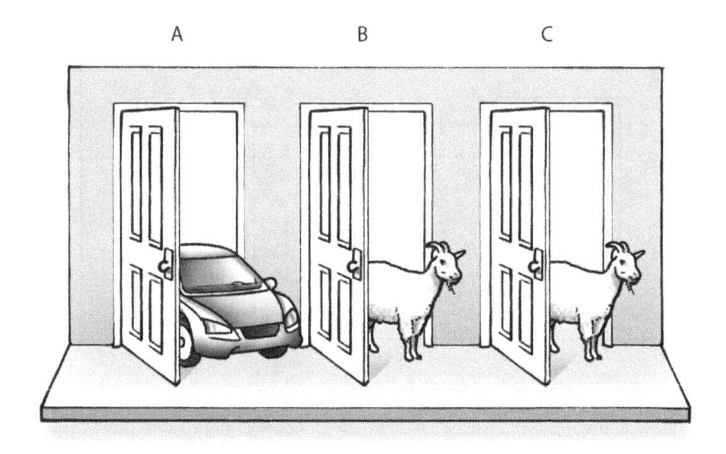

A를 고수할 경우 차를 얻을 확률 1/3

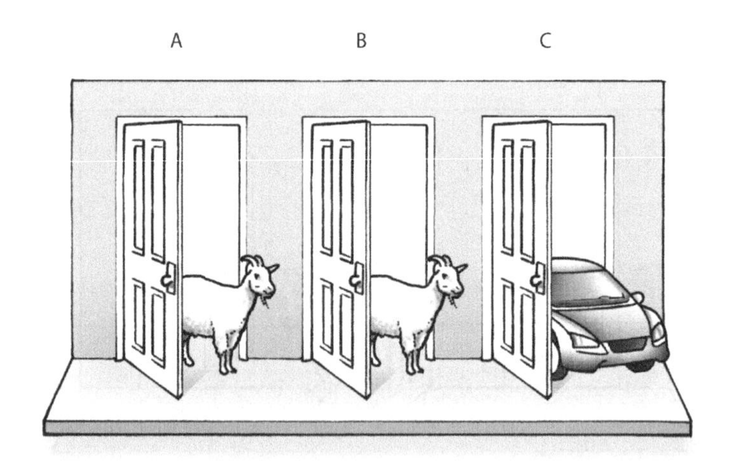

A에서 C로 바꿀 경우, 차를 얻을 확률 2/3

염소를 보여주었고 C로 바꿀 기회를 제안했다.

첫 번째, A를 고수할 경우를 따져 보자.

차는 같은 확률로 세 개의 문 중 하나에 감춰져 있다.

☐ 차가 A에 있다면, B나 C를 열어도 아무 상관이 없다. : 성공

☐ 차가 B에 있다면 C를 열어 줄 것이고, 여러분은 A를 선택해서 : 실패

☐ 차가 C에 있다면 B를 열어 줄 것이고, 여러분은 A를 선택해서 : 실패

그러므로 선택을 고수한다면 1/3의 확률로 이길 수 있다.

이제 선택을 바꿀 경우를 살펴보자.

이 경우도 차가 세 개의 문 중 하나에 있을 가능성은 모두 같다.

☐ 차가 A에 있다면, B나 C를 열어도 여러분은 선택을 바꾸었으니 : 실패

☐ 차는 B에 있고 C를 열어서 보여주었다면, A에서 B로 바꿔서 : 성공

☐ 차가 C에 있고 B를 열어서 보여준다면, A에서 C로 바꿔서 : 성공

이렇게 선택을 바꿀 경우에는 차를 얻을 확률이 2/3가 된다.

차가 어디에 있는지 알고 있는 몬티 홀이 B를 열어서 염소를 보여준다면 C로 바꿀 경우의 확률 2/3에 비해, 여러분이 A를 고수할 경우 차를 얻을 확률은 1/3이다.

수학 없이 증명하기 – 상식적인 접근

이것은 엄밀하게 말하면 증명이라고 할 수는 없지만, 앞의 풀이를 좀 더 쉽게 받아들이게 해 주는 수학을 쓰지 않는 설명 방법이다.

문이 세 개가 아니라 천 개이고 999개는 염소가, 1개에는 차가 숨겨져 있다고 해 보자. 여러분은 그 중 하나인 777번을 골랐다고 하자. 물론 777이 아니라 여러분이 좋아하는 어떤 숫자를 골랐을 수도 있겠지만, 초능력이 있지 않다면 어쨌든 차가 숨겨져 있는 문을 고를 확률은 천 분의 1이다. 그리고 차가 어디에 있는지 알고 있는 진행자가 나머지 문을 모두 열어서 염소가 들어 있는 걸 보여준다. 단 하나, 238번 문만 제외하고 말이다. 다시 무대를 살펴보면 998마리의 염소와 아직 닫혀 있는 238과 여러분이 고른 777, 두 개의 문이 남아 있다. 여러분은 선택을 바꾸겠는가? 바꾸지 않겠는가?

여러분이라면 이 상황에서 진행자가 남겨둔 그 하나의 문에 뭔가 있다고 생각하지 않을까? 우리는 임의로 문을 골랐지만 진행자는 우리가 모르는 뭔가를 더 알고 있었을 거라고 말이다. 진행자는 차가 어디 있는지 알고 있다는 점을 다시 떠올려 보자. 그는 당신이 염소가 들어 있을 가능성이 높은 문을 임의로 고르는 걸 지켜본다. 물론 염소가 들어 있을 가능성이 압도적이다. 그리고 진행자는 염소가 들어 있는 998개의 다른 문을 연다. 이제 이 마지막 문으로 바꿀 생각이 들지 않을까? 물론 그러고 싶을 거고 그게 맞는 선택이다. 차는 거의 확실히 진행자가 마지막까지 고의로 남겨둔 238번 문에 있다.

좀 더 수학적으로 설명하자면, 여러분의 선택으로 문을 두 그룹으로 나눌 수 있다. 그룹 1은 당신이 선택한 문 하나만 있고, 여기에 차가 있을 확률은 1/3이다. (천 개인 경우는 천 분의 1) 그룹 2는 나머지 문 전체인데, 이 중에 차가 있는 문이 있을 확률은 2/3이다. (혹은 천 분의 999) 그룹 2에서 염소가 들어 있는 어떤 문을 연다면, 거기에 차가 있을 확률은 0이고 열어 보지 않은 문들이 남는데, 이 남은 문에 차가 있을 전체 확률은 여전히 2/3이다. (혹은 천 분의 999) 왜냐하면 이 그룹 중 하나에 차가 있을 확률을 아직 열리지 않은 나머지 문들이 물려받게 되기 때문이다. 염소들이 있는 문을 쓸데없이 많이 연다고 해서 그룹 2의 어딘가에 차가 있을 확률이 바뀌지는 않는다.

사전 지식의 역할

이젠 의심의 여지없이 납득이 되었겠지만, 혹시 아직 미심쩍은 부분이 있을 경우를 대비해서, 사전 지식의 유무에 의한 중요한 차이를 명확히 보여줄 예시를 보도록 하자.

여러분은 고양이 두 마리를 사려고 한다. 동네 애완동물 가게에 전화했더니 주인이 말하길 오늘 막 까만색과 줄무늬, 새끼 고양이 두 마리가 들어 왔다고 한다. 암컷인지 수컷인지 물었는데, 아래와 같은 두 가지 답변을 들었을 때를 고려해 보자.

a) "둘 중 한 마리만 확인해 봤는데 수컷이에요."
다른 정보가 없다고 할 때, 두 마리 모두 수컷일 가능성은 얼마일까?

b) "줄무늬를 확인해 봤는데 수컷이네요"
이 경우 둘 다 수컷일 가능성은 얼마일까?

이 두 경우에 대해 답이 다르다는 걸 알게 될 것이다. 둘 다 최소한 한 마리는 수컷이라는 걸 알지만, 어느 쪽인지 알고 있는 건 두 번째 경우뿐이다. 그 추가적인 정보로 인해 확률이 달라진다. 왜 그런지 살펴보자.

우선 네 가지 가능한 경우를 살펴보자.

	검은색	줄무늬
1	수컷	수컷
2	수컷	암컷
3	암컷	수컷
4	암컷	암컷

a) 둘 중 하나가 수컷인 경우를 생각해 보자. 이 경우는 처음 세 가지 경우의 수가 가능하다. (1) 둘 다 수컷이거나, (2) 검은 놈만 수컷이거나, (3) 줄무늬가 수컷이거나. 그러므로 둘 다 수컷일 가능성은 1/3이다.

그런데, b)의 경우는 줄무늬가 수컷이라는 얘기를 들은 상황이고, 추가적인 정보를 통해 4번뿐 아니라 2번도 제외되어 둘 다 수컷이거나, 줄무늬는 수컷, 검은 놈은 암컷인 두 가지 경우만 남게 된다. 따라서 이제 둘 다 수컷일 확률은 1/2이다.

방금 본 것처럼, 둘 중 어느 녀석이 수컷인지를 알게 되자마자 둘 다 수컷일 확률이 1/3에서 1/2로 바뀌었다. 이것은 정확히 몬티 홀 패러독스에서 일어나는 일과 같은 상황이다.

하지만 잠깐, 꼼꼼한 비관론자의 얘기도 들어 보자. 고양이 이야기에서는 애완동물 가게에서 확률을 따져 보라고 추가 정보를 줬겠지만, 몬티 홀은 그렇지 않은데? 이런 반대의견을 통해 설명의 마지막 부분을 시작해 보자. 드디어 셀빈과 메릴린의 독자들이 그토록 헷갈렸던 부분을 낱낱이 밝혀 볼 수 있을 것 같다.

그럼 몬티 홀이 차가 어디에 숨겨져 있는지 모른다고 해 보자. 이제 그가 B를 열어서 염소가 있는 걸 보여주었다면 차는 A와 C에 있을 확률이 같다. 어떻게? 음, 문은 그대로 세 개이고 150번을 열어 본다고 해 보자. 단, 시작하기 전에 진행에 관계 없는 심판이 몬티 홀도 차가 어디 있는지 알 수 없도록 차를 임의로 옮긴다고 해 보자. 당신이 문을 하나 고르고, 몬티 홀이 남은 둘 중 하나를 임의로 연다면 거기서 차가 나올 확률은 평균적으로 1/3이다. 통계적으로 150번을 해 보면 50번이 그렇다는 얘기다. 이 50번의 경우에는 말할 것도 없이 게임오버다. 차가 나왔는데 게임을 계속할 이유는 없으니까. 나머지 100번은 몬티 홀이 B를 열었을 때 염소가 나온다. 이런 경우는 여러분이 고른 문에서 차가 나올 확률이 1/2이니 굳이 바꿀 이유가 없다. 즉, 50번은 여러분이 고른 데서 차가 나올 것이고 나머지 50번은 C에서 나올 것이다. 여기에 아까 몬티가 문을 열었을 때 차가 나오는 경우 50번을 더하면, 결국 차는 세 개의 문에 같은 확률로 있는 셈이다.

물론, 몬티가 차가 어디에 있는지 알고 있다면 쓸데없이 차가 있는 문을 열어버리진 않을 것이다. 요약을 위해서, 여러분은 무조건 A를 고른다고 하자. 150번 중 50번은 차가 정말 A에 있어서 선택을 고집할 경우에 1/3의 확률로 차를 얻는다. 나머지 100번은 절반은 차가 C에 있고 몬티는 B를 열 것이며, 나머지 절반의 경우는 차는 B에 있고 몬티는 C를 열 것이다. 이 100개의 경우에 몬티는 당연히 염소가 있는 문을 열고 나머지 하나는 그냥 둔다. 그러므로 선택을 바꾸는 경우에는 100개의 경우에 차를 얻게 되어서 총 2/3의 확률이 된다.

직접 해 보기

이 문제에 대한 마지막 칼럼에서, 메릴린은 천 개가 넘는 학교에서 이 문제를 직접 실험해 본 결과를 발표했다. 거의 모든 결과에서 바꾸는 것이 옳다는 결론을 내렸다. 이 패러독스를 직접 해 보는 방법은 수년 전에 내가 친구에게 설명할 때 어쩔 수 없이 써먹은 방법이기도 하다. BBC TV 과학 다큐를 찍으러 장거리 여행을 가는 중에 내 카메라맨인 앤디 잭슨이라는 친구에게 이 패러독스를 얘기해 주었다. 솔직히, 그 당시엔 나도 여기에 쓴 주장이나 설명에 훤히 알지 못했던 터라 트럼프 카드 한 통을 꺼내서 직접 시범을 보여주었다. 나는 빨간색 한 장과 까만색 두 장을 뽑아서 섞고 앞이 보이지 않게 엎어 놓았다. 그리고 조심스럽게 빨간색이 어느 것인지 확인하고는 앤디에게 뒤집지 말고 어떤 게 빨간색인지 맞춰 보라고 했다. 그리고는 내가 까만색인 걸 알고 있는 두 장 중 하나를 뒤집어서 보여주고, 골랐던 걸 바꿀 수 있는 기회를 주었다. 대략 스무 번 정도를 하고 나서 그 친구에게 선택을 바꾸면 확률이 두 배 정도 높아진다는 걸 보여줄 수 있었다. 그는 왜 그런 건지 알진 못했지만 적어도 내가 맞다는 건 납득했다.

앤디가 이 장을 읽고 지금에라도 왜 그렇게 되는지 이해하면 좋겠다. 여러분도 마찬가지고.

그럼, 몸풀기는 이쯤하고, 우릴 기다리는 아홉 가지 물리학의 수수께끼를 풀러 가 보자.

ACHILLES AND THE TORTOISE
아킬레스와 거북이

모든 움직임은 환상이다

날아가는 화살은 주어진 어떤 순간에 사진에서 볼 수 있는 것처럼 정해진 위치에 있다. 하지만 만약 우리가 이 순간만 볼 수 있다면, 그 자리에 있는 움직이지 않는 화살과 구분할 방법이 없다. 그러니 우리가 어떻게 화살이 움직이고 있다고 말할 수 있겠는가? 사실, 시간이라는 것은 이어지는 순간의 연속이므로 각각의 순간에 화살은 움직임이 없다. 움직이지 않는 것이다.

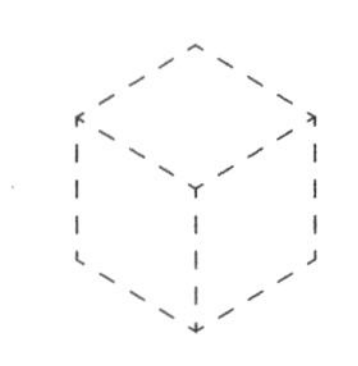

아홉 개의 패러독스 중 첫 번째는 지금으로부터 2500년 전으로 거슬러 올라간다. 오랜 기간 동안 이 문제에 대해 고민했던 걸 생각하면, 지금은 완전히 이해되고 설명할 수 있다고 해도 별로 놀랍진 않을 것이다. 그렇지만 여전히 대부분의 사람들은 처음 이 문제를 들으면 머리를 쥐어뜯게 된다. 이 문제는 아킬레스의 패러독스(혹은 아킬레스와 거북이 문제)로 알려져 있으며 기원전 5세기 그리스 철학자 제논Zenon이 내놓은 여러 문제 중 하나인데, 이보다 더 단순할 수는 없을 정도로 순수 논리 문제다. 하지만 겉모습으로만 판단하지 마시길. 이 장에서는 제논의 역설 몇 가지를 다루고 마지막에는 양자역학으로만 설명할 수 있는 최근의 문제로 마무리할 것이다. 음, 난 쉽게 하겠다고 얘기한 적 없다.

그렇지만 일단은 가장 유명한 패러독스부터 시작해 보자. 거북이가 발 빠른 아킬레스를 상대로 경주를 하게 되었는데 아킬레스가 출발할 시점에 거북이는 경주 중간의 어떤 지점(A라고 하자)에서 유리하게 출발한다고 하자. 아킬레스는 거북이가 기어가는 것보다 훨씬 빠를 테니, 그는 금방 A

지점에 도착할 것이다. 하지만 거북이도 그가 그 지점에 도착할 동안 짧은 거리를 더 움직여 B라는 다음 지점에 도착할 것이다. 아킬레스가 B지점에 도착하면 거북이는 또 C지점에 가 있을 것이고, 그런 식으로 반복된다. 따라서 아킬레스가 거북이를 따라잡을 동안 둘 사이의 거리는 단계마다 점점 짧아지겠지만, 실제로 아킬레스가 거북이를 영영 앞지르지 못하는 것처럼 보인다. 어디가 잘못된 것일까?

당신이 제법 영리하고, 논리 퍼즐이나 수수께끼, 아니면 일반적으로 깊이 사고하는 것에 정통하다고 해도, 고대 그리스인을 이기긴 어려울 것이다. 사실 이 고대 철학자들의 세심함과 논리에 대한 통찰력은 매우 대단해서 그들이 2000년도 훨씬 전에 살았던 사람이라는 것을 잊어버릴 정도다. 오늘날에도 천재의 예를 들 때면 아인슈타인과 함께 친숙한 이름인 소크라테스, 플라톤, 아리스토텔레스를 최고의 지성인으로 언급하곤 한다.

제논은 이탈리아 남서쪽의 고대 그리스 마을인 엘레아Elea에서 태어났다. 그가 엘레아의 철학자인 파르메니데스Parmenides의 제자였다는 사실 외에는 그의 연구나 삶에 대해 알려진 것이 많지 않다. 그들은 엘레아의 세 번째 철학자인 멜리소스Melissus와 함께 엘레아 학파를 만들었다. 그들의 사상은 세상을 이해하기 위해서는 항상 감각과 감각적 경험을 믿기보다 궁극적으로 논리와 수학에 의존해야 한다는 것이었다. 전체적으로 보자면 합리적인 접근이었지만, 이런 철학은 제논을 잘못된 길로 이끌었다.

우리가 그의 아이디어에 대해 알고 있는 얼마 되지 않는 부분으로 미루어 보면, 제논은 자신만의 견해를 많이 갖고 있었다기보다는 타인의 주장을 논파하는 데 중점을 두었던 것 같다. 이런 점에도 불구하고 제논보다 한 세기 뒤의 인물인 아리스토텔레스는 그를 변증법이라는 논법의 창시자로 칭송하고 있다. 변증법이란 논리와 추론을 이용해 의견의 불일치를 풀어 내는 문명화된 토론 방법으로, 플라톤과 아리스토텔레스 같은 고대 그리스인들은 이런 방식의 토론에 뛰어났다.

제논의 독자적인 연구 중 오늘날까지 남아 있는 것은 짧은 패러독스 하나뿐이고, 우리가 그에 대해 알고 있는 것은 대부분 플라톤이나 아리스토텔레스와 같은 이들의 책에서 유추한 것들이다. 제논은 40대 무렵 아테네를 여행할 때 젊은 소크라테스를 만났다. 말년에 그는 그리스 정치에 참여했고, 결국 엘레아의 군주에 대한 반역 혐의로 투옥당하고 고문을 받아 죽었다고 한다. 일설에 의하면 그는 동료를 배신하지 않으려고 스스로 혀를 깨물고 그를 붙잡은 이들에게 혀를 뱉었다고 한다. 하지만 그는 아리스토텔레스가 〈자연학Physics〉을 통해 전하고 있는 일련의 패러독스로 더욱 유명하다. 전부 마흔 개가 넘었을 것으로 믿고 있지만 전해지는 것은 얼마 되지 않는다.

제논의 패러독스들은 모든 것은 변하지 않는다는 생각에 바탕을 두고 있는데, 운동이라는 것은 단지 환상일 뿐이며 시간은 그 자체로는 실재하지 않는다는 것이다. 그 중에서 아리스토텔레스가 아킬레스, 이분법, 경기장, 화살이라고 이름 붙인 네 가지가 가장 유명하다. 물론, 그리스인들이 잘하는 한 가지를 꼽으라면 철학적 사색을 들 수 있고 '모든 운동은 환상일 뿐이다'와 같은 거창한 말은 그저 도발적인 관념의 한 종류일 뿐인 것도 사실이다. 오늘날의 우리는 과학적 지식을 통해 이런 패러독스를 쉽게 무너뜨릴 수도 있겠지만, 한편으로 이 문제들은 여기서 다시 다루어 볼 만한 재미있는 것들이기도 하다. 이 장에서는 이 문제들을 차례대로 생각해 보고 약간의 과학적인 분석으로 어떻게 풀 수 있는지 보도록 하자. 그럼 이미 앞에서 간단히 설명했던 문제부터 시작해 보자.

아킬레스와 거북이

이 문제는 제논의 패러독스 중 내가 가장 좋아하는 것인데, 첫 눈에 보기엔 더할 나위 없이 논리적이지만 예상치 못한 방법으로 논리를 벗어나 버리기 때문이다. 그리스 신화의 인물인 아킬레스는 엄청난 힘, 뛰어난 무술과 용기를 지닌 가장 위대한 전사이다. 테살리Thessaly의 왕 펠레우스Peleus와 바다의 요정 테티스Thetis 사이에서 태어난 그는 반은 인간, 반은 신적인 존재로 트로이 전쟁에 대한 이야기인 호메로스의 일리아드에서 돋보이는 인물이다. 심지어 어린 나이에도 사슴을 따라잡을 정도로 빨랐고 사자를 죽일 수 있을 만큼 강했다고 한다. 그러니 제논이 육중한 거북이와 신화 속의 영웅을 경주하게 만든 것은 극단적인 예를 든 셈이다.

이 이야기는 제논보다 한 세기 전의 이솝이라는 또 다른 그리스인이 지은 토끼와 거북이 우화에서 나온 것이다. 원래 우화에서는 거북이가 토끼에게 놀림을 당하고 토끼에게 경주로 도전하는데, 거만한 토끼가 절반쯤 가다가 낮잠을 자도 되겠다고 생각했지만, 따라잡기 어려울 만큼 푹 자버리는 바람에 거북이가 이기게 된다.

제논의 이야기에서는 발 빠른 아킬레스가 토끼의 역할을 맡는다. 하지만 토끼와 달리 맡은 바에 충실한 아킬레스였지만, 그도 거북이를 먼저 출발시키는 돌이킬 수 없는 실수를 저지르고 만다. 거북이는 경주가 아무리 길어져도 사진 판정이 필요할 정도로 근소한 차이로 항상 이기기 때문이다. 제논에 따르면 아킬레스가 아무리 빠르고, 상대가 아무리 느려도 아킬레스는 절대로 거북이를 앞지르지 못한다. 실제 현실에서는 정말로 이런 일이 일어날 수 없는 것일까?

무한 수열의 수렴이나 무한 자체에 대한 개념을 갖고 있지 않았던 그리스 수학자들에게 이것은 심각한 수수께끼였다. 이런 문제를 다루는 데 능숙했던 아리스토텔레스는 제논의 패러독스를 오류로 보았다. 문제는 아리스토텔레스를 포함한 당시 그리스인들 중 누구도 거리를 시간으로 나눈, 속도라는 가장 기본적인 개념을 이해하지 못했다는 것이다. 오늘날의 우리는 잘 이해하고 있는 부분이지만.

'영원히 거북이를 앞지를 수 없다'는 말은 물론 틀렸다. 각 단계마다 점점 줄어드는 거리와 그에 따라 점점 줄어드는 시간 간격으로 인해 이 단계가 무한히 많아진다고 하더라도, 그것이 시간이 무한히 걸린다는 뜻은 아니다. 사실 이 단계들을 모두 합하면 유한한 시간이 나온다. 바로 아킬레스가 거북이를 따라잡는 데 걸리는 시간이다! 이 패러독스가 혼란스러운 이유는 대부분의 사람들이 무한히 많은 숫자들을 합할 때 늘 무한한 결과가 나오지는 않는다는 점을 알아보지 못하기 때문이다. 이상하게 들릴 테지만, 무한히 많은 단계도 유한한 시간에 끝날 수 있으며 거북이는 따라잡히게 되고 아킬레스는 충분히 쉽게 앞지를 수 있다. 해답을 이해하려면 수학에서 기하급수(혹은 등비급수)라고 부르는 것이 필요하다.

다음 예를 살펴보자.

$1 + 1/2 + 1/4 + 1/8 + 1/16 + 1/32 \ldots$

점점 더 작아지는 분수를 계속 더해 나가면 최종적으로 2에 가까워진다는 결과를 확실히 볼 수 있다. 선을 하나 그리고 반으로 나누고 오른쪽을 계속 반으로 쪼개서 더 이상 종이에 그릴 수 없을 때까지 표시해 보자.

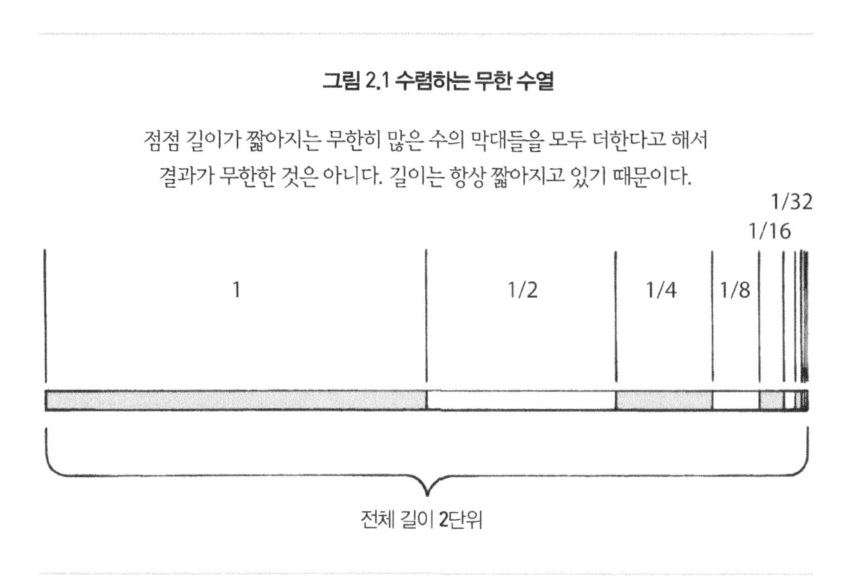

그림 2.1 수렴하는 무한 수열

점점 길이가 짧아지는 무한히 많은 수의 막대들을 모두 더한다고 해서 결과가 무한한 것은 아니다. 길이는 항상 짧아지고 있기 때문이다.

선의 중점까지의 길이를 1단위라고 할 때(1센티미터든, 인치든 미터든 상관없다) 연속되는 분수들을 위에 나온 수식처럼 합하면 전체 길이 2단위에 수렴하게 된다.

이것을 아킬레스 이야기에 적용하는 좋은 방법은 각 단계에서 아킬레스와 거북이 각각의 위치가 아니라, 점점 줄어드는 둘 사이의 거리를 고려하는 것이다. 각자 일정한 속도로 움직이고 있으므로 간격도 일정한 비율로 줄어들게 된다. 예를 들어 아킬레스가 거북이에게 100미터 앞에서 출발하게 해 주고 초속 10미터로 따라잡으러 간다고 할 때, 제논의 방식대로

라면 어떻게 될까? 둘 사이의 거리는 5초 뒤에 절반, 그 다음엔 2.5초 뒤에 또 절반, 1.25초 뒤에 그 절반으로 줄어드는 식이 될 것이다. 원한다면 영원히 점점 작아지는 시간 간격 동안 움직이는 거리들을 더하고 있을 수도 있다. 하지만 초속 10미터로 달리는 아킬레스가 거북이를 따라잡는 데에는 처음 100미터를 0으로 만드는 데 걸리는 10초면 충분하다는 사실은 변하지 않는다. 이 10초는 우리가 5초 + 2.5초 + 1.25초 + 0.625초 … 이런 식으로 너무 작아서 더할 수 없을 때까지 더해서 얻는 값과 같다. (9.9999…초) 10초가 지난 후에는 우리가 생각한 것처럼 아킬레스는 당연히 쏜살같이 거북이를 앞지를 것이다. (맥주라도 한 잔 하려고 걸음을 멈추지 않는 한 말이다. 제논은 그런 것까지 명시할 필요는 없다고 생각한 것 같다.)

이분법

다음에 살펴볼 제논의 패러독스는 움직임의 존재 자체를 부인하는 아킬레스 패러독스의 변형이다. 내용은 매우 간단하다.

> 당신이 어떤 지점에 가려면 우선 그 절반을 지나야 한다. 하지만 그 절반에 도달하려면 1/4 지점을 지나야 하며, 1/4에 이르려면 1/8을 지나야 하고 계속 그렇게 반복된다. 만약 거리를 계속 절반으로 쪼갤 수 있다면 영원히 첫 번째 쪼갠 지점에 도달할 수 없으며 실제로는 당신의 여정을 절대로 시작할 수 없다. 더 심한 것은 점점 짧아지는 거리의 수열은 무한하다는 점이다. 여정을 마치기 위해서는 무한히 이어지는 쪼개기를 반복해야만 한다. 따라서 당신은 영원히

이것을 끝낼 수 없다. 여정을 시작할 수도, 절대로 끝낼 수도 없다면, 움직임 그 자체는 결국 불가능한 것이다.

이 패러독스도 아리스토텔레스로부터 전해진 것으로, 그는 이것이 앞뒤가 맞지 않다는 점은 알았지만 결정적으로 이것을 논박할 논리적 해법을 찾고자 했다. 어쨌든, 움직임에 해당하는 것이 있다는 점은 명백하다. 하지만 제논은 귀류법reductio ad absurdum이라는 논증을 쓰고 있었는데, 어떤 생각을 끝까지 밀어붙여서 결국에는 논리적으로 터무니 없는 결론에 이르게 하는 것이었다. 우리는 또한 제논이 수학자가 아니었다는 점을 기억해야 한다. 그는 오직 순수 논리만을 근거로 주장을 펼쳤으나, 세상에는 때로 논리만으로는 충분하지 않을 때도 있다. 다른 그리스 철학자들은 보다 직접적이고 실용적인 접근법으로 제논의 주장을 논박했다. 그 중 하나가 견유학파 Cynic[2]의 디오게네스Diogenes다.

'냉소주의cynicism'라는 단어는 고대 그리스의 이상주의 철학에서 나온 말이다. 원래 그리스의 견유학파는 요즘 그 이름이 함축하는 것보다 훨씬 괜찮은 이름이었다. 그들은 부와 권력, 명예, 심지어 소유까지 멀리했으며 전통적인 인간들의 도덕에서도 자유로운 소박한 삶을 택했다. 또한 모든 인간은 평등하고 모든 사람이 똑같이 세상을 소유한다고 믿었다. 아마 견유학파에서 가장 유명한 인물은 플라톤과 같은 시대인 기원전 4세기 무렵에 살았던 디오게네스일 것이다. 이 인물은 "얼굴을 붉히는 것은 미덕의 색깔이다", "개와 철학자는 가장 훌륭한 일을 하지만 가장 보답받지 못

---

2 역주 : 냉소적이라는 뜻의 시니컬cynical의 어원이기도 하다.

한다", "가장 적은 것에 만족하는 자가 가장 많이 가진 자이다", "나는 내가 무지하다는 것 이외에는 아무것도 알지 못한다"와 같은 멋진 말을 남기기도 했다.

디오게네스는 견유학파의 가르침을 논리적 극단까지 끌고 갔다. 그는 가난을 미덕으로 삼았고 아테네의 시장 술통 속에서 살았다. 그는 만사에 냉소적인 태도로 유명해졌는데, 특히 당시의 철학적 가르침에 대해 냉소적이었다. 소크라테스와 플라톤이 살았던 그런 시대였음에도 말이다. 그러니 그의 눈에 제논과 그 패러독스가 어떻게 보였을지는 상상에 맡기겠다. 그는 제논이 말한, 움직임은 환상일 뿐이라는 이분법 패러독스 이야기를 듣고는 그저 벌떡 일어서서 어딘가로 걸어가 버렸다. 제논이 내린 결론의 모순을 직접 몸으로 보여준 것이다.

디오게네스가 보여준 실용적인 접근법에는 찬사를 보낼 만하지만 여전히 제논의 논리에서 어디에 문제가 있는지는 좀 더 주의 깊게 살펴볼 필요가 있다. 결국 그리 어렵지 않다는 걸 알게 되겠지만, 어쨌든 우리는 지난 2000년이 넘도록 생각해 볼 여유가 있었다. 어떤 경우든, 여러분은 순전히 상식만으로도 제논의 패러독스를 논박하기 충분하다고 생각할 수 있겠지만, 내 생각은 다르다. 나는 내 인생의 대부분을 물리학자로 살아 왔고 생각해 왔기에, 이분법 문제를 논박하는 데 있어 단순히 상식적이거나, 철학적 혹은 논리적인 주장만으로는 만족할 수 없다. 적어도 나에겐 좀 더 설득력 있고 물샐틈없는 물리적인 해답이 필요했다.

우리가 해야 할 일은 제논의 주장을 거리의 문제에서 시간의 문제로 바꾸는 것이다. 여러분이 앞으로 가야 할 여정의 출발점에 선 시점에서 이미 일정한 속도로 움직이고 있다고 가정하자. 제논은 잘 이해하지 못했던 개념이지만 속도라는 것은 유한한 시간에 얼마 간의 거리를 이동한다는 의미이다. 여기서 가야 할 거리가 짧아진다면 걸리는 시간도 짧아지지만 그 거리를 시간으로 나누면 언제나 같은 답, 바로 속도를 얻는다. 여정을 시작하기 위해 움직여야 할 더 짧은 중점들을 고려한다면 그에 따라 더 짧아지는 시간 간격도 고려해야 한다. 하지만 우리가 아무리 인공적으로 점점 더 짧은 간격으로 쪼개고 싶다고 해도 그 사이에 시간은 흘러가기 마련이다. 공간이 아닌 시간을 하나의 움직이지 않는 선으로 보고 무한히 쪼갤 수 있다고 생각하는 건 괜찮지만 (물리 문제를 풀 때도 종종 이런 식으로 생각한다), 중요한 점은 우리가 시간을 인식할 때는 공간에 있는 선을 볼 때처럼 고정된 선으로 인식하지 않는다는 것이다. 우리는 시간의 흐름 밖으로 벗어날 수 없다. 시간은 무심히 흘러갈 뿐이며 그래서 우리는 움직인다.

만약 시작 지점에서 움직이고 있지 않은 사람의 시점에서 보겠다면, 물리적으로 한 가지만 더 고려해 주면 된다. 이건 우리가 학교에서 다들 배우는 것이다. (대부분은 볼 것도 없이 금방 잊어버리지만) 뉴턴의 제2법칙이라는 것인데, 물체가 움직이기 시작할 때는 힘을 가해 주어야 한다는 법칙이다. 이 법칙 때문에 정지하고 있는 물체를 움직이게 하려면 가속시켜 줘야 한다. 하지만 일단 움직이고 있는 물체에도 같은 법칙이 적용된다. 즉 시간의 흐름에 따른 이동거리는 움직이는 물체의 속도에 비례하며, 속도가 일정할 필요는 없다. 그래서 제논의 이분법 논리는 현실 세계의 진정한 움직임과는 아무런 관련이 없는 추상적인 말이 되어 버리고 만다.

계속하기 전에 마지막으로 한 가지 더 언급해야겠다. 아인슈타인의 상대성 이론에 의하면 어쩌면 우리는 이 이분법 패러독스를 그리 확실하게 일축해 버릴 수 없을지도 모른다. 아인슈타인의 이론에 의하면 시간 축은 시공간이라고 부르는 것의 네 번째 축, 즉 네 번째 차원으로 공간 축과 같은 것으로 간주할 수 있다. 그렇다면 결국 시간의 흐름도 환상일 수 있으며 그렇다면 움직임도 마찬가지라는 것을 시사한다. 물론 상대성 이론은 성공적인 이론이지만 나는 이런 결론이 우리를 물리학의 영역에서 경험적 학문의 뒷받침이 없는 추상적 개념의 세계인 형이상학의 영역으로 끌고 갈 뿐이라는 점을 말해 두고 싶다.

물론 아인슈타인의 상대성 이론이 틀렸다고 말하는 게 아니다. 아인슈타인의 이론은 물체가 광속에 가까운 매우 빠른 속도로 움직일 때 진가를 발휘한다. 평범한 일상의 현상들은 그런 '상대론적' 효과를 무시하고 시간과 공간에 대한 개념을 일상적인 개념으로 생각해도 되는 범위에 있다. 어쨌든, 제논의 주장을 논리적 극단까지 밀어붙인다면, 시간과 공간이 어떤 크기를 갖는 구간과 거리로 무한히 쪼갤 수 있다는 말은 사실 틀렸다. 물체가 너무 작아서 양자역학의 영향을 받는 수준이 되면 시간과 공간의 구분이 모호해지고 정의할 수 없어서 더 이상 잘게 쪼갠다는 것이 의미를 가질 수 없다. 사실, 원자와 아원자를 다루는 양자역학의 세계에서는 움직임이 조금은 환상에 가깝다고 할 수도 있겠다. 하지만 제논이 그런 것까지 염두에 두고 주장을 펼친 것은 아니다.

이런 맥락으로 설명하고 살펴보는 것도 재미있겠지만, 사실 제논의 이분법을 설명하는 데에는 양자역학도 상대론도 필요 없다. 모든 움직임은 환상이라는 주장을 논하기 위해 현대 물리학의 아이디어를 끌어오는 건, 논점을 놓치는 것뿐 아니라 물리학을 벗어나 신비주의의 영역으로 끌고 갈 위험이 있다. 그러니 필요 이상으로 문제를 복잡하게 만들지는 말자. 어차피 뒤로 가면 그런 골치 아픈 문제들이 잔뜩 기다리고 있으니까.

경기장의 역설[3]

그럼 빠르게 다음으로 넘어가자. 제논의 패러독스 중 속도의 개념을 다루는 움직이는 행렬 패러독스가 있다. 다소 잘 알려져 있지 않은 것으로, 아리스토텔레스는 경기장의 패러독스라는 이름으로 언급하고 있다. 가능한 간단하게 설명해 보겠다.

세 대의 열차가 있고, 기관차 하나와 객차 둘로 되어 있다고 하자. 첫 번째 열차는 역에 정차해 있다. 두 번째와 세 번째 열차는 정차해 있지 않고 같은 속도로 서로 반대 방향으로 움직이고 있는데, B는 서에서 동으로, C는 동에서 서로 이동하고 있다.

어떤 순간에 열차들은 그림 2.2의 (a)와 같이 위치한다. 그로부터 1초 후, 그림 2.2의 (b)처럼 정렬하게 된다. 제논의 설명에 의하면 문제는 열차 B의 움직임이다. 열차 B는 1초 동안 A열차의 한 칸을 지나치는데, C열차는 2칸을 지나친다는 것이다. 패러독스는 B열차는 어떤 시간 동안 일정한 거리를 움직였는데, 동시에 그 두 배의 거리를 움직이기도 한 것처럼 보인다는 점이다. 제논도 이 문제가 단순히 상대적인 거리의 문제라는 점을 알고 있었기에 이 문제를 시간의 문제로 바꾸려고 했던 것 같다. 각각의 이동 거리를 열차 B의 속도로 나누면 두 가지 다른 시간 값을 얻는데, 하나는 다른 하나의 두 배라는 식으로 말이다. 하지만 양쪽 다 위의 상황(그림 2.2

3 역주 : 원래 문제는 사람들의 체격과 수가 동일하게 구성된 3개의 행렬이 경기장에 줄을 맞춰 있을 때, 행렬 A는 멈춰 있고 B와 C는 동일한 속도로 서로 반대 방향으로 움직이면, B열에 있는 사람은 A열의 사람 한 명을 지나칠 동안 C열의 사람 둘을 지나치게 된다는 상황이다.

그림 2.2 움직이는 행렬 패러독스

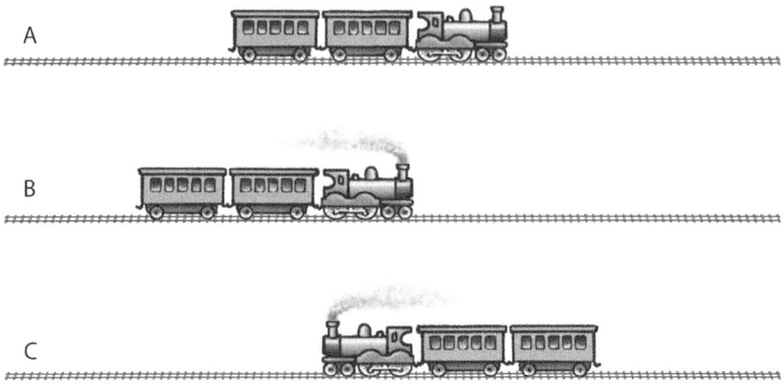

(a) 열차 A는 멈춰 있고 B는 왼쪽에서 오른쪽으로,
C는 오른쪽에서 왼쪽으로 B와 같은 속도로 움직이고 있다.

(b) 1초 후, 열차들이 모두 정렬되어 있다.

의 (a))에서 아래의 정렬된 상황(그림 2.2의 (b))으로 가는 데 시간이 얼마나 걸릴 것인가를 역설적으로 묘사하고 있다.

무엇이 잘못되었는지 쉽게 추론할 수 있기에, 언뜻 패러독스로 보이는 이 문제를 푸는 건 어렵지 않다. 물체의 이동을 설명할 때는 상대 속도라는 개념이 있어서, B가 A에 대해 움직이는 속도와 C에 대해 움직이는 속도가 같다고 말할 수 없다. 제논도 이 점을 알고 있었다. 그는 단지 움직임이 환상에 불과하다는 것에 대한 미묘한 부분을 건드리려고 했던 것일까? 확실하진 않지만, 학교에 다니는 아이들이라면 누구나 알아챌 수 있는 것처럼, 여기에는 사실 어떤 패러독스도 없다. B는 A에 대한 속도보다 2배 빠른 속도로 C를 지나가며, A의 한 칸을 지나칠 때 C의 두 칸을 지나치는 것뿐이다.

화살 패러독스

이 문제도 이분법 문제와 같이 진정한 움직임은 없다는 생각에 바탕을 두고 있다. 아리스토텔레스는 이렇게 전하고 있다. "만약 동일한 공간을 점유하는 모든 것이 정지한 상태이고, 운동 중인 물체도 어떤 순간이든 항상 동일한 공간을 차지한다면, 날아가는 화살은 움직이지 않는 것이다."

고개를 갸웃거릴 분들을 위해 좀 더 명확하게 설명해 보자.

날아가는 화살은 주어진 어떤 순간에 사진에서 볼 수 있는 것처럼 정해진 위치에 있다. 하지만 만약 우리가 이 순간만 볼 수 있다면, 그 자리에 있는 움직이지 않는 화살과 구분할 방법이 없다. 그러니 우리가 어떻게 화살이 움직이고 있다고 말할 수 있겠는가? 사실, 시간이라는 것은 이어지는 순간의 연속이므로 각각의 순간에 화살은 움직임이 없다. 움직이지 않는 것이다.

패러독스는 당연하게도, 우리가 움직임이 있다는 사실을 자명하게 알고 있다는 것이다. 당연히 화살은 움직인다. 그럼 제논의 주장 중 어디에 논리적인 오류가 있는 것일까?

시간이라는 것은 무한히 짧은 '순간'의 연속으로 이루어져 있으며, 그것은 생각할 수 있는 가장 작고 더 이상 나눌 수 없는 시간 간격을 의미한다. 물리학자의 입장에서 볼 때, 제논의 주장에는 문제가 있다. 만약 이 쪼갤 수 없는 순간들이 정확히 0초(순수한 정지 사진)가 아니라면 화살은 이 시간 간격의 시작점과 끝점에서 약간 다른 위치일 것이고 더 이상 정지하고 있다고 말할 수 없다. 한편, 그 '순간'이 정말 0초라면, 그런 순간들이 아무리 많다고 해도 그것을 합해서 0이 아닌 시간 간격을 만들 수 없다. 0은 아무리 많이 더해도 0일 뿐이다. 그러므로 제논이 주장하는 것처럼 시간이라는 것이 (시간 간격이 0인) 순간의 연속이라는 주장은 틀린 셈이다.

이 패러독스는 물리학과 수학에서 몇 번의 진보가 있고 나서야 마침내 풀리게 되었다. 좀 더 자세하게 말하자면, 변화라는 개념을 정확하게 설명하기 위해 매우 작은 양들을 어떻게 합해야 하는지를 설명하는 미적분학에 해당하는 부분이다. 이 분야는 17세기 뉴턴과 다른 학자들에 의해 발전된 수학 분야로, 결국 제논의 순진한 생각을 깔끔하게 해결해 냈다.

하지만 반전이 있다. 1977년 텍사스 주립대의 두 물리학자가 제논의 화살 패러독스를 풀었다는 것이 사실은 선부른 판단이었음을 시사하는 연구 논문을 출판했다. 바이다이아내스 미스라Baidyanaith Misra와 조지 수다르샨

George Sudarshan이 쓴 논문 제목은 '양자역학에서의 제논 패러독스'였고 전 세계의 물리학자들이 이 논문에 흥미를 보였다. 어떤 사람들은 말도 안 된다고 생각했지만 나머지 학자들은 앞다투어 실험을 시도했다. 좀 더 나아가기 전에, 양자역학을 뒷받침하는 이상하고도 멋진 아이디어들에 대해 최소한 이 책의 초반부에서는 어떻게든 설명해 낼 수 있을 것 같다는 점을 말해 두고 싶다.

제논의 패러독스와 양자역학

양자역학은 미시 세계에서 일어나는 동작 원리를 설명하는 이론이다. 미시 세계는 현미경으로 볼 수 있을 정도의 작은 크기가 아니라 그런 물체를 구성하는 훨씬 더 작은 원자, 분자, 아원자(전자, 양성자, 중성자 등)의 세계를 뜻한다. 양자역학은 과학 전체를 통틀어 가장 강력하고 중요하고 근본적인 수학적 개념들을 모아 놓은 것이다. 양자역학이 놀라운 것은 겉보기에 모순되는 두 가지 이유 덕분이다. (그 자체로도 거의 패러독스다!) 지난 반 세기 동안의 기술적 진보 대부분의 밑에 깔려 있는 세상의 원리에 대한 근본적인 측면을 다루고 있다는 점과, 한편으로는 정확히 그것이 무엇을 의미하는지 아는 사람은 아무도 없는 것 같다는 점이다.

처음부터 분명히 해 두고 싶은 것은 양자역학의 수학적 이론은 본질적으로 이상하거나 비논리적인 것이 아니며, 그와 반대로 오히려 아름다울 정도로 정확할 뿐 아니라, 자연현상을 멋들어지게 잘 설명하는 논리적 체계라는 점이다. 양자역학 없이는 현대의 화학, 전자, 재료과학의 기본을 이해할 수 없을 것이다. 또한 요즘 같은 첨단 시대에서 우리가 당연히 여기는 물건들을 포함해서 실리콘 칩이나 레이저도 발명할 수 없었을 것이고 TV, 컴퓨터, 전자레인지, CD, DVD, 핸드폰도 없었을 것이다.

양자역학은 물질을 구성하는 구성 입자들의 행동을 놀라울 정도로 정확하게 설명하고 예측해 낸다. 그 덕분에 우리는 아원자 세계의 원리와 무수히 많은 입자들의 상호작용과 서로 연결되어 우리를 포함하고 둘러싼 세상을 매우 정교하고 거의 완벽하게 이해할 수 있게 되었다. 결국 우리도 궁극적으로는 양자역학의 법칙을 따르는 수조 개에 달하는 원자를 재료로 하며 매우 복잡한 방식으로 구성된 집합에 불과하다.

이런 이상한 수학적 법칙들이 발견된 것은 1920년대이다. 이 법칙들은 우리가 주변에서 볼 수 있는 친숙하고 일상적인 세상을 다루는 법칙들과는 매우 다른 것으로 밝혀졌다. 이 책의 마지막 즈음에 슈뢰딩거의 고양이 이야기를 다루면서 이 법칙들이 얼마나 신기한지 살펴볼 것이다. 여기서는 양자 세계의 한 가지 특징적이고 이상한 모습에 초점을 맞추어 볼까 한다. 그것은 우리가 원자를 관찰 대상으로 삼아 쿡쿡 찌르거나, 두드리거나, 흔들어 보는 등의 방법으로 '관측'할 때에는 원래 상태로 있었을 때와는 다르게 행동한다는 것이다. 양자 세계의 이런 성질은 아직 완전히 이해되지 못하고 있는데, 부분적으로는 '관측은 무엇인가'가 요즘에 와서야 명확해졌기 때문이다. 이것은 '측정의 문제'로 알려져 있는데, 오늘날의 과학에서도 활발하게 연구되는 영역이다.

양자 세계는 기회와 확률에 의해 지배되는 세계이다. 여기서는 보이는 대로 믿을 수 있는 게 없다. 방사성 원자는 가만히 내버려 두면 입자를 방출하지만 우리는 언제 방출이 일어날지 예측할 수 없다. 우리가 할 수 있는 건 반감기라는 숫자를 계산하는 것뿐이다. 반감기는 많은 수의 동일한 원자들 중 절반이 방사능 붕괴를 일으키는 데 걸리는 시간이다. 숫자가 더 많을수록 반감기를 정확하게 계산할 수 있지만, 절대로 이 원자들 중에 어떤 것이 다음에 붕괴할지는 미리 예측할 수 없다. 이것은 마치 동전을 던질 때와 흡사하다. 우리는 동전을 계속해서 던지면 그 중 절반은 앞면, 절반은 뒷면이 나올 것이라는 걸 알고 있다. 많이 던질수록 이 확률은 더 잘 맞을 것이다. 하지만 우리는 다음 번에 동전을 던져서 앞이 나올지 뒤가 나올지는 절대로 예측할 수 없다.

양자 세계가 확률의 지배를 받는 것은 양자역학이 불완전하거나 근사적이어서가 아니라 입자 자체가 이런 무작위적인 사건이 언제 일어날지 모르기 때문이다. 이것은 '비결정론' 혹은 '예측불가능성'이라고 부르는 것의 한 예이다.

미스라와 수다르샨은 〈Journal of mathematical physics〉에 출판한 논문에서 방사성 원자를 가까이서 계속 관측하면 절대 붕괴하지 않는다는 놀라운 상황을 설명하고 있다. 이 아이디어는 "지켜보고 있는 주전자는 끓지 않는다"는 격언으로 훌륭하게 요약할 수 있다. 이 격언은 아마도 더 이전부터 있었던 것일 테지만 빅토리아 시대의 작가 엘리자베스 가스켈Elizabeth Gaskell이 1848년 〈메리 바튼Mary Barton〉이라는 소설에서 처음 사용했다. 이 개념은 물론 제논의 화살 패러독스가 원전이고, 움직이는 물체의 한 순간의 모습만 봐서는 움직임을 알아챌 수 없음에 기반하고 있다.

그렇지만 어떻게, 왜 현실에서 이런 일이 일어날 수 있을까? 주전자에 대한 속담은 주전자를 계속 지켜본다고 해서 더 빨리 끓지 않는다는 인내에 대한 교훈에 지나지 않는다. 어쨌든, 미스라와 수다르샨의 연구 결과는 원자에 대해서는 지켜보는 행위가 그들의 행동에 정말로 영향을 미칠 수 있다는 것을 시사하고 있다. 게다가 이런 간섭을 피할 수도 없다. 지켜보는 행동은 불가피하게 당신이 지켜보고 있는 물체의 상태를 바꾸게 된다.

그들의 아이디어는 양자역학이 어떻게 미시 세계를 설명하는지 그 핵심을 다루고 있다. 가만히 내버려 두면 온갖 종류의 이상한 일들이 일상적으로 일어나는 흐릿하고 유령 같은 미시 세계의 현실은 그 중 어느 것도 우리가 실제로 일어나고 있다는 것을 전혀 감지할 수 없는 것들이다. (9장에서 다시 다룰 예정이다) 그래서 자신의 고유한 상태로 놓아 두면 저절로 어떤 순간에 자발적으로 입자를 방출하는 원자가 있다고 해도, 우리가 그것을 지켜보고 있다면 너무 부끄러워 방출을 하지 않게 되고, 우리는 실제로 그것을 절대 포착할 수 없게 된다. 그건 마치 원자가 뭔가를 지각할 수 있는 능력을 갖고 있다는 말도 안 되는 얘기로 들리겠지만 말이 안 되는 건 양자 세계도 마찬가지다. 양자역학의 기틀을 마련한 사람 중 하나인 덴마크의 물리학자 닐스 보어Niels Bohr는 자연을 구성하는 가장 작은 구성 요소들의 비밀을 풀기 위해 1920년 덴마크 코펜하겐에 연구소를 설립하여 베르너 하이젠베르크Werner Heisenberg, 볼프강 파울리Wolfgang Pauli, 에르빈 슈뢰딩거Erwin Schrödinger 등 당대의 위대한 천재들을 끌어 모았다. "양자역학의 결론에 놀라지 않는다면 그것을 이해하지 못한 것이다"라는 말은 보어가 남긴 가장 유명한 말 중 하나이다.

미스라와 수다르샨의 논문은 화살 패러독스에서 나온 것이기 때문에 '양자역학의 제논 패러독스'라고 이름 붙였다. 어쨌든, 결론은 다소 논란이 있지만 대부분의 물리학자들에게는 더 이상 패러독스가 아니라고 말해도 될 것 같다. 요즘 문헌에서는 '양자 제논 효과'라는 이름으로 널리 사용되며 그들이 설명한 상황 외에도 훨씬 폭넓게 적용되고 있다. 양자역학을 연구하는 물리학자들은 이 현상을 '파동 함수의 붕괴 전 초기 상태로의 연속적인 붕괴 현상'이라고 신나게 설명하겠지만, 이것은 여러분에게 전혀 알아들을 수 없는 외계어처럼 들릴 것이다. 나도 그런 사람 중 하나지만 여러분이 왠지 말려드는 것 같다는 신경질적인 기분이 들 수도 있으니, 이런 방식으로 더 깊게 들어가지는 않겠다.

원자가 주변 환경에 어떻게 반응하는지에 대한 물리학자들의 연구가 발전한 덕분에 양자 제논 효과가 우리 주변에서 제법 흔하게 나타난다는 것이 최근에 밝혀졌다. 이 분야에서 가장 큰 진전은 1990년, 전 세계에서 가장 유명한 연구소 중 하나인 미국 국립 표준기술원NIST의 과학자들이 양자 제논 효과를 검증한 실험이었다. 이 실험은 이름도 멋진 "시간/주파수 부서"에서 이루어졌는데, 이 부서는 가장 정확한 시간 측정의 표준을 만드는 것으로 잘 알려져 있다. 사실 이곳 과학자들은 최근에 35억 년에 1초 정도 어긋나는, 세상에서 가장 정확한 원자 시계를 만들었는데, 지구의 현재 나이와 가까운 시간 동안 1초밖에 어긋나지 않는 셈이다.

웨인 이타노Wayne Itano는 이 엄청난 초정밀 원자 시계를 연구하는 물리학자 중 하나다. 양자 제논 효과를 실제로 감지할 수 있는지 여부를 시험하는 실험을 기획한 것도 바로 그의 연구진들이다. 이 실험에서는 수천 개의 원자를 자기장에 가두고 레이저로 정밀한 방식으로 톡톡 건드려서 비밀을 털어놓게 만들었다. 연구진들은 충분히 확신을 가져도 될 만한 수준으로 양자 제논 효과의 뚜렷한 증거를 발견했다. 꾸준히 지켜보는 상황에서 원자들은 이론상으로 예측했던 것과 다르게 움직인다는 것이다.

마지막으로 한 번만 더 꼬아 보자. '역 제논 효과Anti-Zenon Effect' 라는 것의 증거도 발견되는데, 주전자를 뚫어지게 쳐다보고 있으면 물이 더 빨리 끓게 만들 수 있다는 식의 이야기다. 아직은 다소 추측에 불과하지만 이런 연구는 양자 컴퓨터를 만드는 것 같은 21세기 과학의 가장 심오하고 중요한 영역의 핵심에 닿아 있다. 양자 컴퓨터는 양자 세계의 기묘한 성질 중 일부를 직접 이용해서 복잡한 계산을 훨씬 효율적으로 처리하는 장치이다.

2500년 가까이 시간이 흐른 지금, 현대판 제논 패러독스처럼 놀라운 물리적 현상에 그의 이름이 붙는 것을 보면, 엘레아의 제논이 뭐라고 생각할지 모르겠다. 물론 여기 등장하는 패러독스는 논리적 트릭이 아니라 우리가 이제서야 이해하기 시작한 훨씬 작은 원자 규모에서 자연이 보여주는 훨씬 이상한 트릭에 얽혀 있다.

지금까지 제논의 패러독스를 통해 물리학의 태동기부터 21세기 물리학의 최전선까지 살펴보았다. 앞으로 살펴볼 나머지 패러독스들은 이 사이 어딘가에서 나온 것들이다. 지금부터 우리는 이 문제들을 풀면서 우주의 가장 먼 곳까지 여행하며 시공간의 본질을 파헤치게 될 것이다. 긴장하시라.

OLBERS' PARADOX
올버스의 역설

왜 밤은 어두운가?

비록 우주의 크기가 무한하지는 않지만 너무나 거대해서 사실상 끝없이 펼쳐져 있다고 볼 수 있다. 그러므로 우주의 어느 방향을 보더라도 별을 발견할 수 있어야 하고, 하늘은 낮이 되어 밝아지는 것보다 더 밝아야 한다. 사실, 해가 뜨고 지는 것과 관계 없이 하루 종일 밝아야 한다.

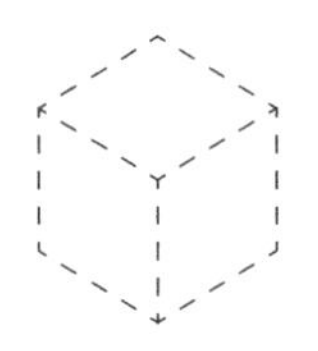

몇 년 전 우리 가족이 친구들과 함께 프랑스로 휴가를 떠났을 때였다. 우리는 프랑스에서 가장 사람이 드문 곳 중 하나인 마시프 상트랄Massif Central의 리무쟁Limousin에 있는 시골집에 묵었다. 어느 늦은 밤, 애들은 잠이 들고 어른들은 바깥에 앉아서 레드 와인과 함께 담소를 나누었다. 우리는 맑고 반짝이는 밤하늘을 올려다 보며 아직도 이렇게 광공해light pollution가 적고 사람이 살지 않는 곳이 있을 정도로 넓은 프랑스에 감탄하며, 한편으로는 사람이 바글바글한 영국 남동부에서만 살아와서 머리 위로 이렇게 많은 별들을 볼 수 있다는 것에 놀라워하는 우리 자신에 대해 이야기를 나누었다. 그 중에서 가장 인상 깊었던 것은 하늘을 가로지르는 희미하고 거대한 빛의 줄기였다.

그게 구름이었다면 시선에 있는 별을 가렸을 텐데도 하늘의 다른 곳과 마찬가지로 이 어슴푸레한 줄기와 겹쳐진 많은 별들을 볼 수 있었다. 마치 머나먼 별들 너머에 무언가 있는 것 같았다. 나는 그 무리들 중에 한 과학자로서, 우리가 지금 보고 있는 건 우리 은하의 중심 원반이고, 이 빛 줄기는 우리가 볼 수 있는 별들보다 훨씬 멀리 떨어져 있다는 걸 말해 주고 싶었다. 놀랍게도 친구들 중 몇몇은 은하수를 처음 봤다고 했고, 그들은 우리 은하는 수십억 개의 별들로 이루어져 있고, 너무 멀고 희미해서 반짝이는 별들을 따로따로 볼 수 없다는 내 설명에 열심히 귀를 기울였다.

물론 우리가 밤하늘에서 볼 수 있는 모든 반짝이는 점들이 별은 아니다. 그 중에서도 가장 밝은 것들은 우리의 이웃 행성인 금성, 목성, 화성이다. (달은 빼자) 이 행성들은 밤이 되면 지구 반대편에 숨어서 보이지 않는 태양빛을 반사해서 빛을 낸다. 태양계 밖의 가장 가까운 별은 몇 광년 정도 떨어져 있다. 여기서 광년은 거리의 단위이지 시간의 단위가 아니라는 점을 기억해 두자. 1광년은 빛이 1년 동안 가는 거리를 뜻하고 약 10조 km 정도 되는데, 좀 더 알기 쉬운 비유를 들자면 태양과 지구 사이의 거리인 1억 5천만 km는 0.000016광년이 된다. 사실 지구와 태양 사이의 거리는 빛이 그 거리를 주파하는 데 걸리는 시간(약 8분 조금 더 걸린다)을 따서 8.3광분이라고 하는 편이 좀 더 와 닿을 것 같다.

태양을 제외하고 우리에게 가장 가까운 별은 약 4광년 정도 떨어진 프록시마 켄타우리Proxima Centauri다. 하지만 이 별이 하늘에서 가장 밝은 것은 아니다. 가장 밝은 별은 두 배 더 먼 곳에 있는 시리우스Sirius이다. 당신이 북극권 위쪽에 살고 있는 게 아니라면 시리우스보다 밝은 것은 지구 상 어디서나 볼 수 있는 달, 목성, 금성뿐이다. 시리우스는 베텔게우스Betelgeuse, 프로키온Procyon과 더불어 북반구의 겨울철 대삼각형을 이루는 별로, 시리우스를 찾으려면 오리온의 허리띠를 이루는 세 개의 별을 따라 내려가면 된다.

그 외에 밝은 별로는 매우 멀리 있지만 거대한 청색 초거성 리겔Rigel이라는 별이 있다. 태양의 78배 크기에 85,000배나 밝아서 태양계가 속한 우리 은하의 구역 내에서 가장 밝은 별이다. 하지만 거리가 너무 멀어서 (700~900광년 정도) 시리우스나 다른 별들처럼 밝게 빛나지는 않는다. 한편, 거의 비슷한 거리에는 리겔보다 훨씬 더 크지만 약간 덜 밝은 적색 초거성 베텔기우스가 있다. 이 별은 태양의 13,000배나 밝고 1000배나 크다. 이 별을 태양계 중심에 갖다 놓는다면 수성, 금성, 지구, 화성, 목성까지 삼켜 버릴 정도로 크다!

천문학자들이 망원경을 사용하면서부터 이전에 맨눈으로 볼 수 없었던 더 깊은 하늘을 들여다 볼 수 있게 되었고, 별들이 우주 전체에 골고루 분포하고 있는 것이 아니라 은하들 안에서 집단을 이루고 있으며, 은하들 사이는 상상도 할 수 없을 정도로 넓게 펼쳐진 공간이 존재한다는 것을 깨닫게 되었다. 하늘에서 볼 수 있는 (시리우스, 리겔, 베텔게우스를 포함한) 모든 별들은 우리 은하, 은하수의 일부이다. 사실 알고 보면 그 별들은 모두 우리 은하 안에 있는 같은 동네의 이웃들인 셈이다.

조건(지역과 계절)만 완벽하다면 맨눈으로도 수천 개의 별을 볼 수 있고, 쓸 만한 소형 망원경이 있다면 수십만 개 정도를 볼 수 있다. 비록 이 정도 숫자도 2천에서 4천억 개나 되는 은하수의 별에 비하면 아주 작은 숫자지만(1퍼센트 미만), 오늘날 전 세계 사람들이 볼 수 있는 별은 보통 50개 정도밖에 되지 않는 걸 감안하면 많은 것이다.

그래서 은하수는 마치 밤하늘을 가로지르는 희미하고 연속으로 이어진 빛 줄기처럼 보이는 것이다. 은하의 중심부는 지구에서 약 25,000광년 정도 떨어져 있으며 은하 전체의 지름은 약 10만 광년 정도이다. 거리가 이 정도이다 보니 각각의 별들은 너무 희미해서 하나의 점으로 구분되지 않고, 우리가 볼 수 있는 것은 그저 수십억 개의 별들에서 나온 합해진 빛뿐이다.

별들은 은하 전체에 골고루 흩어져 있지 않다. 홀로 있는 태양과 달리 대부분의 별들은 짝을 짓거나 여럿이서 서로의 궤도를 돌고 있다. 젊은 별들은 수백 개 정도가 모여서 느슨한 산개 성단을 이루는 반면, 어떤 별들은 구상 성단이라고 부르는 더 큰 집단을 이루기도 한다.

우리는 다른 은하에 있는 각각의 별들을 뚜렷하게 구분해서 볼 수는 없다. 사실 대형 망원경 없이는 다른 은하를 보는 것조차도 거의 불가능하다. 우리 은하에 가장 가까운 이웃 은하인 안드로메다와 마젤란 은하도 맨눈으로는 뿌옇고 희미한 빛 덩어리로만 겨우 볼 수 있는 정도다.

우리 은하보다 약간 큰 안드로메다 은하는 200만 광년 떨어져 있고, 약 5억 개의 별들로 이루어져 있다. 은하수를 지구 정도의 크기로 줄인다면 안드로메다는 달 궤도 정도의 거리에 있는 셈이다. 문득 내가 처음 망원경으로 희미한 나선형의 안드로메다 은하를 보았을 때의 감동이 떠오른다. 내가 감동했던 점은 내가 보고 있던 안드로메다가 지금의 모습이 아니라 200만년 전의 모습이라는 것이었다. 그 빛은 지구 상에 인간이 존재하기도 전에 그곳을 출발해서, 이제야 내 눈에 들어와 그 길고 긴 여정을 마친 것이다. 나는 마치 시기 적절하게 거기에 있어서 그 광자들이 내 망막에 닿고, 전기적 신호를 뇌 속의 뉴런에 전달해서, 내가 보고 있는 것을 인지하게 되는 그런 특권을 누린 것 같은 묘한 느낌을 받았다.

물리학자들은 종종 이런 식으로 이상한 상상을 하는 경향이 있다.

은하 안에 있는 별들만 이런 성단을 만드는 것이 아니라 은하도 서로 모여서 은하단을 만들곤 한다. 우리 은하는 대마젤란, 소마젤란 성운과 안드로메다 은하를 포함하는 국부 은하단Local cluster에 소속된 40여 개의 은하

중 하나이다. 천문학의 관측은 대형 망원경이 도입되면서 매우 정확하고 정교해져서 더욱 깊은 우주를 들여다 볼 수 있게 되어 이제는 은하단도 초은하단 supercluster 을 이룬다는 것을 알게 되었다. 우리 국부 은하단도 사실 국부 초은하단Local Supercluster 의 일부이다. 대체 우리 우주는 얼마나 멀리까지 뻗어 있는 것일까? 사실상 무한한 것일까? 우리는 그저 아무것도 모를 뿐이다. 하지만 그 질문은 수세기 동안 천문학자들을 괴롭혀 왔고, 결국 다음에 볼 패러독스에 이르게 되었다.

밤하늘을 바라보면 가끔, 이런 심오한 의문이 들 때가 있을 것이다.

왜 밤이 되면 어두워질까?

답이 뻔한 질문이라고 생각할 수도 있다. 해가 지평선 아래로 지고 나면 밤이 온다는 것과 밤에는 태양처럼 밝은 천체가 근처에 없고 밝은 것이라고는 어스름한 달빛과 더 어두운 행성, 그리고 별빛뿐이라는 사실은 학교에 다니는 아이들도 알고 있다.

하지만 이 질문은 겉보기보다 훨씬 심오하다. 사실 천문학자들은 수백년 동안 이 문제에 몰두한 끝에야 정답을 찾아냈는데, 이것이 올버스의 역설이라고 부르는 것이다.

문제는 이러하다. 비록 우주의 크기가 무한하지는 않지만 너무나 거대해서 사실상 끝없이 펼쳐져 있다고 볼 수 있다. 그러므로 우주의 어느 방향을 보더라도 별을 발견할 수 있어야 하고, 하늘은 낮이 되어 밝아지는 것보다 더 밝아야 한다. 사실, 해가 뜨고 지는 것과 관계 없이 하루 종일 밝아야 한다.

조금 다른 방법으로 살펴보자. 여러분이 매우 큰 숲의 한 가운데에 서 있다고 해 보자. 그 숲은 너무 커서 사실상 모든 방향으로 거의 무한히 뻗어 있다고 가정할 수 있다고 하자. 이제 화살 하나를 아무 방향이나 골라서 수평으로 쏘아 보자. 또 이 화살은 나무를 맞힐 때까지는 바닥으로 떨어지지 않고 계속 직선으로 날아가는 이상적인 상황을 가정하자. 가까운 나무를 모두 빗나간다고 해도 숲은 무한하므로 화살이 날아가는 경로에 나무가 하나쯤은 있게 마련이다. 결국 하나는 맞게 되어 있다. 아무리 그 나무가 멀리 있다고 하더라도.

이제 우리 우주에 별들이 골고루 분포되어 있고 우주가 무한히 뻗어 있다고 해 보자. 이 별들로부터 오는 빛은 방향은 반대지만 앞의 화살의 예와 비슷하다. 하늘의 어느 곳을 바라보든, 우리는 별을 볼 수 있어야 한다. 그러므로 우리가 별을 볼 수 없는 어두운 틈은 없어야 하고, 하늘 전체가 항상 태양의 표면처럼 밝아야 한다.

이 문제를 보면 내가 이 장의 도입부에서 얘기했던 두 가지 의문점을 떠올릴 수 있을 것이다. 첫 번째, 아주 멀리 있는 별들은 너무 어두워서 보이지 않는 것일까? 두 번째, 별들이 하늘에 골고루 펴져 있는 것은 아니지 않는가? 별들은 성단이나 은하를 이루고 있지 않는가? 하지만 사실 이것들은 문제에 영향을 주지 않는다. 첫 번째 의문에 대해서는, 멀리 있는 별들이 가까운 별보다 어두운 것은 사실이지만, 그 빛들이 지나오는 하늘의 경로를 생각해 보면, 멀리 있는 별들과 우리 사이의 부피는 그만큼 더 커서 훨씬 많은 별들을 포함한다. 조금 뒤에 설명하겠지만 약간의 기하학을 동원해 보면 두 가지 효과는 서로 정확히 상쇄된다. 하늘의 어떤 구역을 놓고 보면, 가까이에 있는 적은 수의 별들과 멀리 있지만 더 많은 별들의 전체 밝기는 동일하다. 두 번째에 대해서는 사실 별들은 골고루 퍼져 있는 것이 아니라 가을의 낙엽더미처럼 은하 같은 형태로 뭉쳐 있다. 우리 은하 바깥을 따져보면 망원경을 통해서 볼 수 있는 빛들은 모두 은하들이다. 그러니 별이 은하로 바뀌었을 뿐 내용 자체는 동일하다. 밤하늘의 평균적인 밝기는 별의 표면이 아니라 은하의 평균 밝기로 보여야 할 텐데 왜 깜깜할까?

음, 그렇지 않다. 이런 주장이 우리가 발견한 우주의 가장 심오한 사실 중 하나가 아닌 이유는 곧 알게 될 것이다. 하지만 이 역설을 만족스럽게 풀어내려면 우선 이 주제의 변천사를 들여다볼 필요가 있다.

무한히 많은 별들

천문학자들이 이 문제를 오래 전부터 알고 있었다는 것을 감안한다면, 극히 최근인 1950년대에 들어서야 독일의 물리학자이자 아마추어 천문학자인 하인리히 빌헬름 올버스Heinrich Wilhelm Olbers의 이름을 따온 것이 다소 신기할 것이다. 사실 그 때까지도 소수의 천문학자들만이 이 문제에 흥미를 갖고 있었을 뿐이다.

'올버스의 역설'이라는 용어는 1952년, 위대한 우주론 학자인 헤르만 본디Hermann Bondi [4]가 쓴 〈우주론Cosmology〉 교과서에서 처음 등장했다. 하지만 이 이름은 잘못 붙여졌는데, 올버스가 이 문제를 처음 제기한 것도, 문

4 역주 : Sir Hermann Bondi (1919–2005) 오스트리아 출신 수학자이자 우주론 학자로 프레드 호일, 토마스 골드와 함께 빅뱅 이론의 대안으로 정상 우주론을 세웠다.

제의 해결에 기여한 내용이 독창적이었던 것도 아니기 때문이다. 한 세기 전에 에드몬드 헬리Edmond Halley가 이미 이 문제를 언급했으며, 그로부터 한 세기 전인 1610년 요하네스 케플러Johannes Kepler도 이 문제를 제기한 적이 있었다. 심지어 케플러도 기록상 최초가 아니었다. 최초로 이 문제에 대해 언급한 것은 수십 년 전에 쓰여진 코페르니쿠스의 역작인 〈지구의 회전에 관하여De revolutionibus〉의 1576년 영역본이었다.

천문학의 역사는 언제나 소수의 중요 인물들의 선구적 업적으로 시작되었다. 우선 역사상 가장 중요한 과학 서적 중 하나인 〈알마게스트Almagest〉를 쓴 그리스 사람 프톨레마이오스Ptolemaeos는 태양이 지구 주위를 돈다고 믿었다. 그는 지구가 우주의 중심에 놓여 있는 모델을 만들었고 그 모델은 천 년이 넘도록 천문학자들의 사상을 지배해 왔다. 그 때 프톨레마이오스의 '지구중심설'(천동설)을 뒤집어 지구와 태양의 역할을 바꾸어 놓은 현대 천문학의 아버지인 16세기 폴란드의 천재 코페르니쿠스가 등장했다. 그리고 1609년, 최초로 망원경으로 하늘을 본 갈릴레오는 코페르니쿠스의 '태양중심설'(지동설)이 옳다는 것을 증명했다. 지구는 다른 행성과 마찬가지로 태양의 주변을 돌고 있었다.

하지만 코페르니쿠스가 완전히 옳았던 것은 아니었다. 비록 그가 지구를 우주의 중심이라는 중요한 위치에서 끌어내리긴 했지만, 태양계와 우주를 동일하다고 보고 단순히 지구와 태양을 바꾸어 놓은 것이 문제였다. 그는 유럽의 과학 혁명을 이끈 책 중의 하나인 〈지구의 회전에 관하여〉에서 태양계의 그림을 제시했다. 거기서 지구는 수성, 금성 다음인 태양에서 세 번째 궤도를 돌고 있는 것으로 정확히 그려져 있고, 지구를 도는 유일한 천체인 달과 화성, 목성, 토성이 나타나 있다. 모두 잘 맞았지만 (그 때까진 토성 바깥의 행성들이 발견되지 않았다) 코페르니쿠스는 여기서 매우 재미있는 가정을 한다. 그는 모든 별을 태양 둘레의 고정된 궤도에 넣어 버렸다. 그는 태양이 태양계 행성들의 중심일 뿐만 아니라, 진정 우주 전체의 중심이라고 보았던 것이다.

물론 오늘날 우리는 태양이 우주에서 어떤 특별한 위치에 있지 않다는 사실을 알고 있다. 태양은 우주의 어느 구석에 있는 은하의 나선팔 바깥 어디쯤에 있을 뿐이라는 것 말이다. 또 현대 우주론의 기틀을 마련해 준 정교한 천문학적 자료들 덕분에 우주에는 중심이 없으며 모든 방향으로 영원히 뻗어 나간다는 사실도 알 수 있게 되었다. 하지만 망원경이 발명되기 전에 살았던 코페르니쿠스로서는 이 중 어느 것도 알 수 없었을 것이다.

우주론에서 다음 큰 진전을 이룬 것은 옥스포드 근교의 시장가인 월링톤 출신의 이름 없는 천문학자였다. 토마스 딕스Thomas Digges는 코페르니쿠스가 죽고 나서 몇 년 뒤인 1546년에 태어났다. 그의 아버지인 레오나드 딕스Leonard Digges도 오늘날 탐험가들이 수평, 수직각을 정밀하게 측정하는 장치인 경위의theodolite를 발명한 과학자였다. 1576년에 토마스는 부친의 책인 〈지속되는 예측Prognostication Everlasting〉에 몇 개의 부록을 추가해서 개정판을 만들었다. 코페르니쿠스의 영역 초판은 그 중에서도 가장 중요한 것이었다. 흥미로운 것은 이 책이 코페르니쿠스의 새 이론을 감안하지 않은 것임에도 이런 부록이 추가되었다는 점이었다. 토마스 딕스는 아직 논란의 여지가 있는 새로운 우주론을 알리는 중요한 일을 해냈지만 사실 그 이상의 일을 해냈다. 내 생각으로 그의 업적은 코페르니쿠스와 비슷할 정도로 중요하지만 큰 조명을 받지 못한 것 같다.

딕스는 코페르니쿠스의 태양계 그림을 수정해서 태양을 중심으로 한 구면에 붙어 있던 별들을 경계도 없고 궤도에 묶이지 않은 공간 저 너머로 흩어 놓았다. 그런 면에서 그는 무한히 많은 별들을 담은 무한한 우주의 개념을 진지하게 다룬 최초의 천문학자였다. (그리스 철학자인 데모크리토스Democritos도 그런 아이디어를 살짝 언급하긴 했지만)

하지만 그가 이런 새로운 형태의 우주를 떠올리게 된 것은 그저 단순한 추측이 아니라 1572년에 있었던 천문 현상 때문이었다. 그 해, 딕스도 세상의 다른 천문학자들과 마찬가지로 하늘에 새로 나타난 밝은 별을 보고 충격을 받았다. 드물게 나타나는 이 천문 현상은 별이 내부의 핵융합을 마치고 자신의 무게로 인해 붕괴하면서 일생을 마치고 폭발하는 것으로, 오늘날 초신성이라 부르는 것이다. 이 과정에서는 내부에서 발생한 충격파가 엄청난 에너지로 바깥층의 물질을 폭발과 함께 우주 바깥으로 날려 버리게 된다. 그 에너지는 너무도 엄청나서 마지막 폭발의 순간에는 잠깐 동안 은하 전체를 밝게 비출 정도이다.

하지만 16세기에는 아직 그런 천체물리학 지식이 없었다. 사실, 달 너머 우주의 구조가 고정되어 있고 변하지 않는다고 믿던 당시에는 이렇게 짧게 빛나다가 다시 어두워지는 천체는 분명 달 궤도보다 가깝게, 지구와 매우 가까운 곳에 있다고 믿었다.

딕스는 1572년의 초신성supernova이 사실은 매우 먼 곳에 있어야 한다는 것을 계산해 낸 (위대한 티코 브라헤Tycho Brahe를 포함한) 몇 안 되는 천문학자 중 하나였다. 다른 별들의 위치와 비교할 때 '시차parallax'라고 부르는 위치의 변화가 없었기에, 천문학자들은 이것이 달이나 다른 행성들보다 멀리 있는 천체라는 결론을 내릴 수밖에 없었다. 어느 날 갑자기 천체가 나타나 버렸으니 굉장히 당황스러운 일이었다. 이 별은 '신성new star'이라고 불렸

그림 3.1 세 가지 우주 모델

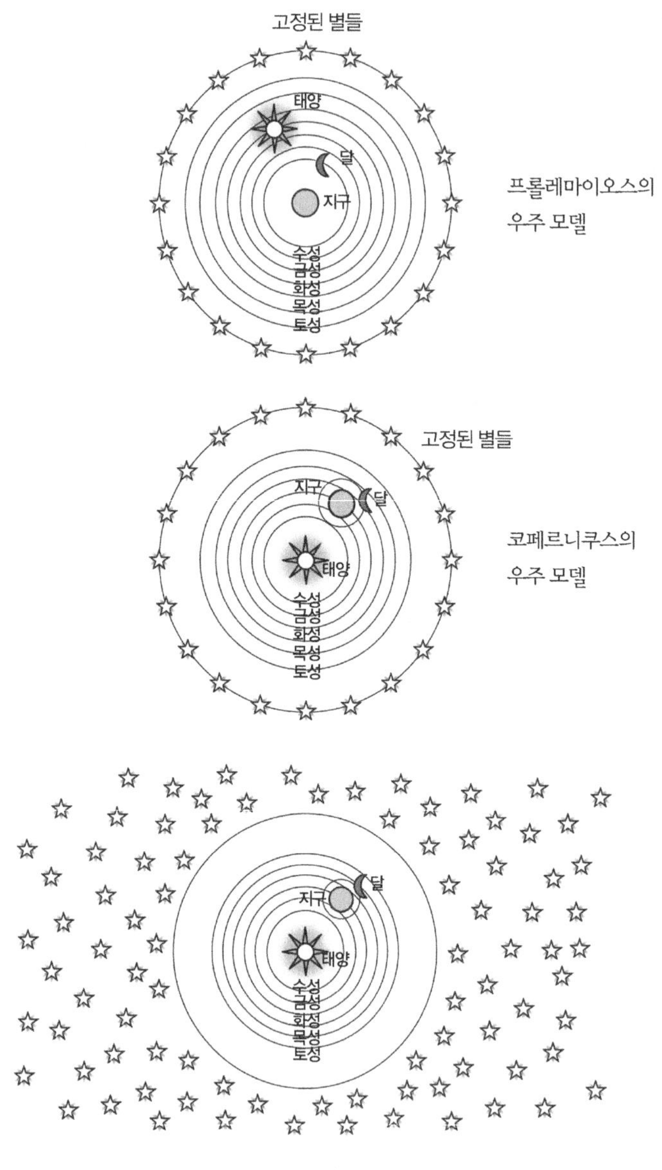

는데, 신성의 출현으로 인해 딕스는 별들이 반드시 우리에게서 같은 거리에 있을 필요가 없으며 (현재 우리에겐 너무도 당연한 얘기지만), 어쩌면 밝은 것들은 가까이, 어두운 것들은 멀리 있을지도 모른다는 결론에 이르렀다. 당시엔 매우 놀라운 생각이었다.

무한히 많은 별이 있는 무한한 우주라는 개념을 생각하다가, 딕스는 필연이라고 할 만한 매우 중요한 질문에 이르게 된다. 왜 밤은 어두운가? 하지만 딕스에게는 모순이라고 생각할 만한 것이 없었다. 멀리 있는 별은 너무 어두워서 아무런 역할도 하지 못한다고 가정했기 때문이다.

딕스는 밤하늘의 어두움에 대한 추론의 문제점을 짚어줄 중요한 계산을 놓쳤다. 1610년 요하네스 케플러가 이 문제를 다시 들고 나왔는데, 그의 결론은 우주는 유한하며, 별들 사이의 어두운 공간은 우주를 둘러싼 캄캄한 외벽이라고 주장했다. 케플러보다 한 세기 후의 인물인 에드먼드 핼리도 이 문제를 다시 들여다 보았고 "우주는 무한하지만, 멀리 있는 별들은 너무 어두워서 보이지 않는다"며 딕스의 원래 결과를 지지하는 답을 내놓았다.

몇 년 뒤, 스위스의 천문학자인 장 필립 드 슈조Jean-Philippe de Chéseaux는 이런 주장이 답이 될 수 없다는 것을 밝혔다. 그는 간단한 기하학을 이용해서 우리를 중심으로 하는 양파 같은 구조의 동심 구면으로 별을 구분해서, 이런 구조가 무한하며 우주 전체에 퍼져 있는 별들은 같은 밝기[5]를 갖고 있다고(물론 이 가정은 맞지 않지만 이 증명 과정에서는 크게 문제되지 않는

5 물론 우리 은하의 범위를 넘어서는 거리라면 별이 아니라 은하에 대해서 생각해야 할 것이다.

다) 가정하고 계산을 해 보았다. 결과는 가장 안쪽 껍질에 있는 별들은 가장 밝게 빛나겠지만, 그 바깥쪽 껍질은 면적이 더 넓어서 더 많은 별이 있기 때문에, 전체적인 밝기는 안쪽에 있는 껍질들과 완전히 동일하다는 것이었다. 달리 말하자면, 멀리 있어서 어둡지만 개수가 많은 별들은, 가까이 있어서 밝지만 개수가 적은 별들과 같은 빛을 낸다는 뜻이다. 이렇게 해서 다시 케플러의 우주는 유한하다는 주장이나 밤하늘은 어두울 리가 없다는 주장으로 돌아오게 된 셈이다.

이제 1823년에 밤하늘의 어두움에 대한 문제를 다시 들고 나와 논문을 쓴 하인리히 올버스를 이야기해 보자. 그는 슈조의 연구결과 덕분에 멀리 있는 별이 어두운 것은 답이 되지 않는다는 것을 알았기에 좀 다른 답을 내놓았다. 그는 우주가 성간 물질과 가스로 차 있어서 멀리 있는 별(혹은 은하)에서 오는 빛이 가려진다고 주장했다. 하지만 그가 깨닫지 못했던 부분은, 시간이 충분하다면 이런 성간 물질들도 흡수한 빛 때문에 서서히 가열되어 그들이 가리고 있는 별이나 은하와 같은 밝기로 빛나기 시작한다는 점이다.

어쨌든, 올버스가 언급한 이 문제나 그 해답은 19세기가 끝날 무렵까지도 다른 천문학자들에게 완전히 무시당하고 있었다. 하지만 올버스가 한 실수는 용서받을 만할 것 같다. 이 시기까지 천문학자들은 우주가 어디까지 펼쳐져 있는지도, 별들이 은하 안에서 성단을 이루는 것도, 우리 은하가 광대한 우주에 흩어져 있는 수십 억 개의 은하 중 하나일 뿐이라는 것도 몰랐으니까. 이런 것들은 20세기 초입에 등장하여 시공간에 대한 완전히 새로운 시각을 제시한 한 사람 덕분에 모두 뒤바뀌게 된다.

팽창하는 우주

1915년, 아인슈타인은 그의 가장 위대한 연구 결과를 발표했다. 그것은 가장 유명한 수식인 $E = mc^2$도, 그에게 노벨상을 안겨 준 광전 효과에 대한 것도 아니었다. 일반 상대성 이론이라고 부르는 이 이론은 중력이 어떻게 시공간에 영향을 주는지를 설명하는 것이었다.

우리는 학교에서 중력은 뉴턴이 발견했고 모든 물체가 다른 물체들과 서로를 잡아당기는 눈에 보이지 않는 힘이라고만 배웠다. 물론 그 정도로도 잘 맞는 편이고, 우리는 지구가 우리를 표면에 붙잡아 두는 이 힘의 영향 속에서 살아가고 있다. 뉴턴의 중력 법칙은 지구를 도는 달의 운동과 조석 간만의 차를 설명하고, 지구의 공전 궤도를 설명해서 코페르니쿠스의 천동설을 확인해 주었다. 또한 NASA의 과학자들이 아폴로 계획으로 우주선을 달로 보낼 때 이용했던 것도 뉴턴의 중력 법칙이었다. 이 법칙이 맞아 들어간다는 점은 의심의 여지가 없다. 하지만 완벽하게 정확한 것은 아니다.

아인슈타인의 일반 상대성 이론은 중력을 근본적으로 다른, 훨씬 더 정확한 방법으로 설명한다. 이 이론에 따르면 중력은 물체들 사이에 보이지 않는 고무줄을 연결해 놓고 물체들끼리 서로 끌어당기도록 만드는 힘이 아니라, 질량이 있는 물체를 둘러싼 공간 그 자체의 형태를 나타내는 척도이다. 물리학을 배운 사람이 아니라면 지금 이 말이 무슨 뜻인지 알아들을 수 없을 것이다.

걱정하지 마시라. 아인슈타인이 처음 이 이론을 발표했을 때 세상에 이

걸 이해할 사람은 두 사람밖에 없다고 했을 정도니까[6]. 엄밀한 검증을 수없이 많이 거쳐왔기에, 오늘날에는 이 이론이 옳다는 것에 의심의 여지가 없다.

우리 우주는 기본적으로 공간과 그 안에 있는 물질로 이루어져 있기에 물질은 기본적으로 중력의 지배를 받는다. 아인슈타인과 다른 과학자들은 곧 이 일반 상대성 이론으로 우주 전체를 설명할 수 있어야 한다는 점을 알아차렸다. 하지만 아인슈타인은 금세 심각한 문제에 부딪히게 되었다. 어떤 순간에 우주에 있는 은하들이 서로에 대해 정지 상태에 있고, 우주의 크기가 유한하다고 가정하면, 인력에 의해 서로 모이게 될 것이고, 결국 우주 전체가 한 곳으로 붕괴하는 운동을 시작하게 된다. 당시 사람들이 생각하던 우주의 모습은 은하 이상의 규모로 볼 때 고정된 상태로 변하지 않는 것이었는데, 거대한 규모에서 변화하고 동적인 우주의 모습은 낯설고 불필요한 것으로 생각되었다. 그래서 아인슈타인은 일반 상대론에서 수축하는 우주를 시사하는 결과를 얻었을 때, 근본적으로 이론을 재정립하기보다는 수정하는 쪽을 택했다. 그는 중력이 만드는 인력과 균형을 맞추기 위해서는 반중력에 해당하는 척력이 필요하다고 생각했다. 이 척력은 소위 우주 척력이라고 부르는 것으로, 은하들 간의 거리를 유지하고 우주를 안정 상태로 만들어 주는 역할을 한다. 아인슈타인이 제안한 것은 당시 득세하고 있던 정상 우주론과 일반 상대론을 조화시키기 위한 수학적 요령이었다.

---

6 역주 : 이 말은 아서 에딩턴 경이 1919년에 아인슈타인의 일반 상대론이 옳다는 것을 증명하기 위해 일식 관측을 떠났을 때 받은 질문이었는데, 에딩턴 경은 이걸 이해한 나머지 한 사람이 누구인지 되물었다고 한다. 어쨌든 그의 업적을 따져보았을 때 그가 일반 상대론을 제대로 이해한 소수의 사람 중 하나였다는 점은 분명하다.

하지만 그 때 놀라운 결과가 나왔다. 1922년, 러시아의 우주론 학자인 알렉산드르 프리드만Aleksandr Friedmann은 아인슈타인과 전혀 다른 결과를 얻었다. 아인슈타인이 틀렸고 우주를 안정한 상태로 균형을 잡아주는 반중력 같은 것이 없다면? 프리드만은 중력에 의한 인력이 있다는 것이 꼭 우주의 붕괴를 의미하지는 않는다는 것을 깨달았다. 우주는 그와 반대로 팽창하고 있다는 의미일 수도 있었다. 어떻게? 당연히 만유 척력이 없다면 우주는 팽창이 아니라 수축해야 하지 않을까? 자, 그 이유를 살펴보자.

최초의 폭발 같은 어떤 것이 초기에 우주를 팽창하도록 만들었다고 해보자. 만약 중력과 균형을 맞출 반중력 같은 것이 없고, 우주가 팽창 상태로 시작했다면(어떤 이유든 간에), 현재 시점에서는 팽창하거나 수축하고 있어야 한다. 붕괴도 팽창도 아닌 멈춘 상태에 있는 것은 불가능하다. 그런 상태는 불안정하기 때문이다.

이것을 보여주는 간단한 예시를 살펴보자. 부드러운 경사면에 놓여 있는 공을 생각해 보자. 경사의 중간쯤에 공을 놓는다면 공은 항상 굴러내려갈 것이다. 그런데 만약 경사면 위의 공을 동영상으로 보고 있다가 중간쯤 왔을 때 영상을 멈추고 사람들에게 이 다음을 예상해 보라고 하면 경사를 올라가거나(팽창하는 우주), 경사를 내려갈(수축하는 우주) 거라고 대답하지 그대로 서 있을 거라고 대답하진 않을 것이다. 당연히 경사를 거슬러 올라가는 답이 나오려면 처음에 공을 차올려 주는 뭔가가 있어야 한다. 그 경우에는 경사를 거슬러 올라가는 움직임은 항상 점점 느려질 것이고 결국에는 잠시 멈춘 후에 굴러내려 올 것이다.

아인슈타인을 포함한 그 누구도 실제 실험적 증거가 나올 때까지 프리드만의 이론을 믿지 못했다. 천문학자 에드윈 허블Edwin Hubble은 처음으로 다른 은하들이 우리 은하 바깥에 존재한다는 사실을 밝혀냈다. (1929년) 그때까지는 망원경으로 보이는 이 작고 희미한 빛 덩어리들은 성운이라고 부르는 먼지 구름이며 우리 은하 안에 있는 것으로 생각했다. 허블은 자신의 강력한 망원경으로 우리 은하에 속해 있다고 보기에는 너무 멀리 있고, 따라서 그 은하들은 각자의 영역을 가진다는 것을 밝혀냈다. 더욱 놀라운 것은 이 멀리 떨어진 은하들이 지구와의 거리에 비례하는 속도로 멀어지고 있다는 관측 결과였다. 게다가 이런 결과는 망원경으로 어느 방향을 보나 마찬가지인 것처럼 보였다. 그는 이 관측 결과로 프리드만의 팽창하는 우주 모델이 맞다는 것을 증명해냈다.

허블은 우주가 지금도 계속 팽창하고 있으며, 따라서 예전엔 더욱 크기가 작았을 것이라고 주장했다. 따라서 우리가 과거로 충분히 거슬러 올라가면 모든 은하가 서로 겹쳐질 정도로 우주가 작았던 시점이 있을 것이고, 거기서 더 거슬러 올라가면 모든 물질들이 꽉 짓눌린, 우리가 빅뱅이라고 부르는 대폭발, 즉 우주 탄생의 순간이 있었을 것이라고 했다. (빅뱅이라는 용어는 1950년대에 천체물리학자인 프레드 호일Fred Hoyle이 최초로 사용했다)

여기서 우선 우주의 팽창이 다른 은하들이 우리 은하로부터 우주를 가로질러 날아가고 있다는 생각이 잘못되었다는 것을 지적하고 넘어가야 할 것 같다. 사실 실제로 팽창하고 있는 것은 은하들 사이에 있는 텅 빈 공간이다. 또 한 가지 흥미로운 점을 이야기하자면, 우리의 가장 가까운 이웃 은하인 안드로메다가 실제로는 우리를 향해 다가오고 있다는 것이다! 지금 우주의 팽창 속도를 감안하면, 안드로메다는 초속 50km의 속도로 우리에게서 멀어져야 하지만, 실제로는 초속 300km의 속도로 가까워지고 있다. 왜 이런 일이 벌어지는가 하면, 별들이 은하 내부에 골고루 퍼져 있지 않은 것처럼, 은하도 우주에 골고루 흩어져 있는 게 아니기 때문이다. 허블이 관측했던 것은 우리에게서 멀어지는 매우 멀리 있는 은하들이었지, 국부 은하군에 속하는 은하들 사이의 운동이 아니었다.

우리 은하와 안드로메다가 가까워지는 속도는 지구를 2분 안에 한 바퀴 돌 수 있고, 지구와 태양 사이를 1주일 안에 주파할 수 있을 정도다. 사실 안드로메다와 우리 은하는 충돌 경로에 있지만 지금 속도라면 두 은하가 충돌하는 데에는 수십 억 년이 걸린다.

마지막으로 우주 팽창에 대해서 한 가지 덧붙일 것은 팽창 속도가 점차 증가하고 있는 것으로 보인다는 것이다. 중력에 의해 팽창 속도가 주는 것이 아니라 그보다 더 강한 힘이 은하들 사이를 점점 벌리고 있는 것처럼 나타난다. '암흑 에너지'라는 이름이 붙은 수수께끼의 반중력 같은 힘이 작용하는 것처럼 보이는 것이다. 그러고 보면 아인슈타인이 주장했던 우주 척력의 존재도 전혀 말이 안 되는 것은 아니었던 셈이다. 하지만 이 힘은 우주를 그대로 유지시키는 것이 아니라 멀어지게 하고 있는 것 같다.

우주론을 연구하는 학자들은 우주는 약 140억 년 전 탄생하던 빅뱅의 순간부터 팽창하고 있었고, 처음 70억 년간은 물질들이 갖는 중력 때문에 팽창 속도가 줄어들었으나, 그 뒤 70억 년 동안은 물질들이 너무 멀리 흩어져 중력이 그 힘을 잃게 되었다고 보고 있다. 이 시점부터는 암흑 에너지가 지배적이 되어 공간을 더욱 빠르게 팽창시키기 시작했다는 것이다. 이런 현상은 우리 우주는 다시 원점으로 모여 붕괴하는 '빅 크런치Big Crunch'(1998년에 팽창 속도가 가속되고 있다는 것을 발견할 때까지는 빅 크런치가 가능하다고 믿었다)를 일으키지 않는다는 것을 의미한다. 그 대신 모든 물체가 영원히 서로에게서 멀어지기만 하는 '열 죽음heat death'으로 마무리된다는 우울한 결론에 도달하게 된다. 물론 우리가 걱정할 문제는 아니지만 말이다.

빅뱅의 증거

우주가 팽창하고 있다는 사실을 아는 것만으로도 올버스의 역설을 푸는 데는 충분하지만 중요한 한 단계를 더 들어가 보자. 빅뱅이 반드시 있었기에 우주가 팽창하고 있다는 것을 증명해 보자. 우주가 팽창하고 있다는 반박할 수 없는 증거와는 별개로, 오늘날의 빅뱅 이론을 뒷받침하고 있는 두 가지 중요한 증거가 있다. 첫 번째는 우주에 존재하는 각기 다른 원소들의 상대적인 비중에 관한 것으로, 우주에 존재하는 대부분의 원자들은 가장 가벼운 수소와 헬륨이며, 나머지 원소들(산소, 철, 질소, 탄소 등)을 모두 합친 양이 극히 일부를 차지하고 있다는 사실이다. 이 사실을 만족스럽게 설명하기 위해서는 초기에는 높은 밀도와 고온이었다가 급격히 팽창하면서 냉각되는 우주를 가정해야만 한다.

별과 은하가 만들어지기 한참 전으로 거슬러 올라가 빅뱅의 순간에는 우주의 모든 물질들이 좁은 영역에 압축되어 있어서 빈 공간이 없었다. 빅뱅이 일어나자마자 (1초도 지나지 않아서) 아원자 입자가 형성되기 시작했고, 우주가 팽창하고 냉각되면서 이 입자들이 서로 엉겨 붙어서 원자를 형성할 수 있었다. 이런 원자들이 만들어지기 위해서는 온도와 압력 조건이 정확히 일치했어야만 한다. 만약 온도가 너무 높았다면 원자는 온전한 형태를 유지할 수 없었을 것이고, 그 대신 잘게 부서져 고에너지 입자와 복사만이 가득한 상태가 되었을 것이다. 반면에, 우주가 조금 더 팽창했더라면, 온도와 압력이 너무 낮아져서 수소와 헬륨 원자들이 서로 뭉치면서 다른 (무거운) 원소를 아예 만들 수 없었을 것이다. 초기 우주에서 수소와 헬륨이 주로 생성될 수 있었던 배경은 이런 것이었고, 이런 과정들은 아마도 빅뱅 직후 몇 분 간에 이루어졌을 것으로 보고 있다. 거의 모든 나머지 원소들은 초고온, 고압인 별의 내부에서 핵융합 과정을 통해 가벼운 원소에서 무거운 원소로 변환될 무렵에야 만들어질 수 있었다.

따라서 빅뱅 이론은 현재 천문학자들이 관측한 우주의 수소와 헬륨 비율을 설명할 수 있는 유일한 방법이다.

빅뱅 이론을 지지하는 또 다른 증거는 우주의 팽창과 마찬가지로 실험적으로 확인되기 전에 이론적으로 예측되었던 것이다. 우주에는 별과 은하가 나타나기 전부터 있었던 태고의 빛들로 가득하기에, 우주를 돌아다니는 광자의 대부분은 별빛에서 나온 것이 아니라는 사실을 요즘 우리는 잘 알고 있다. 빅뱅이 일어난 후 100만 년 정도가 흐른 뒤에 최초의 원자가 만들어졌다.[7] 이때부터 비로소 우주는 투명해져서 빛과 전자기파가 먼 거리를 자유롭게 돌아다닐 수 있게 되었다. 우주의 여명에 나타난 이 빛들의 파장은 그 때 이후로 우주가 팽창함에 따라 함께 늘어졌다. 계산에 따르면 이 빛의 파장은 너무 길어져서 가시광선의 영역을 벗어나 마이크로파 영역에 있는 것으로 나타났다. 그래서 이 빛들은 '우주 배경 복사cosmic microwave radiation'라고 불린다.

전 우주를 돌아다니는 이 복사는 먼 우주에서 오는 희미한 신호의 형태

---

7 역주 : 앞 문단에서 설명한 수분 동안 일어난 과정은 원자핵의 형성이고, 이 부분은 전자와 원자핵이 합쳐져 원자를 형성했다는 뜻이다.

로 전파 망원경에 잡힌다. 이런 실험은 1960년대에 처음 이루어진 후로 정밀도를 높여 가며 여러 번 반복되어 왔다. 신기하게 들릴지도 모르지만, 가정용 라디오나 TV의 빈 채널에서 들리는 치익 소리가 바로 이 희미한 전파가 내는 소리이다.

이제 우리 우주에 시작이 있었다는 점은 더 이상 의심할 여지가 없을 것이다. 세 가지 증거를 요약하자면 : 배경 복사 (정확히 계산과 맞아떨어지는 파장에서 나타난 빅뱅의 빛), 원소들의 상대적 비율, 망원경으로 확인할 수 있는 우주의 팽창. 이 세 가지 증거들이 모두 우주 탄생의 시기를 뒷받침하고 있다.

이제 마지막으로 드디어 올버스의 역설을 풀 때가 된 것 같다.

최후의 해답

정리해 보자. 밤이 어두운 이유는 우주가 유한해서가 아니다. 우리가 알다시피 우주는 영원히 계속된다. 멀리 있는 별이 어두워서도 아니다. 멀리 들여다본다면 그 곳에는 은하가 있게 마련이고, 그 빛의 합은 우리가 볼 수 있는 우리 은하의 별들 사이를 밝은 빛으로 메우게 된다. 또한 멀리서 오는 빛이 성간 먼지나 가스에 의해 가려지기 때문도 아니다. 충분한 시간이 주어진다면 성간 물질들도 그들이 가리고 있는 별의 빛을 흡수해서 빛을 내기 시작한다. 우주가 어두운 진짜 이유는 지금껏 제시된 어떤 설명보다도 단순하고 심오하다. 밤하늘이 어두운 것은 우주에 시작이 있었기 때문이다.

빛은 한 시간에 10억 km라는 어마어마한 속도로 날아가는데, 이것은 지구를 1초에 일곱 바퀴 반을 돌 수 있는 속도다. 이 속도는 우리 우주의 제한 속도이기도 해서 어떤 것도 빛보다 빨리 움직일 수는 없다. 빛이 딱히 특별해서가 아니라 그 속도가 바로 우주 시공간 구조의 일부이기 때문이다. 빛은 질량이 없기 때문에 우주의 제한 속도인 광속으로 움직일 수 있는 것이다. 아인슈타인은 1905년 처음 발표한 특수 상대론에서 이것을 우아하게 밝혀냈다. 바로 이것이 $E = mc^2$을 이끌어낸 그 이론이다.

하지만 우주적 규모에서 보면 광속도 그다지 대단하지는 않다. 은하 사이의 거리는 제쳐 두고라도 우리 은하 안에서 별들 사이의 거리만 봐도, 가장 가까운 별에서 출발한 빛이 우리에게 닿는 데까지 몇 년이 걸리니까.

이 광속의 유한함이 바로 올버스의 역설을 푸는 열쇠이다. 우주의 나이가 약 140억 년이니까, 우리에게 빛이 도달할 수 있을 정도로 가까운 곳에 있는 은하들만 볼 수 있는 것이다. 물론 공간의 팽창을 고려하면 더 복잡하다. 어떤 은하가 100억 광년 거리에 있다는 것은 빛이 우리에게 도달하는 데에 100억 년이 걸린다는 뜻이다. 하지만 빛이 오고 있는 그 시간에도 은하와 우리 사이의 공간은 넓어지고 있어서 지금 이 순간 그 은하와 우리의 거리는 사실 그만큼 몇 배로 더 큰 것이다. 어쨌든, 이보다 두 배 더 먼 곳에 있는 은하는 아직 우리 시야 밖에 있어서 빛이 아직 우리를 향해 오는 중이므로 볼 수가 없다. 따라서 그 빛은 밤하늘의 밝기에 아무런 보탬이 되지 않는다. 우리는 우주의 나이만큼의 공간만 들여다볼 수 있을 뿐이다.

그래서 우리에게 보이는 하늘은 전체 우주의 작은 일부에 불과하다. 이것을 "가시적 우주visible universe"라고 부르며 아무리 좋은 망원경이 있어도 공간의 지평선 너머를 볼 수는 없다. 이것은 또한 시간의 지평선이기도 하기 때문이다. 먼 곳을 본다는 것은 더 먼 과거를 본다는 뜻이고, 지금 보고 있는 빛은 이미 수십억 년 전에 그곳을 출발했기에, 우리가 보고 있는 것은 현재가 아니라 과거인 것이다. 따라서 가시적 우주의 끝은 결국 우리에게는 가장 오래된 순간을 의미하기도 한다. 여기서 우주 팽창의 마지막 미묘함이 드러난다. 만약 140억 년 전에 무한하고 정적인 (팽창하지 않는) 우주가 갑자기 나타나게 되었다고 해도 여전히 우리는 140억 광년만큼의 공간밖에 볼 수 없다. 그러니 팽창 그 자체가 우리가 무한대의 영역을 볼 수 없는 이유는 아닌 셈이다. 만약 정적인 우주에서 아주 오랜 시간을 기다릴 수 있다면 언젠가는 더 멀리 있는 은하의 빛도 보이게 될 것이다. 가시적 우주의 경계 너머에 있는 빛은 올라가는 에스컬레이터를 천천히 걸어내려오는 사람 같이 영원히 팽창 속도를 앞지를 수 없다.

앞 장에서 나는 제논의 패러독스를 풀기 위해서 추상적인 논리에만 의존할 것이 아니라 정교한 과학을 동원해야 한다는 점을 지적했었다. 하지만 올버스의 역설의 풀이는 처음 나온 정답이 과학이 아닌 직관적 논리에 기반한 것이었는데, 그것도 가장 예상치 못한 사람에게서 나온 것이었다. 바로 19세기 미국의 작가이자 시인인 에드가 앨런 포Edgar Allan Poe였다.

그가 마흔의 나이로 세상을 떠나기 전 해에 에드가 앨런 포는 그의 가장 중요한 역작으로 평가되는 산문 시집 〈유레카Eureka〉(1848)를 출간했다. 그가 했던 "물질적, 영적 우주에 대하여"라는 강의를 토대로 한 놀라운 문학 작품이었으며, 과학적 연구에 기반한 것이라기보다는 자연 법칙에 대한 그의 직관을 보여주는 것이었다. 어떤 의미에서는 그가 생각했던 우주의 시작과 진화, 그리고 마지막에 대해 쓴 우주론에 대한 논문이었다. 그는 과학적 근거보다 논리와 거친 추측에 의존해서 글을 썼다. 예를 들어,

그는 뉴턴의 법칙으로 행성의 형성과 자전을 설명하는 자신만의 개념을 만들기도 했지만 결론적으로는 잘못된 것이었다. 그럼에도 불구하고 이 에세이에는 다음과 같은 유명한 구절이 묻혀 있었다.

> 별들이 끝없이 연속적으로 있다고 하면, 하늘의 배경 그 어디에도 별이 없는 곳은 절대로 없을 테니 은하처럼 균일한 밝기로 보여야 한다. 그러므로 우리가 망원경으로 볼 수 있는 어두운 빈 공간을 이해할 수 있는 유일한 방법은, 보이지 않는 배경 부분의 거리가 너무나 멀어서 아직 그 곳의 빛이 우리에게 도달하지 않았다고 가정하는 것뿐이다.

그렇다. 올버스의 역설을 처음으로 옳게 풀어낸 것은 과학자가 아니라 시인이었던 것이다. 어떤 역사가들은 포의 설명은 그저 추측에 불과했을 뿐이고, 우리가 진정 역설을 풀어냈다고 할 수 있는 것은 1901년에 19세기의 위대한 과학자인 켈빈 경Lord Kelvin이 적절한 방법으로 계산을 해냈을 때라고 주장한다. 하지만 켈빈 경의 계산도 근본적으로는 포의 생각을 수학으로 증명한 것이다. 좋든 싫든, 포는 정답을 맞췄다.

그럼, 최초의 질문으로 돌아가서 답을 해 보자. 왜 밤이 되면 어두워질까? 그것은 우주가 빅뱅으로부터 시작되었기 때문이다.

최종 풀이와 빅뱅의 증명

과학자들은 종종 빅뱅이 실제로 일어났다는 증거가 무엇이냐는 질문을 받곤 한다. 보통은 내가 앞서 이야기 한 세 가지 증거를 인용한다. 하지만 내 생각에는 올버스의 역설을 떠올리는 것이 좀 더 쉽고 설득력이 있지 않은가 한다. 밤이 어두운 이유는 우주에 시작이 있었고, 빛이 어떤 거리를 넘어 우리에게 도달하는 데 시간이 걸리기 때문이라고 설명하는 대신에, 조금 다른 방법을 시도해 보면 어떨까? 빅뱅의 증거가 궁금한 사람들은 일단 밤에 야외에 나가서 우주 공간이 어두운 이유에 대해서 깊이 생각해 보라고 말이다.

정말 수수께끼인 것은 어째서 천문학자들이 이 문제를 푸는 데 그토록 오랜 세월이 걸렸냐는 것이다.

MAXWELL'S DEMON
맥스웰의 악마

영구 기관은 가능한가?

열역학 제2법칙은 모든 것은 닳고, 식어 가고, 태엽은 풀리고, 낡고 쇠락한다는 것을 의미하며, 설탕이 뜨거운 물에 녹기는 하지만 다시 설탕이 되지 않는 이유를 설명한다. 또 물 속에 든 얼음이 왜 녹을 수밖에 없는지를 설명하기도 한다. 열은 항상 따뜻한 물에서 얼음으로 전달되며 그 반대는 성립하지 않기 때문이다.

하지만 왜 이래야만 하는 걸까? 만약 우리가 세상을 개별적인 원자와 분자의 상호 작용과 충돌로 볼 수 있다면 우리는 시간이 어느 쪽으로 흐르는지 말할 수 없을 것이다.

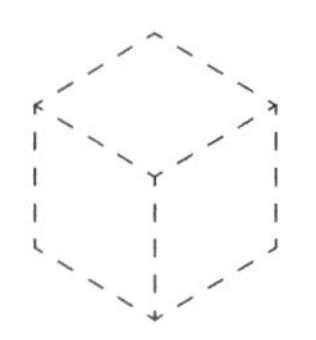

만약 길을 걷다 우연히 물리학자들을 마주쳤을 때, 각자 그들의 관점에서 과학의 가장 중요한 아이디어를 대보라고 하면 여러분은 매우 다양한 대답을 들을 수 있다. 이를테면 모든 것은 원자로 이루어져 있다거나 다윈의 진화론, DNA의 구조, 우주는 빅뱅에서 시작되었다는 것들 말이다. 그렇지만 그들이 열역학 제2법칙을 꼽을 가능성이 높다. 이 장에서는 이 중요한 법칙과 백 년이 넘는 시간 동안 이 법칙을 한계까지 몰아붙였던 패러독스에 대해서 알아보고자 한다.

맥스웰의 악마는 간단한 아이디어지만 많은 위대한 과학자들을 사로잡았고, 새로운 학문 분야를 탄생시키기도 했다. 그것은 이 패러독스가 자연법칙 중 가장 신성불가침의 영역인 열역학 제2법칙에 도전했기 때문이었다. 이 법칙은 열의 전달과 에너지, 그것들을 어떻게 쓸 수 있는지를 단순하고 심오하게 나타낸 것이다.

열역학 제2법칙을 보여주는 한 예를 들어 보자. 이 예는 내가 가족들에게 설명하려고 할 때 가족들이 찾아낸 것인데, 냉동 치킨을 뜨거운 물이 담긴 주전자 위에 올려놓았다고 해 보자. 그럼 치킨은 조금 데워질 것이고 주전자는 식을 거라고 예상할 수 있다. 아마도 뜨거운 주전자가 더 뜨거워지고 치킨이 더 차가워지는 식으로 열이 다른 방식으로 전달되는 경우는 보기 어려울 것이다. 열은 언제나 따뜻한 쪽에서 차가운 쪽으로 이동하고, 다른 방향으로 흐르지는 않으며, 둘의 온도 차이가 없는 평형에 이를 때까지 계속 흐르게 된다. 여기에 무슨 논쟁거리가 있다는 것인지 의아할 것이다.

그럼 이제 맥스웰의 악마를 들여다 보자. 우리를 흥분시킬 바로 그 아이디어의 시작점은 이러하다. 공기만 들어 있는 밀봉된 상자를 생각해 보자. 그 내부는 두꺼운 단열재로 된 벽이 상자를 반으로 나누고 있다. 이 벽의 가운데에는 매우 빠르게 열리고 닫히는 작은 문이 있어서, 공기 중의 분자 하나가 다가오면 그 분자를 다른 쪽으로 통과시킬 수 있다. 하지만 상자의 한 쪽 칸에 분자 개수가 더 많아진다면 그 쪽에서 문으로 날아가는 분자가 더 많아지게 되어서 문을 통해 반대 쪽으로 넘어가게 되므로 상자 양쪽의 압력은 동일하게 유지된다.

이런 과정이 계속 이어지면 양쪽에서 온도차는 생기지 않는다. 이것을 설명하기 위해 우선 기체의 온도라는 개념을 분자 수준에서 정의해 보자. 본질적으로 기체의 온도가 높다는 것은 분자가 더 빠른 속도로 이리저리 부딪히고 다닌다는 뜻이다. 우리가 알고 있는 공기와 같은 혼합 기체를 포함해서 모든 기체는 수조 개의 분자들이 무작위로 어떤 것은 느리게, 어떤 것은 빠르게 각자 다른 속도로 이리저리 날아다니고 있다. 하지만 그들의 평균적인 속도는 어떤 온도 값에 대응한다. 상자 내부의 작은 문을 통해 두 방을 지나다니는 분자들 중 어떤 것은 빠르고 어떤 것은 느릴 것이다. 평균적으로 각 방향으로 넘어가는 분자들 중에는 빠른 분자들의 개수만

그림 4.1 공기가 채워진 맥스웰의 상자

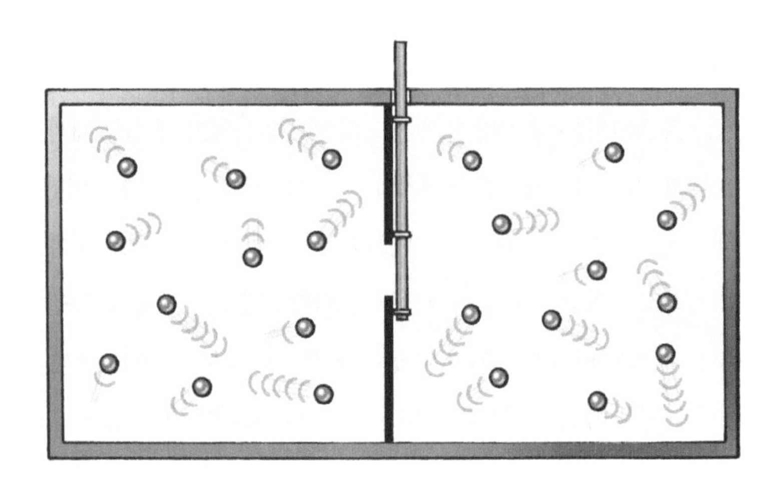

(a) 전

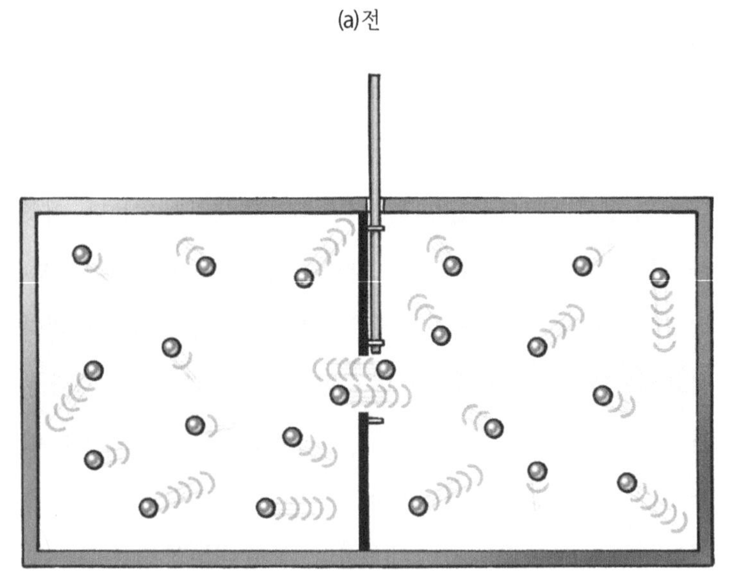

(b) 후

큼 느린 것도 있을 것이기에 온도 차이가 생길 수 없다. 여러분이 만약 빠른 분자들이 느린 분자들보다 더 자주 옆 방으로 넘어갈 거라고 생각했다면 거기까지는 맞다. 하지만 빠른 분자들은 왼쪽에서 오른쪽으로 넘어간 만큼 금세 반대 방향으로 넘어오기 때문에 앞의 설명에 영향을 미치지 않는다.

자, 지금까지 잘 따라왔다면 이제 악마를 풀 때가 되었다.

맥스웰의 악마는 자그마한 가상의 존재로 시력이 매우 좋아서 공기 중의 분자 하나하나를 볼 수 있고 속도도 알 수 있다. 이제 작은 문을 무작위로 열고 닫는 것이 아니라 악마가 문을 조종하도록 해 보자. 악마가 전과 같이 많은 분자들을 통과시킨다고 하더라도 고려해야 할 것이 하나 더 늘었다. 바로 악마가 가진 지식이다. 빠르게 움직이는 분자만 왼쪽에서 오른쪽으로 통과시키고, 느리게 움직이는 분자만 골라서 오른쪽에서 왼쪽으로 통과시킨다고 해 보자. 악마가 이런 규칙으로 문을 열고 닫는다면 따로 들이는 노력이나 에너지 소비(앞에서 작은 문이 어쨌든 무작위로 열리고 닫혔다는 것을 기억하자) 없이도 결과는 예전과 완전히 달라지게 된다.

이 시점에서 아마 1장에서 다루었던 몬티 홀 패러독스에서 진행자의 사전 지식이 생각날 것이다. 함정에 빠지지는 말자. 진행자가 어느 문에 상품을 숨겨 놓았는지 알고 있다는 사실은 우리가 확률을 계산할 때 영향을 미칠 뿐 그 이상은 아니다. 맥스웰의 악마가 가진 지식은 훨씬 더 중요한 역할을 하고 있으며, 이 패러독스를 풀기 위해서 해결해야 할 전체적인 물리적 과정에서 매우 중요한 부분이기도 하다.

이제 악마가 문을 지키는 상황에서, 오른쪽은 빠르게 움직이는 분자로 점점 차오르게 되어 뜨거워지는 반면, 왼쪽은 느리게 움직이는 분자가 쌓

그림 4.2 맥스웰의 악마

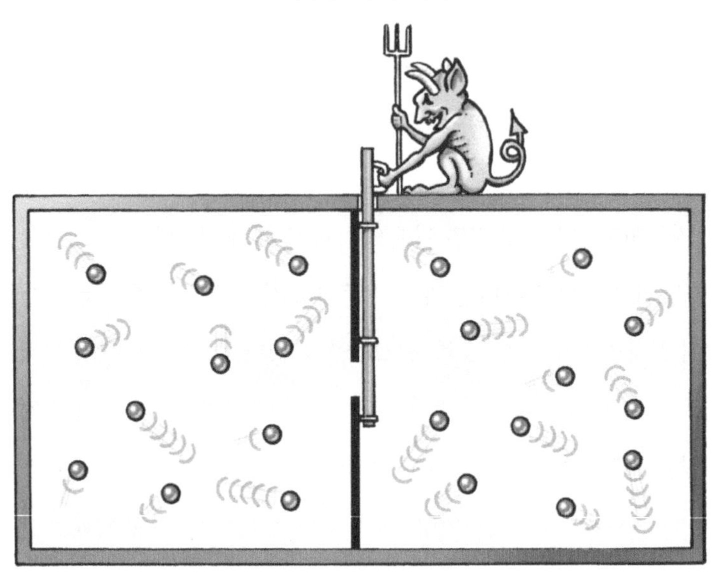

(a) 전

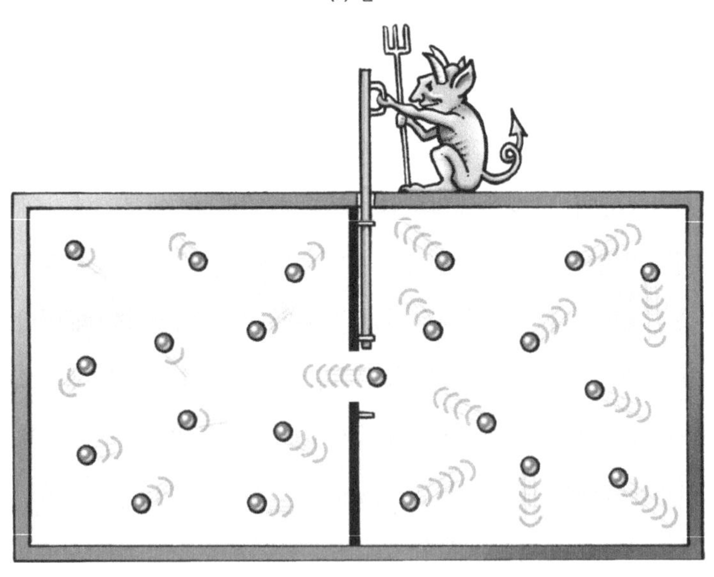

(b) 후

이게 되어 식어가게 된다. 우리는 악마의 지식만 가지고 양쪽 방의 온도 차이를 만들어 내서 열역학 제2법칙을 벗어난 것처럼 보인다.

그리하여, 정보 외엔 아무것도 없는 상황에서 맥스웰의 악마는 열역학 제2법칙의 지배를 받는 과정을 뒤집은 것으로 보인다. 어떻게 이럴 수가? 많은 위대한 학자들이 한 세기가 넘도록 이 문제와 씨름했다. 여러분은 이제 어떻게 이 문제를 풀었는지 알아볼 것이다. 이 문제도 결국 이 책에 나오는 다른 패러독스들과 마찬가지로 결국은 풀리는 문제이며, 열역학 제2법칙도 지켜질 것이다.

이 주제가 그토록 매력적인 것은 에너지를 전혀 소비하지 않고 영원히 작동하는 장치인 영구 기관과 관계가 있기 때문이다. 만약 맥스웰의 악마가 열역학 법칙을 어길 수 있다면, 똑같은 일을 할 수 있는 장치도 만들 수 있어야 하기 때문이다. 이 장의 뒷부분에서 몇 가지 예를 살펴볼 것이다. 그 때쯤에는 그것이 불가능하다는 것을 굳이 설득할 필요가 없길 바란다.

태엽, 잉크, 언덕을 굴러 내려가는 공

열역학에는 열과 에너지가 어떻게 서로 전환되는지에 대한 법칙이 모두 4가지 존재하지만, 그 중 가장 중요한 것은 제2법칙이다. 물리학 전체를 통틀어 가장 중요한 법칙들 중 하나라고 할지라도, 그 법칙이 열역학 법칙 내에서는 최고의 자리를 차지할 수 없다는 사실은 나에게 늘 놀라운 것이었다.

열역학의 첫 번째 법칙은 다소 직관적인데, 에너지는 한 형태에서 다른 형태로 변환될 수 있지만 생겨나거나 소멸하지는 않는다는 것이다. 보통은 좀 더 전문적으로 다음과 같이 이야기하기도 한다. 계system 내부 에너지의 변화는 계에 가해진 열의 양에서 계가 외부에 한 일을 뺀 양과 같다. 이 말의 근본적인 의미는 '어떤 일을 하는 데에는 항상 에너지가 든다'는 것이다. 차는 연료가, 컴퓨터는 전기가 필요하고, 우리는 살아 있는 것 자체로도 에너지를 소비하고 있기에 늘 음식이 필요하다. 이 모든 것이 계에서 '유용한 일'을 하기 위해서는 다양한 형태의 에너지가 반드시 필요하다는 예이다. '유용하다'는 말에서 놓치지 말아야 할 부분은 생산적이지 않은 곳에 투입되는 에너지도 모두 포함한다는 점이다. 예를 들면 마찰에서 발생하는 열, 엔진의 소음과 같이 소멸되는 에너지 말이다. 제1법칙은 그렇게 해서 보다 더 중요한 제2법칙을 위한 토대를 마련해 준다. 열역학 제2법칙은 모든 것은 닳고, 식어 가고, 태엽은 풀리고, 낡고 쇠락한다는 것을 의미하며, 설탕이 뜨거운 물에 녹기는 하지만 다시 설탕이 되지 않는 이유를 설명한다. 또 물 속에 든 얼음이 왜 녹을 수밖에 없는지를 설명하기도 한다. 열은 항상 따뜻한 물에서 얼음으로 전달되며 그 반대는 성립하지 않기 때문이다.

하지만 왜 이래야만 하는 걸까? 만약 우리가 세상을 개별적인 원자와 분자의 상호 작용과 충돌로 볼 수 있다면 우리는 시간이 어느 쪽으로 흐르는지 말할 수 없을 것이다. (이 과정을 영상으로 만들어서 본다면 앞으로 돌리는지 뒤로 돌리는지 알 수 없다는 뜻이다) 그렇게 되는 것은 원자 수준으로 내려간다면 모든 물리적인 과정은 가역적reversible이기 때문이다. 뉴트리노는 중성자와 만나면 상호 작용을 통해 그 자리에서 양성자와 전자가 만들어져 날아가게 된다. 하지만 마찬가지로 양성자와 전자가 충돌하는 경우에도 중성자와 뉴트리노가 만들어져 날아가는 현상이 일어날 수 있다. 물리법칙에서는 시간이 앞으로, 혹은 뒤로 흐르는 두 가지 과정 모두 가능하다.

이런 현상은 시간이 흐르는 방향을 정하는 데 아무 어려움이 없는 우리 일상 생활과는 극명한 대조를 이룬다. 예를 들면, 굴뚝에서 나온 연기가 다시 굴뚝 위로 모여서 깨끗하게 그 안으로 빨려 들어가는 일은 우리 주변에서는 볼 수 없다. 그와 비슷하게, 커피에 녹인 설탕이 각설탕으로 되돌아가거나, 벽난로에서 타버린 재가 다시 장작이 되는 경우도 없다. 이런 현상들을 그것을 구성하는 원자 수준에서 일어나는 현상과 구분하는 기준은 무엇일까? 우리 주변에서 일어나는 대부분의 일들이 절대로 거꾸로 일어나지 않는 것은 어떤가? 어떤 현상이 비가역적이 되는 것은 굴뚝의 연기, 커피에 녹은 설탕, 장작과 재, 그리고 원자 사이의 어느 단계쯤일까?

좀 더 깊이 살펴보자면, 위에서 말한 현상들이 절대로 거꾸로 일어나지는 않는다는 것이 아니라 그런 일들이 일어나기가 극히 어렵다는 것이다. 커피에 녹았던 설탕이 다시 각설탕이 되는 것도 물리학 법칙 내에서는 얼마든지 가능한 일이다. 하지만 만약 우리가 그런 일이 일어나는 걸 본다면 무슨 마법 같은 것이 아닌지 의심할 것이다. 그런 일이 일어날 가능성은 너무 적어서 무시할 수 있는 정도다.

열역학 제2법칙에 대한 이해를 돕기 위해서 '엔트로피entropy'를 소개해야겠다. 이 장에서 꽤 큰 비중을 차지하고 있기에 이것을 명확하게 이해하려고 노력하는 것이 중요하다. 미리 얘기해 두지만, 내가 아무리 여러분에게 설명하려고 해도 잡힐 듯 말 듯 손에서 빠져나가는 느낌을 받을 것이다.

엔트로피는 우리가 어떤 상황을 설명하려고 하느냐에 따라 나타내는 바가 다르기 때문에 다소 정의하기 까다로운 개념이다. 그 점을 보여줄 몇 가지 예를 소개하고자 한다. 한 가지 정의는 엔트로피는 무질서함, 얼마나 뒤섞여 있느냐를 나타내는 척도라는 것이다. 섞지 않은 트럼프 카드 한 벌에는 무늬별로 오름차순으로 카드가 배열되어 있는데(2, 3, 4, … J, Q, K, A) 이런 상태를 두고 엔트로피가 낮다고 한다. 카드를 몇 번 섞게 되면 순서대로의 배열이 깨어지게 되고 카드들의 엔트로피는 약간 증가한다. 여기서 이런 질문을 할 수 있다. 카드를 더 섞게 되면 카드의 순서는 어떻게 될까? 답은 뻔하다. 원래의 정렬된 상태로 돌아가기보다는 압도적으로 많은 경우에 더 섞이는 방향으로 진행될 것이다. 그러므로 계속 섞게 되면 엔트로피는 증가하게 될 것이다. 카드가 완전히 뒤섞인 경우, 엔트로피는 최대가 되고 더 이상 카드를 뒤섞을 수 없게 된다. 섞지 않은 카드 한 벌은 하나의 고유한 조합이지만, 뒤섞이는 경우는 매우 많은 경우의 수가 있으므로, 섞는 행동은 압도적으로 한 방향으로만 진행된다. 정렬된 상태에서 뒤섞인 상태, 즉 낮은 엔트로피에서 높은 엔트로피로 진행된다. 이런 경우도 반쯤 녹은 각설탕을 계속 저으면 항상 더 녹는 것과 같이 비가역적이다.

그림 4.3 무질서함을 나타내는 엔트로피

오른쪽에 있는 패보다 왼쪽에 있는 정렬된 패가 엔트로피가 낮다.

그러므로 열역학 제2법칙은 물리적 세계의 어떤 특별한 성질에 의존하는 것이 아니라 사실상 통계적인 현상이라는 점을 알 수 있다. 엔트로피가 낮은 상태에서 높은 상태로 가는 경우가 그 반대의 경우보다 압도적으로 많다는 것이다.

확률을 놓고 이야기해 보자면, 완전히 뒤섞인 카드 한 벌을 가지고 더 섞어서 각 무늬별로 순서대로 정렬된 상태로 만들 수 있는 확률은 로또를 한두 번이 아니라 아홉 번 연속으로 당첨될 확률만큼 낮다!

한편으로, 엔트로피는 어떤 일을 하는 데 필요한 에너지를 낼 수 있는 능력의 척도로도 생각할 수 있다. 이 경우에는 에너지를 낼 수 있는 능력이 높을수록 엔트로피는 낮은 상태다. 예를 들면, 배터리는 충전되어 있을 때 엔트로피가 낮고, 쓰면 쓸수록 엔트로피가 높아진다. 태엽 장난감도 태엽을 감은 상태는 엔트로피가 낮고, 갖고 놀수록 높아진다. 태엽이 다 풀리면 우리는 열심히 에너지를 써서 태엽을 감아 엔트로피를 다시 원래대로 낮출 수 있다.

열역학 제2법칙은 기본적으로 엔트로피에 대한 것으로서, 엔트로피는 항상 증가하며 추가로 외부에서 에너지를 공급하지 않는 이상 낮아지지 않는다는 것이다. 그러므로 태엽 장난감의 예에서 우리가 태엽을 감아 준다고 해서 이 법칙이 깨진 것이 아니다. 왜냐하면 태엽 장난감이라는 계는 더 이상 외부 환경인 우리와 단절된 것이 아니기 때문이다. 장난감의 엔트로피는 낮아졌지만 우리는 태엽을 감는 일을 했고, 장난감의 엔트로피가 낮아지는 것을 상쇄하는 이상으로 우리의 엔트로피는 증가한다. 따라서 전체적으로 보면 '장난감+우리'의 전체 엔트로피는 증가한다.

제2법칙은 또한 시간이 흐르는 방향을 정의하기도 한다. 여러분은 뻔한 소리라고 생각할 수도 있겠다. 시간은 당연히 과거에서 미래로 흐르니까. 하지만 '시간이 과거에서 미래로 흐른다'는 말은 그저 우리가 과정을 설명하는 방법에 지나지 않는다. 좀 더 과학적인 정의를 위해, 과거(이미 일어난 일)와 미래(아직 일어나지 않은 일)를 구분하는 우리의 주관을 배제하기 위해서 무생물인 우주를 대상으로 생각해 보기로 하자. 물리적 과정으로 시간의 방향을 결정하는 과정에서 우리의 주관을 배제하고 나면, 시간은 엔트로피가 증가하는 방향으로 흘러간다고 보는 것이 보다 의미 있고 유용하다는 것을 알 수 있다. 이런 정의는 개별적인 계에만 적용되는 것이 아니라 우주 전체에 적용된다. 그러므로 여러분이 만약 어떤 사람이 고립된 계의 엔트로피가 떨어지는 상황을 찾아냈다면, 시간의 방향이 반대로 되었을 거라고 말할 수 있으며, 이것은 너무 이상해서 생각조차도 어려울 것이다.

영국의 천문학자인 아서 에딩턴Arthur Eddington 경이 제2법칙의 중요성에 대해 말한 것을 들어 보자.

> 엔트로피는 항상 증가한다는 법칙인 열역학 제2법칙은 여러 자연 법칙 중에서도 최고의 위치에 자리하고 있다. 만약 당신이 세운 이론이 열역학 제2법칙에 반하는 내용이라면 희망이 없다고 말해 주고 싶다. 그런 이론으로는 그저 깊은 굴욕감에 빠져들게 될 뿐이다.

우리는 가끔 마치 엔트로피가 감소하는 것처럼 보이는 예를 만나곤 한다. 예를 들면, 손목 시계는 금속 조각을 모아놓은 것에서 시작해서 고도로 복잡하고 정렬된 물건으로 만들어진다. 이런 것은 제2법칙을 벗어나는 것 아닐까? 글쎄, 그렇진 않다. 사실 이것은 앞서 말한 태엽 장난감의 예를 복잡하게 만든 것에 불과하다. 시계공은 시계를 만드는 데에 자신의 엔트로피를 약간 증가시키면서 어느 정도의 노력을 쏟아붓는다. 게다가, 광석을 제련하고 부품에 필요한 금속을 가공하는 과정은 시계가 만들어지면서 낮아지는 엔트로피를 상쇄하는 것 이상으로 폐열을 만들어 낸다.

맥스웰의 악마가 수수께끼 같은 이유가 바로 이것이다. 앞에서 말한 시계공처럼 공기 중의 분자들을 잘 정렬하면 상자 안의 엔트로피를 낮출 수 있는 것처럼 보이는데, 물리적으로 분자를 움직이지는 않는다니. 일반적으로 엔트로피가 낮아지는 것처럼 보이는 경우가 있다면, 다루고 있는 계가 사실은 외부로부터 고립되어 있지 않으며, 좀 더 큰 시각에서 보면 전체 엔트로피는 증가한다는 것을 알 수 있다. 우리는 생명의 진화에서 매우 복잡하고 잘 짜여진 건물에 이르는 수많은 과정이 지구 표면의 엔트로피를 낮추는 것을 볼 수 있다. 자동차와 고양이에서 컴퓨터와 양배추에 이르는 모든 것들이 그것들의 원재료보다 낮은 엔트로피를 갖고 있지만, 그럼에도 불구하고 제2법칙은 깨지지 않는다. 여기서 잊지 말아야 할 것은 행성 전체를 따질 때도 주변 환경에서 완전히 고립된 계가 아니라는 점이다. 결과적으로는 지구 상의 거의 모든 생명체, 즉 모든 저(low)–엔트로피 구조들은 태양빛 덕분에 존재하는 것이니 말이다. 태양이 우주 공간으로 뿜어내는 복사 에너지(지구는 그 중 일부만 흡수한다)는 태양의 엔트로피 증가를 의미한다. 태양의 복사 에너지 중 일부를 지구가 흡수하여, 그 에너지로 생명체와 온갖 저–엔트로피 구조물을 만들어서 낮아지는 엔트로피는, 태양이 뿜어내는 복사 에너지보다 훨씬 그 양이 적다. 그러므로 지구와 태양을 함께 고려한 계에서 전체 엔트로피는 증가한다. 지구 상의 생명체가 엔트로피를 낮추는 예로 양배추를 살펴보자. 양배추는 광합성을 통해 받아들인 태양 에너지를 자신의 성장을 돕는 데 사용하는데, 자신을 이루고 있는 고도로 조직된 세포의 수를 늘리는 데 사용하여 엔트로피를 낮춘다.

오랜 기간에 걸쳐 어떻게 과학자들이 반복해서 제2법칙을 벗어나는 것처럼 보이는 상황을 고안하는 것에 도전해 왔는지 여러분과 함께 살펴보기로 하자. 그 중 가장 주목할 만한 사람은 19세기 스코틀랜드의 수학자이자 물리학자인 제임스 클럭 맥스웰James Clerk Maxwell로, 빛이 진동하는 전기장과 자기장으로 이루어진 전자기파라는 것을 밝혀낸 인물이다. 그는 1867년에 했던 대중강연에서 상자 안에 있는 작은 문을 조절하며 열역학 제2법칙을 거스르는 임무를 맡은 상상 속의 악마에 대한 유명한 사고 실험을 언급했다. 작은 문이 높은 에너지의 '뜨거운' 공기 분자를 일방 통행으로 옆 방으로 통과시키고, 느린 '차가운' 분자는 그 반대 방향으로만 통과시키는 밸브 역할을 한다. 그렇게 해서 분자들을 각 방에 분류해서 한 방은 뜨겁고 한 방은 차갑게 만든다. 앞에서 말한 것처럼 그냥 두어도 저절로 열리고 닫히는 문이었다면, 문을 조절하는 데 추가로 든 에너지가 전혀 없었기에, 이 경우는 명백하게 제2법칙을 위반하고 있는 것이다. 또, 분자들이 두 방에 구분되어 있으므로 상자 전체의 엔트로피는 낮아진 것으로 보인다.

원웨이 밸브

그럼 이 패러독스를 풀려면 어떻게 해야 할까? 맥스웰의 악마는 상자의 엔트로피를 낮출 수 있는 걸까? 그럼 제2법칙은 어떻게 하고? 우선 물리학자들이 흔히 하는 방법으로 접근해 보자. 문제에서 중요하지 않은 것들을 제거하는 것인데, 여기서는 악마와 같은 일을 하는 간단한 기계 장치로 악마를 대체해 보자. 여기서 우리는 악마가 하는 일과 같은 기계적 과정이 있느냐는 질문을 던질 수 있겠는데, 악마가 하는 일은 어떤 의미에서는 원웨이 밸브와 같다. 그러므로 우리는 그런 밸브를 이용해 상자 안의 양쪽 방에 불균형을 만들어서, 엔트로피를 낮추어 에너지를 수확할 방법을 만들 수 있는지를 알아볼 수 있다. 아직 시작도 안 했지만 뭔가 수상한 냄새가 난다. 어쨌든, 이런 게 가능하다면 세계의 에너지 문제는 모두 해결되었을 것이다. 이것 하나만 놓고 봐도 그런 것이 이루어질 가능성은 요원해 보인다.

아니, 원웨이 밸브로 평형 상태에서 에너지를 얻어내는 것이 불가능하다고 어떻게 그렇게 확신할 수 있는가? 물론 어쩌면 제2법칙이 그렇게 신성불가침하지 않을 수도 있다. 아인슈타인이 훨씬 정교하고 근본적으로 다른 이론인 일반 상대론으로 교체하기 전까지 뉴턴의 만유인력 법칙도 모두가 완벽하다고 믿었으니까. 열역학 제2법칙도 미묘한 구멍이 있어서 충분히 똑똑하고 용기 있는 사람이 나타나서 더 나은 이론으로 대체할 수 있지 않을까?

유감스럽게도 그렇지 않다. 뉴턴의 법칙은 질량을 가진 물체는 아무리 멀리 떨어져 있어도 서로 잡아당긴다는 것을 설명할 수 있는 수학적 공식의 발견을 토대로 만든 것이다. 아인슈타인이 보여준 것은 이 식이 틀린 것이 아니라 근사식이며, 시공간의 곡률을 이용해서 중력을 설명하는 보다 심오한 방법이 있다는 것이었다. 유감스럽게도 수학적으로 훨씬 더 복잡하지만 말이다.

열역학 제2법칙은 그와는 다르다. 비록 관찰에서 나온 것이긴 하지만 순수한 통계와 논리에 기반하여 이해할 수 있고, 다른 어떤 관찰보다 더 강력하고 정교한 근거의 지지를 받고 있다. 사실 아인슈타인도 '우주 만물에 대한 이론 중 절대로 뒤집어지지 않을 유일한 이론'이라고 쓴 바가 있다.

그럼 맥스웰의 악마를 조금 단순화해서 어떻게 되는지 살펴보기로 하자. 여러분이 만약 상자 양쪽 방의 불균형이 서서히, 자발적으로 일어나서 엔트로피가 낮아진다는 것을 받아들인다면, 온도 차이를 압력 차이로 바꾸어도 무방하다. 어쨌든 그런 상태는 유용한 일을 하는 데 쓰여질 수 있고, 또한 그런 상태는 양쪽의 압력이 같을 때보다 낮은 엔트로피에 있다고 할 수 있다. 이제 한쪽은 빠른 분자가 다른 쪽은 느린 분자가 들어 있는 상황이 아니라 단순히 한 쪽이 분자가 더 많아서 압력이 높은 상황을 다루기로 하자. 분자 수준에서의 압력, 즉 방의 벽에 부딪히는 분자의 개수를 의미한다.

그럼 압력의 불균형이 어떻게 유용한 일에 쓰일 수 있는지 보기 위해서 두 방 사이의 문을 수동으로 연다고 해 보자. 한 쪽이 더 압력이 높은 상태에서 문을 열면 압력의 균형을 맞추기 위해서 공기가 다른 방으로 빠르게 빠져 나갈 것이다. (엔트로피는 증가할 것이다) 이 공기의 흐름이 유용한 일로 전환할 수 있는 것이다. 예를 들면 풍력 터빈을 달아서 전기를 조금 얻어낼 수 있다. 그렇다면 확실히 압력 차이를 만든다는 것은 태엽을 감거나 배터리를 충전하는 것처럼 에너지를 저장하는 것과 비슷하다고 할 수 있다. 이런 일이 저절로 일어난다는 것은 제2법칙을 위배하는 것으로 볼 수 있다.

여기서 우리가 사용할 가장 단순한 형태의 원웨이 밸브는 상자 가운데 벽에 달린 반회전문 swing door이다. 이 문은 분자가 부딪히면 왼쪽에서 오른쪽으로만 열리게 되어 있고 스프링이 달려 있어서 분자가 통과한 후에는 바로 다시 닫히도록 되어 있다. 오른쪽에서 분자가 부딪힐 경우에는 그저 문을 더 세게 미는 것뿐이다. 유감스럽게도, 이런 장치는 아예 동작을 시작하지도 않을 것이다. 두 방의 압력 차이가 조금만 생겨도 왼쪽 방에서 두드리는 분자의 압력으로는 문을 열지 못하도록 밀고 있는 오른쪽 방의 압력을 극복할 수 없기 때문이다.

여기서 여러분은 아마 빠른 분자가 왼쪽에서 오른쪽으로 넘어갈 수 없는 것은 오른쪽 방에 압력이 높아져 문을 열지 못하게 밀고 있는 경우에만 작동하지 않는 것 아닌가 하고 생각할 수도 있다. 물론 이런 과정이 최소한 시작은 할 수 있을 텐데, 처음에 몇몇 빠른 분자들이 오른쪽 방으로 넘어갈 수 있다면 약간의 압력차가 생길 것이고, 이런 경우에도 제2법칙을 어기는 것으로 볼 수 있고, 이런 아주 작은 압력 차이라고 하더라도 터빈을 움직여 적은 양의 전기를 얻어낼 수 있다. 이런 과정을 반복한다면 점점 많은 전기를 얻을 수 있게 되므로, 점점 문제가 심각해진다는 것을 알 수 있을 것이다. 그럼 여기서 왜 압력 차이를 전혀 만들 수 없는지를 알 필요가 있다. 그렇지 않으면 제2법칙에 문제가 있는 거니까.

지금까지 우리는 단순하게 각각의 공기 분자가 수조 개의 분자(무엇으로 이루어졌든)로 이루어진 작은 문을 밀어서 열 수 있다고 가정했다. 실제로, 분자 수준으로 내려가서 본다면 이런 과정을 문에도 똑같이 적용해야 한다. 분자 수준까지 내려가서 보면 문을 이루고 있는 분자들도 무작위로 진동하고 흔들리고 있다. 왼쪽 방에 있는 단 하나의 분자라도 문을 두드려서 여는 과정에서 일부 에너지를 문의 분자에 주게 되어 그 분자를 좀 더 흔들게 할 것이고, 그 과정에서 문을 무작위로 여닫게 만들어 분자 하나가 잘못된 방향으로 통과하도록 만들 수도 있게 된다. 물론 정확한 1대 1 교환은 이루어질 수 없고, 문 양쪽에서는 많은 분자들이 두드려대고 문 자체는 계속 분자 수준에서 진동하면서 원웨이 밸브 역할을 할 수 없게 된다.

이제 압력이 아니라 온도 차이를 만들어 내는 상황을 고려할 때도 같은 논리가 적용된다. 열이라는 것은 기본적으로는 분자들의 진동일 뿐이고 서로 간의 충돌로 전달되기 때문에 공기 분자나 문의 분자나 동일하게 적용된다. 그러므로 왼쪽 방에서 빠른 속도로 움직이는 분자가 문을 두드려서 열 때마다, 어느 정도의 에너지를 문의 분자에 전달해서 더 흔들리도록 만든다. 이 에너지(혹은 열)는 왼쪽 방에 남아 있는 분자들에게도 전달된다. 그러므로 빠른 분자의 에너지 중 일부는 원래 있던 방으로 돌아갈 방법이 있는 셈이다. 빠른 분자가 오른쪽 방으로 갖고 간 나머지 에너지(평균 이상의)는 오른쪽에서 계속해서 문을 두드리면서 쓰게 되어 결국은 왼쪽 방으로 전달된다. 이런 방식으로 결국에는 왼쪽과 오른쪽의 빠른 분자 수는 동일하게 유지된다.

결론은 이러하다. 분자를 한 방향으로만 보내는 원웨이 밸브처럼 동작하는 문이라는 것도 결국은 에너지 전달 과정에서 분리될 수 없다. 만약 그것이 분자 하나에 반응할 정도로 민감하다면 그만큼 민감하게 영향을 받을 것이고 결국은 두 방을 격리하는 데에 사용될 수 없다.

하지만 악마는 그보다 영리하다

여기서 헝가리의 과학자이자 발명가인 레오 질라드Leo Szilárd를 소개할까 한다. 30대 초반 연구에 몰두했던 1928년부터 1932년 동안 역사상 가장 중요한 기계들을 발명해 냈는데 이것들은 모두 오늘날에도 과학 연구에 사용되고 있다. 1928년에는 선형 입자 가속기, 1931년에는 전자 현미경, 1932년에는 싸이클로트론을 발명했다. 믿기 힘들겠지만 이 세 가지 연구 모두, 그는 연구 결과로 논문을 쓰거나, 특허를 내거나, 시제품을 만드는 것에 전혀 신경 쓰지 않았다. 결국 이 세 발명은 후에 질라드의 연구 결과에 기반해서 다른 이들이 개발해 냈으며, 그 중 둘은 만든 사람들에게 노벨상을 안겨 주었다. (싸이클로트론을 개발한 미국인 어니스트 로렌스Ernest Lawrence, 처음으로 전자 현미경을 만든 에른스트 루스카Ernst Ruska)

질라드가 세상을 흔들어 놓을 중요한 논문을 내놓은 것도 바로 이렇게 창의력 넘치던 시절인 1929년이었다. 그는 〈열역학 계에서 지적인 존재의 간섭에 의한 엔트로피의 감소에 대해서〉라는 논문에서 그 후 "질라드 엔진"이라고 불리는 맥스웰의 악마의 다른 버전을 내놓았다. 하지만 그의 버전에서는 이 패러독스의 핵심이 단순한 물리적 과정이 아니었다. 대신, 모든 차이를 만들어 내는 것은 악마가 알고 있는 분자의 상태 그 자체라고 주장했다. 이 문제는 아무리 정교하더라도 기계 장치로는 풀 수 없었다.

문제를 다시 상기해 보자. 아무런 도움 없이 자발적으로 공기 분자들이 두 개의 방에 온도 혹은 압력 차이를 만들어 내는 것은 아무리 원웨이 밸브나 문을 잘 동작하도록 만들어 봤자 불가능하며, 항상 외부의 도움이 필요하다는 것이었다. 놀라운 부분은 이런 외부의 도움이 간단한 정보의 형태라는 점이다.

이렇게 되면 다시 출발점으로 돌아온 것 같다. 정보와 같은 추상적인 개념을 지적인 존재의 필요성과 함께 무생물적인 물리학 법칙의 통계적 세계에 수용하려는 것 말이다. 우리는 결국 열역학 제2법칙은 생명이 없는 우주에서만 통하는 것이라고 인정할 수밖에 없는 것일까? 생명체에는 뭔가 마법 같은 것이 있어서 물리학의 범주에 포함할 수 없는 것일까? 그와는 반대로, 질라드의 해법은 제2법칙이 전 우주에 통용되며 엔트로피는 항상 증가한다는 것을 명쾌하게 확인해 주었다.

상자 안에 분자 100개가 들어 있는데 각 방에 무작위로 50개씩 분포하고 있어서 속도가 빠른 것과 느린 것이 섞여 있고 평균 온도가 동일하다고 해 보자. (물론 실제로는 수조 개의 분자가 있겠지만 단순화해서) 여기서 악마가 문을 적절히 열어서 25개의 빠른 분자를 다른 쪽으로 보내고, 반대쪽에서는 느린 분자 25개를 보냈다고 하자. 그럼 이 과정에서 문은 50번 열리게 된다. 그렇다면 문을 여는 데에 아무리 적더라도 에너지가 필요할 것이고 이것이 악마가 엔트로피를 낮추는 데 들이는 에너지라고 생각할 수 있다. 이런 외부 에너지는 태엽 장난감을 감는 것과 비교할 수 있는데, 일을 해서 어떤 것의 엔트로피를 낮춘다면 다른 곳에서 엔트로피가 반드시 증가해야 한다. 하지만 악마가 분자의 상태(어떤 것이 빠르고 느린지)를 모른다면 그저 무작위로 문을 50번 열고 닫아서 절반은 왼쪽에서 오른쪽으로, 나머지는 그 반대 방향으로 분자를 보내게 되어 결과값으로 평균을 내면 양쪽으로 느린 분자나 빠른 분자가 똑같이 지나다니게 되어 결국 같은 온도가 된다. 그러므로 정보가 없거나, 그 정보를 쓰지 않기로 하면 엔트로피의 감소는 나타나지 않는다. 게다가 악마는 여기서도 50번을 열고 닫는 데에 똑같은 에너지를 사용했다. 따라서 문을 열고 닫는 노력은 확실히 분자들을 구분하는 과정과 아무 상관이 없다.

질라드의 통찰은 정보가 이 문제와 어떻게 관련되는지 보여주었다. 그는 악마가 문을 조종하는 데에 에너지를 쓰는 것이 아니라 분자의 속도를 측정하는 데에 써야 한다고 주장했다. 그러므로 정보를 얻는 것은 항상 에너지가 들며, 에너지는 악마의 뇌에서 정보를 조직하는 데에 소비된다. 그렇다면 본질적으로 정보라는 것은 컴퓨터의 메모리나 악마의 뇌에서 정렬된 상태, 즉 저-엔트로피 상태에 지나지 않는 것이다. 우리가 정보를 많이 가질수록, 우리의 뇌는 더욱 조직되고 정렬되어 낮은 엔트로피 상태가 된다.

정보를 갖고 있는 저-엔트로피 상태는 유용한 일을 할 수 있는 능력을 준다. 그러므로 정보라는 것은 다른 곳의 에너지를 낮추는 데 사용할 수 있다는 점에서 배터리에 들어 있는 포텐셜 에너지와도 약간 비슷한 면이 있다.

맥스웰의 악마도 완벽히 효율적일 수는 없다. 악마는 모든 분자의 상태(온도)와 위치 정보를 얻는 데에 에너지를 사용한다. 그리고 그 정보로 분자들을 분류하는 데에 또 에너지를 소비한다. 따라서 처음 정보를 얻는 데 쓴 에너지는 상자 외부(악마)의 엔트로피를 증가시킨다. 악마가 에너지를 더 쓴다면 외부의 엔트로피는 더 증가한다.

요약하면 우리는 컴퓨터(혹은 뇌)를 전기(혹은 음식) 같은 유용한 저-엔트로피 에너지를 받아서 정보로 전환하는 기계라고 생각할 수 있다. 여기서 정보란 모터가 돌 때 나오는 열이나 소음과 같은 쓸모없는 고-엔트로피 에너지에 대비되는 개념이다. 이 정보는 물리적 계의 엔트로피를 (계를 정렬된 상태로 만들거나 하면서) 낮추는 데에 사용할 수 있고, 유용한 일을 할 수 있는 능력을 주는 셈이다. 이 과정의 어떤 단계도 100% 효율적일 수는 없기에 일정량의 열이 손실되게 마련이다. 이렇게 손실되는 열의 엔트로피는 악마가 처음에 정보를 얻을 때 들인 노력에 해당하는 엔트로피 증가에 추가된다. 합해서 따져보면 엔트로피 증가분은 정보를 처리해서 얻은 상자 내부의 엔트로피 감소를 상쇄하고도 남게 된다. 이렇게 해서 열역학 제2법칙은 여전히 유효하다는 것을 알 수 있다.

'무작위'라는 것은 도대체 무엇인가?

엔트로피가 무엇을 의미하는지를 바닥까지 파보기 위해서 열역학 제2법칙과 질서와 무질서의 문제에 대해서 좀 더 깊이 들여다보기로 하자. 앞에서 카드 섞기의 예를 들었을 때, 무늬별, 숫자가 높은 순서로 정렬된 카드의 엔트로피는 낮고, 무작위로 섞인 카드는 엔트로피가 높다고 한 것에 약간 의심이 생길 수도 있을 것 같다. 만약 카드가 두 장뿐이라면? 두 장을 정렬하는 방법은 두 가지뿐이므로 어느 것이 더, 혹은 덜 정렬되었다고 하는 것이 의미가 없다. 하트 2, 3, 4 세 장은 어떤가? 아마 '2, 3, 4'가 '4, 2, 3'보다 더 정렬되어 있어서 엔트로피가 낮다고 할 수도 있겠다. 어쨌든 첫 번째 패는 오름차순이니까. 그럼 만약 카드가 전부 2이고 무늬가 하트, 다이아몬드, 스페이드라면 어떨까? 하나의 패가 다른 것보다 더 정렬되어 있다고 할 수 있을까? 여기서 차이점이라면 숫자가 아니라 무늬로 카드가 구별된다는 것밖에 없다. 우리가 카드에 이름 붙이는 것이 정말 엔트로피에 영향을 줄 수 있을까? '하트 2, 다이아몬드 2, 스페이드 2'라는 패는 '다이아몬드 2, 하트 2, 스페이드 2'라는 패에 비해서 엔트로피가 높지도 낮지도 않다.

엔트로피를 무질서함의 정도를 나타내는 것이라고 하기에는 무질서함의 정의가 너무 좁아서 뭔가 부족한 것 같다. 어떤 경우에는 의미가 있겠지만 다른 경우에는 의미가 없다. 이 주장을 좀 더 밀고 나가보자. 내가 무슨 얘길 하려는지 지금부터 카드 트릭을 통해서 보여주도록 하겠다. 잘 정리된 카드 한 벌을 마구 섞어서 여러분에게 잘 섞였는지를 보여준다고 하자. 그 다음에 어떻게 보아도 평범하게 한 번 더 섞고서는 이 카드가 매우 특별한 패가 되었다고 선언한다. 처음에 카드를 섞을 때랑 별로 다르지 않은 방법으로 카드를 섞었을 뿐이니 신기하게 들릴 것이다. 이제 카드를 뒤집어서 테이블 위에 늘어놓는다. 카드가 앞에서 보여주었을 때처럼 그저 뒤죽박죽으로 섞인 것을 보면 놀랍기도 하고 실망감을 감출 수 없을 것이고, 이건 '특별한 패'가 아니라고 반박할 것이다.

어라, 그렇지만 특별한 패가 맞다. 나는 여러분이 다른 카드 한 벌을 섞어서 내 것과 완전히 똑같은 패를 만들 수 없다는 데에 내기를 걸어도 좋다. 여러분이 그렇게 만들 수 있을 가능성은 섞인 패를 주고 섞기만 반복해서 원래대로 정렬된 상태로 만들어 보라는 것만큼이나 어려운 것이다. 게다가 그 가능성이라는 건, 조를 몇 번 곱한 수만큼 분의 1이다. 시도하려고 애쓰지는 말자. 그래서, 이런 식으로 바라보면 내가 만든 무작위적인 패도 완전히 정렬된 새 카드 한 벌과 마찬가지로 특별하다. 그럼 엔트로피는 얼마인가? 이쯤 되면 카드가 아무리 엉망으로 섞여 있는 것처럼 보이는 패도 맨 처음의 패와 마찬가지로 확률이 낮으니, 엔트로피가 증가했다고 말할 수 없게 된다.

사실 이것은 여러분을 보기 좋게 한 번 속여본 것이다. 당연히 잘 정렬된 패에는 내가 만든 무작위로 섞인 '특별한 패'보다 더 특별한 것이 있다. 이 특별한 것은 결국 엔트로피는 무질서도가 아니라 무작위성의 정도라는 것으로 요약할 수 있다. 말장난처럼 보일 수도 있겠지만 사실 이것은 엔트로피의 보다 엄밀한 정의와 관련이 있다. 기술적으로 이 '특별함'을 재는 용어를 '알고리즘 무작위성algorithmic randomness'이라고 부른다.

'알고리즘'이라는 단어는 컴퓨터 프로그램에서 일련의 명령들을 뜻하는 말로, 앞의 예에서 알고리즘 무작위성은 주어진 카드 패(혹은 수의 배열)를 다시 만들어 내는 데 필요한 최소한의 프로그램 길이라고 할 수 있다. 그러므로 앞에서 든 3장의 카드의 예로 '2, 3, 4'를 만드는 데에는 '작은 숫자에서 큰 숫자로 정렬'로 충분하지만, '4, 2, 3'은 아마도 '제일 큰 숫자로 시작한 다음, 숫자가 커지는 순서로'와 같은 것이나 더 단순하게 '4 다음에는 2, 그 다음은 3'으로 할 수 있을 것이다. 어느 쪽이든, 처음에 만든 것보다는 알고리즘 무작위성이 약간 높다. 따라서 '4, 2, 3'은 '2, 3, 4'보다 약간 엔트로피가 높다고 할 수 있다.

52장짜리 카드 한 벌을 놓고 보면 더 확실히 알 수 있다. 컴퓨터로 정렬된 카드 한 벌을 만들게 하는 건 상대적으로 쉽다. '하트에서 시작해서 오름차순으로 정리하고 에이스는 가장 높은 카드로 본다. 그 다음은 다이아몬드, 클로버, 스페이드를 정렬한다.'고 하면 된다. 하지만 내가 섞어서 만든 '특별한 패'를 컴퓨터로 재현하려고 한다면 어떻게 프로그램 하겠는가? 거기엔 어떤 지름길도 없고 하나씩 단계별로 명확하게 지시하는 수밖에 없을 것이다. '클로버 K, 다음에는 다이아몬드 2, 그 다음엔 하트 7 [계속]'

처럼 말이다. 만약 카드 전체가 완전하게 무질서한 상태가 아니라면 부분적으로는 원래의 배열을 유지한 짧은 연속된 구간도 있을 텐데, 그런 경우에는 프로그램의 길이를 약간 줄일 수 있다. 예를 들면 스페이드 2, 3, 4, 5, 6이 여전히 붙어있는 경우엔 각 카드를 지정하는 대신 '스페이드 2부터 같은 무늬로 다음 4장을 오름차순으로'라고 할 수 있다.

그림 4.4 무작위성으로서 엔트로피

왼쪽의 카드 다섯 장은 오른쪽의 카드 다섯 장보다 엔트로피가 낮다.
그 배열 자체가 특별해서가 아니라
그것을 설명하는 데 필요한 정보가 적기 때문이다.

컴퓨터 프로그램의 길이를 얘기하는 것이 여러분에겐 별로 의미가 없을 수도 있겠다. 사실 이런 식으로 알고리즘 무작위성을 정의하는 걸 피해 갈 수도 있다. 우리의 뇌는 맥스웰의 악마와 마찬가지로 가장 근본적인 수준에서는 명령을 수행하는 컴퓨터와 크게 다를 바가 없기에 컴퓨터 알고리즘을 우리 기억력으로 바꿔도 무방하다. 만약 내가 여러분에게 무작위로 섞인 카드 한 벌을 주고 순서대로 정렬하라고 한다면 아주 간단하게 해낼 수 있을 것이다. (여기서는 카드 숫자가 안 보이게 하고 뒤섞어서 만들라는 의미가 아니라 보이게 해놓고 정렬하라는 것이다) 반면에 내가 마구잡이로 섞어서 만든 나의 '특별한 패'와 똑같이 만들어 보라고 하면, 시도해 보기도 전에 이걸 다 외우기도 힘들다는 걸 깨닫게 될 것이다. 먼저 했던 정렬작업에 비해 이것을 정렬하는 데에는 훨씬 더 많은 정보가 필요하다. 어떤 계에 대해 여러분이 가진 정보가 많을수록 정렬할 수 있는 능력과 엔트로피를 낮출 수 있는 능력은 높아진다.

영구 기관

역사를 통틀어, 영원히 운동을 계속하며 끊임없이 일을 하는, 혹은 소비한 에너지보다 더 많은 에너지를 생산해서 영원히 작동하는 영구 기관을 발명하려는 사람들은 늘 있었다. 하지만 이런 기계를 만드는 것은 불가능하다.

우선 과학에서 무언가가 불가능하다고 말할 때는 항상 주의해야 한다는 점을 밝혀두자. 열역학 제2법칙의 통계적인 특성이 우리에게 알려주는 바는 따뜻한 물이 저절로 얼음이 되는 것도 완벽하게 불가능하지는 않다는 것이다. 어쨌든, 이런 일은 우주의 나이만큼을 기다려도 한 번 일어날까 말까 한 불가능에 가까운 현상이므로, 우린 그 가능성을 배제할 수 있다. 보통 과학에서 뭔가 불가능하다고 말하는 것은 '지금까지 우리가 알고 있는 자연의 동작 원리와 널리 인정된 물리학 이론에 따르면 불가능하다'

는 의미이다. 물론 우리가 틀렸을 수도 있다. 바로 그런 작은 가능성 때문에 몇몇 발명가들이 아직도 더욱 정교한 영구기관을 설계하는 데 매달리고 있다.

영구 기관은 크게 두 종류로 나뉘어진다. 제1종 영구 기관은 투입되는 에너지 없이 일을 하는 기계로 열역학 제1법칙에 어긋난다. 열역학 제1법칙은 에너지 보존 법칙에 해당하는데, 닫힌 계에서는 새로운 에너지를 만들어 낼 수 없다는 것이다. 아무것도 없는 데에서 에너지를 만들어 낸다고 하는 기계들은 이 종류에 속한다.

제2종 영구 기관은 제1법칙은 위배하지 않으면서, 열 에너지를 기계적인 일로 전환해서 엔트로피를 감소시키는 기계로 제2법칙을 위배한다. 여기서 살펴야 할 부분은 이 엔트로피 감소를 상쇄해야 할 외부 어느 곳에서도 엔트로피 증가가 없다는 점이다. 앞서 말했듯이, 제2법칙을 기술하는 방법 중 하나는 열이 뜨거운 곳에서 차가운 곳으로 흐른다는 것이다. 그렇게 함으로써 엔트로피가 증가하고 이 과정에서 기계적인 일을 추출해서 열의 흐름에 의한 엔트로피 증가보다 작은 범위 내에서 다른 곳의 엔트로피를 낮출 수 있다. 맥스웰의 악마처럼 열이 차가운 곳으로 흐르지 않는 상황에서 에너지를 추출하는 기계는 영구 기관의 한 형태라고 볼 수 있다.

물론 세상에는 열역학 법칙들에서 벗어나지 않으면서 눈에 잘 보이지 않고 알아채기 힘든 기압, 습도, 해류와 같은 에너지원에서 에너지를 얻는 기계들도 많이 있다. 하지만 이런 기계들은 물리법칙을 위배하지 않기 때문에 영구 기관이라고 부르지 않는다. 그저 이것들이 계속 작동하게 만들어 주는 에너지원이 무엇인지 파악하면 될 뿐이다.

회전하는 바퀴나 흔들리는 진자가 달린 어떤 장치들은 처음 보면 에너

그림 4.5 두 가지 간단한 영구 기관들

(a) 불균형한 바퀴. 이 영구 기관의 아이디어는 8세기 인도까지 거슬러 올라간다. 여러 가지 정교한 디자인들이 나왔었지만 모두 같은 원리에 바탕을 둔 것이었고, 같은 이유로 모두 실패했다. 여기 그려진 디자인은 오른편의 구슬이 원심력에 의해 바깥쪽으로 굴러가고 가운데에 몰려 있을 때보다 더 큰 토크(회전력)를 만든다. 그렇게 되면 왼쪽에 있는 구슬들을 같은 편으로 끌어들여 바퀴가 시계 방향으로 서서히 회전하게 된다. 실제로는 왼쪽에 있는 구슬들이 토크는 적지만 항상 더 많아서, 오른쪽에 있는 토크가 큰 구슬들의 회전력에 반대되는 힘을 가해서 불가피하게 속도가 느려지다가 결국은 멈추게 된다.

(b) 자기 모터. 가운데 자석은 바깥 자석으로부터 차폐되어 있고 주변 자석과 상호작용할 수 있는 두 개의 구멍만 열려 있다. 위쪽에는 S극이 N극과 잡아당기고 있고 아래쪽에서는 N극끼리 서로 밀어내게 되어 있어서 바깥쪽 자석들은 시계 방향으로 계속 회전하도록 설계되어 있다. 여기서 잘못된 점은 자기장이 어떻게 동작하는지에 대해 혼동하고 있다는 것이다. 사실 자석으로 둘러 싸인 내부에는 전혀 자기장이 없다. 구조의 대칭성에 의해 모두 상쇄되어 결국 안에 있는 자석은 아무 힘도 느낄 수 없다.

지 공급 없이 계속 움직이는 것처럼 보이기도 한다. 하지만 이것들도 영구 기관은 아니다. 이것들도 당연히 맨 처음에는 에너지를 공급 받아야 하고, 처음의 에너지가 다른 곳으로 새어나가지 않게 매우 효율적으로 움직이는 것뿐이며, 세상에 100% 효율의 기계는 없기에 사실 이것들도 점차 느려진다. 아무리 기름칠을 잘 했더라도 공기의 마찰이나 움직이는 부품에는 마찰이 항상 있게 마련이다.

이론적으로는 에너지를 잃지만 않는다면 영원히 움직이는 기계가 가능하다. 물론 거기서 에너지를 뽑아내면 멈추게 되겠지만 말이다.

맥스웰의 악마와 양자역학

맥스웰의 악마에 대한 논의는 질라드의 연구에서 끝난 것이 아니다. 오늘날에도 물리학자들은 원자 수준에서 적용되는 이상한 법칙과 양자역학이 지배하는 세계에서 악마를 쫓고 있다. 양자역학에서 우리가 각 분자의 속도와 위치를 측정하려는 것에 대해 이야기하기 시작하자면, 우리가 얼마나 많은 정보를 얻을 수 있는가에 대한 근본적인 문제에 부딪히게 된다. 하이젠베르크의 불확정성 원리에 따르면, 어떤 입자(공기 분자)의 위치와 속도를 동시에 측정하는 것은 절대로 불가능하며, 항상 어느 정도의 모호함이 존재한다. 이 모호함이 바로 열역학 제2법칙을 유지하는 데 궁극적으로 필요한 것이기도 하다.

여전히 영구 기관을 꿈꾸고 있는 이들에게 양자 세계는 최후의 보루가 된 것 같다. 몇 년 전부터 진공 에너지 혹은 영점 에너지라고 부르는 것을 이용할 수 있을 것 같다는 이야기들이 나오기 시작했다. 양자 세계의 모호함으로 인해 어떤 것도 완전히 정지했다고 할 수 없기 때문에, 모든 분자, 원자, 아원자들은 절대 영 도에 이르러서도 최소한의 에너지를 갖는데 이것을 '영점 에너지'라고 부른다. 심지어 이 영점 에너지는 아무것도 없는 진공에도 적용된다. 양자역학에 따르면 전 우주는 이 진공 에너지로 가득 차 있으며 많은 이들이 이걸 이용할 수 있지 않을까 생각하고 있다. 어쨌든 그런 접근 방법도 우리가 공기로 가득 찬 상자를 다룰 때와 마찬가지로 어려움에 봉착한다. 진공 에너지는 골고루 분포하고 있어서 그것을 추출해서 사용하려고 한다면, 우리가 얻는 것보다 더 많은 에너지를 소비해야 한다. 상자 안의 두 방에서 온도 차이를 만들려면 외부의 도움이 필요하듯, 골고루 분포된 진공 에너지도 공짜로 추출해 낼 수는 없다.

그런 외부의 도움은 맥스웰의 악마에서와 마찬가지로 정보의 형태가 될 테지만, 최초에 이 정보를 얻는 데에는 여전히 에너지가 들며, 그 에너지는 다른 곳에서 엔트로피를 증가시키면서 얻을 수밖에 없다.

우리는 열역학 제2법칙을 이길 수 없다. 그 점을 명심하자.

아, 잊어버릴 뻔했는데, 이 장의 앞부분에서 열역학 법칙은 모두 4개가 있다고 했는데 나머지 두 개를 아직 말하지 않았다. 대단한 건 아니니 기대하진 말고. 열역학 제3법칙은 완벽한 결정의 엔트로피는 절대 영 도에서 0으로 떨어진다는 것이다. 네 번째 법칙에 흥미로운 점이라고는 나머지 세 가지가 확립된 후에 덧붙여 만들어졌다는 점뿐인데, 내용이 너무 기본적이고 근본적이라서 나머지 셋의 앞에 놓여야 한다고 생각되어, 4법칙이 아니라 0법칙으로 불린다. 그 내용은 두 물체가 다른 물체와 열역학적 평형 상태에 있다면(온도가 같다는 것의 과학적 표현이다), 그 물체들은 서로 서로 열 평형 상태에 놓여있다는 것으로 그다지 흥미로운 부분은 없다. 이 법칙이 0법칙인 이유는 나머지 법칙들의 번호를 바꿀 수가 없었기 때문이다. 이미 잘 알려진 법칙의 번호를 바꾸면 얼마나 혼란스럽겠는가?

THE POLE IN THE BARN PARADOX
헛간 속의 장대

장대의 길이는 얼마인가? 그것은 속도에 따라 다르다

여러분은 헛간 안에 앉아서 장대높이뛰기 선수가 여러분을 향해 빠른 속도로 달려오는 걸 지켜보고 있다. 여러분은 그 장대가 정지 상태에서는 헛간의 길이와 똑같다는 것을 알고 있다. 하지만 지금은 움직이고 있어서 여러분에게는 짧게 보일 것이고 전체가 헛간에 다 들어올 수 있을 정도가 된다. 한편, 이번에는 선수의 입장에서도 살펴보아야 한다. 그에게는 찌그러진 헛간이 다가오는 것으로 보인다.

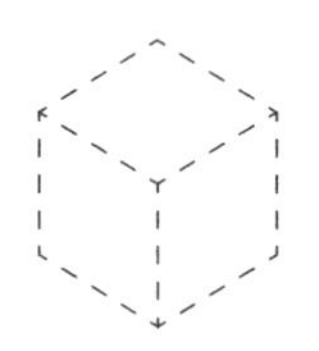

이 이야기는 아인슈타인의 상대론을 가르칠 때 그것이 예측하는 시공간의 특성에 대한 신기한 결과를 보여주는 유명한 예 중 하나다. 여러분이 물리학을 배우지 않았더라면 아마 들어본 적이 없을 것이다. 하지만 이 패러독스는 물리학자들의 전유물로만 남겨두기엔 너무 재미있어서 그 즐거움을 여러분과 함께 나누고자 한다. 미리 말해 두지만 이 문제는 사전의 물리학 지식이 없이는 설명할 수도 없고, 거기에 약간의 상대론에 관련된 지식이 있어야 설명하고 풀 수 있다. 그래서 우선 문제를 푸는 건 제쳐놓고, 이 패러독스를 설명이라도 하기 위해서는 여러분에게 약간의 물리학 지식을 얘기해야만 한다.

하지만 나는 서문에서 이미 각각의 패러독스를 얘기할 때 그 장의 앞부분에서 미리 요약해서 여러분이 뭘 읽고 있는지 파악할 수 있도록 해 주겠다고 약속해 버렸다. 부디 정신을 바짝 차리길 바란다. 우리가 아인슈타인의 세계로 다이빙할 때 많은 도움이 될 테니까.

한 장대높이뛰기 선수가 장대를 수평으로 들고 매우 빠른 속도로 달리고 있다. 이 문제에서는 광속에 가까운 속도로 달리고 있다고 가정하자.

그는 장대의 길이와 똑같은 길이의 헛간으로 달려가고 있는데, 달리기 전에 미리 헛간의 옆에서 길이를 재 보았기 때문에 이미 길이를 알고 있다고 하자. 헛간의 앞문과 뒷문은 활짝 열려 있어서 속도를 줄이지 않고 그대로 통과할 수 있다. 상대론을 모르더라도, 장대의 끝부분이 헛간에 들어가고 그와 동시에 앞부분이 헛간을 빠져나가는 순간이 있을 거라고 생각할 수 있을 것이다.

이 선수가 평범한 인간의 속도로 달리고 있다면 별 문제가 없다. 하지만 그는 광속에 가까운 속도로 달리고 있고, 이 속도에서는 아인슈타인이 상대론으로 예측한 온갖 이상하고 기묘한 물리적 현상이 나타나기 시작한다. 그 중에서도 이 문제에서 중요한 현상은 빠르게 움직이는 물체의 길이가 정지하고 있을 때보다 짧게 보인다는 것이다. 물론, 여러분은 선수가 든 장대가 너무 빨라서 내가 앞에서 재려고 하는 동안 뒷부분이 앞으로 움직여 버리기 때문에 짧아지는 것처럼 보일 수도 있겠지 하고 생각할 수도 있겠지만, 아니, 그게 아니다. 그렇게 간단하면 얼마나 좋겠는가?

미사일(미리 재어보았을 때는 정확히 1미터인)을 광속에 가까운 속도로 쏘아서 고정된 측정용 테잎 옆을 스쳐 가도록 한다고 해 보자. 날아가는 중에 순간 사진을 찍는다면 속도에 따라 다르겠지만 1미터보다 짧게 나오게 되고, 광속에 가까울수록 길이는 더 짧게 나온다. 뒤에 가서 좀 더 깊이 살펴보기로 하고 지금은 다시 헛간에 있는 장대로 돌아가 보자.

다시 설명한다. 상대론에 의하면 헛간에 앉아서 장대높이뛰기 선수가 달려가는 걸 쳐다보고 있으면 장대의 길이가 헛간의 길이보다 짧게 보일 것이다. 어느 순간에 장대의 끝부분이 헛간에 들어올 것이고 그 후에야 앞부분이 빠져나가게 되어 짧은 순간이지만 장대 전체가 헛간 안에 완전히 들어와 있는 때가 있게 된다.

매우 이상한 얘기이기는 하지만 아직까지 패러독스라고 말할 정도는 아니다. 상대론에서 배운 중요한 교훈 하나가 아직 남았으니까. 상대론에 그 이름이 붙은 것도 이것 때문이다. 모든 운동은 상대적이라는 것이다. 이것은 아인슈타인 훨씬 이전부터 알려져 있던 것이고 특별히 이상할 것도 없다. 여러분이 열차에 타고 있고 한 승객이 열차가 가는 방향으로 여러분을 옆을 걸어간다고 해 보자. 여러분과 그는 열차와 함께 움직이고 있기에 그가 여러분을 지나가는 속도는 열차가 멈춰서 있을 때 그가 걷는 속도와 같다. 바로 그 순간, 열차가 역을 지나쳐 갈 때 플랫폼의 누군가도 그 승객이 열차 안에서 걸어가고 있는 것을 본다. 그 사람에게는 승객이 그의 걷는 속도와 훨씬 빠른 열차의 속도를 합한 속도로 움직이는 것으로 보일 것이다. 그럼 승객은 얼마나 빠른 속도로 움직이고 있을까? 여러분 입장에서 걷는 속도로, 아니면 플랫폼에 있는 사람 기준으로 열차의 속도 더하기 걷는 속도로 움직인다고 해야 할까?

깊이 생각할 것 없이 보는 사람에 따라 다르다고 대답할 수 있다. 속도는 그것을 재는 사람의 움직이는 상태에 따라 달라지므로 절대적인 것이 아니다. 비슷하게, 기차 안에 앉아 있는 여러분의 입장에서는 열차 자체는 멈춰 있고 바깥에 있는 플랫폼이 반대 방향으로 움직인다고 할 수도 있다. 물론 사실은 기차가 움직인다고 하는 것이 더 맞는 말이긴 하니, 너무 이야기를 멀리 끌고 가는 걸지도 모르겠다. 하지만 이런 상황을 한 번 생각해 보자. 기차가 시속 1000마일(1609.344km/h)로 동에서 서로 달리고 있는데, 이 상황을 우주에서 내려다보면 어떻게 보일까? 아마도 지구가 시속 1000마일로 기차의 반대 방향으로 자전하는 것도 보일 것이다. 이 속도는 지구가 하루에 한 바퀴 자전하는 속도이다. 여러분이 보기에는 기차가 지구가 자전하는 속도를 따라잡는 방향으로 계속 움직이고 있어서, 결국은 움직이지 않는 것처럼 보일 것이다. 마치 러닝머신 위를 뛰는 사람을 보는 것과 비슷하다. 그럼 여기서는 기차가 움직이는 걸까 아니면 지구가 움직이는 걸까? 이제 알겠는가? 모든 움직임은 상대적이다.

좋다. 이쯤이면 이해하셨으리라고 본다. 그럼 다시 헛간 속의 장대로 돌아가 보자. 선수의 관점에서는 말도 안 되는 속도로 다리를 휘젓고 있으면서도 여전히 자신과 장대는 멈추어 있고 헛간이 자기를 향해서 광속에 가까운 속도로 돌진한다고 볼 수도 있다. 여기서도 상대성은 명백하다. 선수 입장에서는 헛간이 자기를 향해 움직이고 있고 장대보다 길이가 짧은 것처럼 보이게 된다. 그래서 그에게는 장대의 뒷부분이 헛간에 다 들어올 때에 앞부분은 이미 빠져나가 있는 것으로 보일 것이다. 여기서는 장대의 양쪽 끝이 헛간 밖으로 튀어나가 있는 순간이 있게 된다.

바로 여기서 패러독스가 등장한다. 헛간에 앉아서 보고 있는 여러분에게는 장대가 헛간보다 짧을 것이고, 아주 짧은 시간 동안 (적절한 신호만 있다면) 장대 전체가 헛간에 들어온 상태로 앞문과 뒷문을 닫을 수 있을 거라고 생각할 수 있다. 하지만 선수의 입장에서는 장대가 헛간보다 길다. 헛간 안에 다 들어가기엔 너무 긴 것이다. 정말 두 사람 다 맞을 리가 없는가? 하지만 정답은 둘 다 맞다. 이것이 헛간 속의 장대 패러독스로, 이 장의 나머지 부분에서는 단순히 이것을 풀기만 하는 것이 아니라, 상대론이 왜 그리고 어떻게 이런 딜레마를 우리에게 던져 주는지를 설명하려고 한다.

이 문제를 풀기 위해서 우리는 아인슈타인의 상대성 이론을 철저하게 파헤쳐 보아야 한다. 우리는 그가 1세기 전에 밟았던 길을 따라가며 과감하게 논리적인 단계를 밟아 나아가며 최종 목적지에 도달할 것이다.

여기서 미리 솔직하게 밝히는 것이 좋을 것 같다. 나는 여기서 상대론의 기본을 가르쳐 주기 위해서 어떤 수식이나 그래프도 쓰지 않을 것이다. 여러분이 초스피드로 짧게 끝내 주면 좋아할 것이라는 희망을 갖고 바로 패러독스의 해결 부분으로 넘어갈 수도 있다. 아니면 그냥 빽빽하게 내용을 채울 수도 있다. 선택은 여러분에게 달렸다. 만약 여러분이 특수 상대성 이론에 대해 이미 알고 있거나, 아인슈타인이 그렇게 말했다면 그걸로 충분하다는 경우라면 이 장의 마지막 부분으로 건너뛰어도 되지만, 그게 아니라면 나와 함께 주의 깊게 찬찬히 살펴볼 수도 있다. 만약 후자를 택했다면 긴 과정을 함께하는 보람이 있을 것이다. 다음 두 장에서도 여기서 설명할 시간의 특성에 대한 패러독스를 다룰 예정이기 때문이다. 여러분이 이해하기 힘들지 않도록 하는 정도에 머물지 않고 재미있게 이해할 수 있도록 최선을 다하겠다. 특수 상대론은 물리학에서 가장 아름다운 이론 중 하나니까.

빛의 성질에 대한 깨달음

19세기 후반에 와서 빛은 속도가 매우 빠를 뿐 아니라 음파와 같이 파동처럼 행동한다는 것이 밝혀졌다. 파동에는 두 가지 중요한 성질이 있는데, 이후의 이야기를 이해하기 위해서 꼭 알아둘 필요가 있다. 첫째는, 파동은 그것이 지나갈 매질이 필요하다. 흔들리고 물결치는 어떤 것 말이다. 음파가 어떻게 퍼져나가는지 생각해 보자. 여러분 옆에 있는 사람에게 무언가 말할 때는 공기를 통해 여러분의 입에서 옆 사람의 귀로 음파가 전달된다. 진동하면서 음파의 에너지를 전달하는 것은 공기 중의 분자들이다. 그와 마찬가지로, 파도는 물이 필요하고, 줄 한 쪽 끝을 잡고 흔들었을 때의 흔들림도 줄을 타고 전달된다.

명백하게, 파동을 전달할 매질이 없다면 파동은 있을 수 없다. 그러니 19세기 물리학자들이 전자기파인 빛도 그것을 전달할 어떤 매질이 필요할 거라고 생각했던 것도 그럴 만하다. 아무도 그런 매질을 본 적이 없었기에 그들은 그것을 감지할 실험을 고안하기 위해 노력해야 했다. 그 매질은 빛을 전달하는 에테르ether라고 불렀고, 그것이 존재한다는 것을 증명하기 위해 많은 이들이 노력을 쏟아부었다. 그 매질은 어떤 특성들을 만족해야 했는데, 예를 들자면 멀리 있는 별빛이 진공의 공간을 넘어 우리에게 도달하는 것을 설명하려면 온 은하를 가득 채우고 있는 것이어야 했다.

1887년 오하이오의 한 대학에서는 알버트 마이컬슨Albert Michelson과 에드워드 몰리Edward Morley가 과학사에서 가장 유명한 실험을 했다. 그들은 빛이 일정한 거리를 움직이는 데 걸리는 시간을 매우 정밀하게 측정할 수 있는 장치를 고안했다. 그들의 발견을 설명하기 전에 말해 두어야 할 파동의 또 다른 성질이 있다. 파동의 속도는 그 발신원의 이동 속도와 관계가 없다는 것이다.

다가오는 자동차의 소음을 생각해 보자. 음파는 차보다 더 빠르게 움직이므로 먼저 귀에 도달하게 될 테지만 그 속도는 그것을 전파하는 공기 분자가 얼마나 빠르게 진동하느냐에 관계가 있다. 음파는 움직이는 차에 떠밀린다고 해서 더 빨리 도착하는 것이 아니다. 대신 차가 가까워짐에 따라 차와 여러분 사이의 음파가 압축되어서 파장이 더 짧아지게 된다. (혹은 주파수가 높아진다) 도플러 효과Doppler effect라고 부르는 것으로, 우리가 익숙한 앰뷸런스나 경주용 자동차가 가까워졌다가 멀어지면서 소리가 달라지는 현상들이 대표적인 예이다. 따라서 음파의 주파수는 발신원의 속도에 따라, 그것이 멀어지는지 가까워지는지에 따라 달라지지만 음파의 속도, 혹은 우리에게 도달하는 시간 자체는 달라지지 않는다.

결정적으로, 운전자의 시각에서 보면 상황은 완전히 달라진다. 엔진 소리는 차로부터 공기를 타고 사방으로 같은 속도로 퍼져나간다. 따라서 진행 방향을 보면 음파는 더 천천히 가는 것처럼 보인다. 이것은 음파가 차의 앞으로 퍼지는 속도가 자동차의 속도와 공기 중의 음파 속도의 차와 같기 때문이다.

마이컬슨과 몰리는 이 원리를 빛에 적용했다. 그들은 매우 정교한 실험을 고안했는데 이 실험을 통해 처음으로 에테르의 존재를 감지하고 확인할 수 있을 거라고 확신했다. 그들은 지구가 태양 주위를 공전하면서 에테르 속을 시속 10만 킬로미터로 움직인다고 가정했다. 그들의 실험에서는 빛이 동일한 길이의 두 경로를 움직이는 데 걸리는 시간을 엄청난 정밀도로 측정했는데, 한 경로는 지구의 공전과 같은 방향으로, 다른 하나는 그에 수직으로 놓았다. 지구 상의 실험실에서 빛의 속도를 관측하는 것은 앞에서 설명한 차 안의 운전사가 음파가 차에서 멀어지는 속도가 차의 앞에서 재느냐 뒤에서 재느냐에 따라 다르게 보이는 것과 비슷하다.

만약 마이컬슨과 몰리가 주장한 대로 에테르가 존재한다면, 지구는 그 안을 자유롭게 움직이고 있을 것이고, 에테르도 지구에 대해서 움직이고 있으므로, 두 방향에서 속도가 다를 것이고 서로 다른 방향에서 오는 빛은 같은 거리를 오는 데 걸리는 시간이 다를 것이다. 빛의 속도는 지구가 공전하는 속도보다 만 배나 빠른 초속 30만 킬로미터나 되지만, 그들이 이용한 간섭계는 두 경로를 이동해 온 빛들이 다시 합쳐져 일으키는 간섭을 통해 매우 정밀하게 두 빛이 이동한 시간의 차이를 알아낼 수 있었다.

하지만 실험 결과, 그런 시간 차이는 나타나지 않았다.

그들의 실험 결과는 과학에서 말하는 '무위 결과'였다. (그 후에도 레이저를 이용한 여러 번의 더욱 정밀한 실험으로 반복적으로 확인되었다) 물리학자들은 이 결과를 이해할 수 없었고, 사실 마이컬슨과 몰리가 실수를 했다고 믿었다. 어떻게 두 빛의 속도가 똑같을 수 있지? '모든 운동은 상대적이다'라는 건 틀린 건가?

이런 것들이 다소 혼란스러울 수도 있을 테니 가능한 간단하게 설명해 보겠다. 앞에서 기차 안의 승객이 걸어가는 예를 기억해 보자. 마이컬슨과 몰리의 실험 결과는 기차에 앉아 있는 여러분과 플랫폼에서 기차를 쳐다보는 사람이 본 승객의 속도가 똑같다고 말하는 것과 마찬가지다. 말도 안 되지 않는가? 앞에서 설명한 것처럼, 기차에 탄 여러분이 보기에는 승객은 그저 걸어가고 있을 뿐이지만 플랫폼에서 보면 그는 기차의 속도에 걷는 속도를 보탠 정도로 매우 빠르게 지나가고 있는 것으로 보일 테니까.

아인슈타인은 마이컬슨과 몰리가 이런 혼란스러운 결과를 얻기 8년 전, 독일 울름에서 태어났다. 미 해군 천문대에서 일하던 알버트 마이컬슨은 같은 해인 1879년에 1만 분의 1의 정밀도로 빛의 속도를 측정했다. 그가 이 실험을 처음으로 했던 것도 아니고 종지부를 찍은 것도 아니었지만, 이 실험은 후에 몰리와의 실험에 큰 도움이 되었다.

그림 5.1 아인슈타인의 초창기 연구

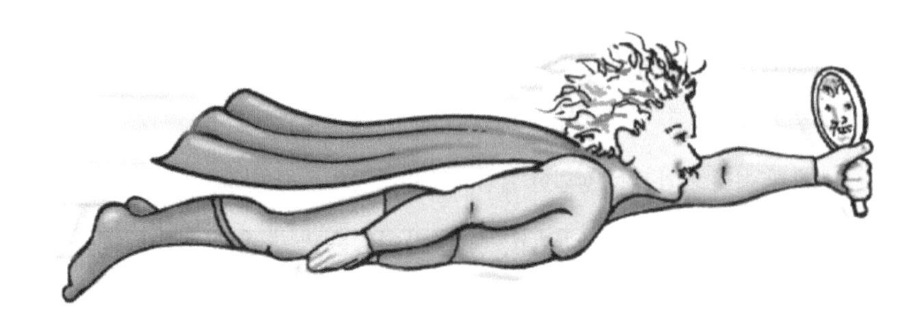

광속으로 날고 있는 아인슈타인은 거울 속의 자신을 볼 수 있을까?

물론 당시엔 마이컬슨과 몰리의 놀라운 결과에 대해 전혀 모르고 있었을 어린 아인슈타인은 금세 스스로 생각해 낸 사고 실험을 통해 빛의 특이한 성질에 대해 고민하고 있었다. 그는 거울이 광속으로 움직이고 있다면 얼굴에서 출발한 빛이 거울에 닿을 수 있을까? 라는 생각으로, 만약 자신이 거울을 앞에 들고 광속으로 날 수 있다면 그 때도 자기 얼굴을 볼 수 있을지를 자문해 보았다. 오랜 시간에 걸친 그의 깊은 생각은 1905년 특수상대성 이론을 발표하는 것으로 마무리되었다. 그의 나이 겨우 20대 중반이었다. 그의 논문이 발표된 후 사람들은 마이컬슨과 몰리의 결과를 멋지게 이해할 수 있었다.

아인슈타인이 상대론을 발표하기 전까지 물리학자들은 마이컬슨과 몰리의 결과를 믿지 않으려고 하거나, 어떻게든 물리 법칙을 손봐서 그 결과를 수용하려고 했지만 모두 실패했다. 그들은 빛이 입자처럼 행동한다고 (그것도 결과를 설명할 수 있었기에) 설명하려고 했으나, 이 실험 자체는 두 빛이 도착하는 시간 차이를 측정하기 위해서 빛의 간섭을 이용하는 것으로 빛의 파동성을 측정하도록 설계되어 있었다. 어쨌든, 만약 빛이 입자로 되어 있다면 입자는 공간을 돌아다니는 데에 매질을 필요로 하지 않으므로 에테르도 상관 없는 이야기가 되어 버린다.

1905년 이 모든 것이 뒤집히게 되었다. 아인슈타인의 이론 전체는 두 가지 아이디어에 기반을 두고 있는데, 이를 상대론의 두 가지 공준postulate이라고 부른다. 첫 번째는 오래된 것으로, 모든 움직임은 상대적인 것이며 진정한 의미에서 정지해 있는 것은 없다는 것이다. 즉 우리가 정말로 멈추어 있는지 움직이는지를 알려줄 수 있는 실험은 없다는 뜻이다. 두 번째 공준은 다소 혁명적인데 처음 들으면 꽤 순진한 소리로 들릴지도 모르겠다. 아인슈타인은 빛이 파동의 성질을 갖고 있어서 그 속도는 광원의 속도와 무관하지만 (달리는 차에서 나오는 음파처럼) 그와 동시에 음파와는 달리 빛은 이동할 때 매질을 필요로 하지 않는다고 말했다. 에테르는 존재하지 않으며 빛의 파동은 진정 아무것도 없는 빈 공간을 가로질러 갈 수 있다.

지금까지는 그럭저럭 괜찮았다. 아직 패러독스는 나오지 않았고, 이 공준들 중에 알아듣기 어려운 것은 없었다고 생각할 수도 있다. 확실히 이 이야기만 놓고 보면 시공간에 대한 시각을 혁신적으로 뒤바꿀 것처럼 보이지는 않는다. 하지만 사실 충분히 그러고도 남을 이야기들이다. 각 공준 자체는 특별할 것이 없어 보이지만, 두 가지가 결합되었을 때에는 아인슈타인의 생각이 얼마나 심오한 것인지 드러나게 된다.

광원에서 우리에게 오는 빛은 광원이 얼마나 빨리 움직이는가에 관계없이 같은 속도로 이동한다. 이것은 음파나 다른 파동들도 마찬가지이므로 별 문제는 없다. 하지만 빛은 우리가 그 속도를 측정할 만한 기준이 되는 매질이 없고, 누구도 특별한 위치라고 할 것이 없는 우리 모두는 각자 어떻게 움직이고 있든 간에 모두 동일한 빛의 속도(시속 10억 킬로미터)를 측정하게 된다. 이것이 바로 상대론의 신비한 점인데 이것이 어떤 의미인지 설명하도록 하자.

두 로켓이 우주에서 서로를 향해 아주 빠른 속도로 움직이고 있다고 해보자. 만약 둘 다 엔진을 끄고 동일한 속도로 타력으로 움직이고 있다면 누구도 둘이 서로 다가가고 있는지, 하나는 정지하고 하나만 움직이고 있는지 알 수 없다. 사실 움직임이라는 것은 어떤 기준이 필요한 것이기 때문에 움직이느냐 멈추어 있느냐는 의미가 없다. 그러니 주변의 별이나 행성을 기준점으로 삼는 것도 쓸모 없는 일이다. 그것들이라고 해서 누가 멈추어 있다고 얘기할 수 있겠는가?

한 로켓에 타고 있는 우주인이 다른 로켓을 향해서 빛을 비추고 그 빛의 속도를 잰다고 하자. 그의 입장에서는 자신이 정지 상태이고 다른 로켓이 움직이고 있다고 주장하는 것도 타당하므로, 그에게는 빛이 자신으로부터 멀어지는 속도가 평소와 다름없이 10억 킬로미터인 것으로 보일 것이다. 동시에 다른 로켓에 타고 있는 우주인도 자신이 정지 상태라고 얘기할 수 있다. 그가 보기에는 빛이 시속 10억 킬로미터로 다가오는 것으로 보일 것이고 빛의 속도는 광원이 다가오는 속도와 무관하므로 놀라울 것이 없다고 말한다. 이것이 우리가 알게 된 것이다. 역설적이게도, 두 사람이 측정한 빛의 속도는 같다.

놀라운 동시에 상식에 반대되는 이야기다. 서로를 향해 광속에 가까운 속도로 움직이고 있음에도 불구하고 두 우주인이 측정한 빛의 속도는 같다니!

이야기를 이어가기 전에, 이젠 아인슈타인의 거울 문제에 답을 할 수 있을 것 같다. 답은 아무리 빨리 날아가고 있다고 하더라도 언제나 거울 속에서 자신을 볼 수 있다는 것이다. 그의 속도와 관계 없이 멈춰 있을 때와 마찬가지로 빛은 언제나 같은 속도로 얼굴에서 거울로, 다시 거울에서 얼굴로 움직일 것이기 때문이다. 결국 그가 그렇게 빨리 날고 있다고 누가 말할 수 있겠는가? 모든 움직임은 상대적이라는 말을 기억하시는가?

이 모든 것을 받아들이는 데는 대가가 따른다. 우리는 이 결과를 받아들이기 위해서 시공간에 대한 기존의 인식을 몽땅 뜯어고쳐야만 했다. 빛이 모든 관찰자에 대해서 그들 서로 간의 속도와 관계 없이 일정한 속도로 움직인다는 것을 설명할 방법은 그들 모두가 시간과 거리를 각각 다르게 재고 있다는 것밖에 없다.

거리가 줄어들다

여러분이 이것을 두고 나중에 틀린 것으로 밝혀질 수도 있는 추측에 근거한 이론이 아니냐는 불평을 늘어놓기 전에, 이 이론은 지난 100년간 계속 연구와 검증을 반복해 왔으며, 우리가 일상적으로 경험하고 있는 효과라는 점을 강조하고자 한다. 많은 물리학과 학생들처럼 나도 대학에 있을 때 우주선(cosmic rays—대기 상층부를 끊임없이 때려대는 우주에서 날아온 고 에너지 입자)으로부터 생성되는 뮤온muon을 가지고 실험해 본 적이 있기에 개인적인 체험을 들어서도 이 결과가 맞다는 것을 보증할 수 있다. 뮤온은 우주선이 공기 분자와 충돌하는 과정에서 생성되어 지표면으로 쏟아진다. 나는 실험실에서 특수한 감지기로 이 뮤온을 세는 실험을 했었는데, 다른 실험으로 측정한 바로는 뮤온은 1초보다 훨씬 짧은 시간 동안만 존재하고 사라진다. 그보다 긴 것도 짧은 것도 있지만 일반적으로는 약 2마이크로초 정도의 수명을 가진다.

뮤온은 매우 에너지가 높아서 지표면을 향해 광속의 99퍼센트의 속도로 내려온다. 하지만 이 정도 속도라고 해도 지표면까지 내려 오는 데는 수명의 몇 배에 해당하는 시간이 필요하다. 그러므로 우리가 측정할 수 있는 것은 특별히 수명이 길어서 지면까지 내려올 수 있는 소수의 뮤온들뿐이어야 한다. 하지만 실험에서는 거의 대부분의 뮤온이 별 문제 없이 지표면까지 도달해서 감지기에 관측되는 것을 확인할 수 있다. 가능한 설명으로는 빠르게 움직이는 뮤온은 정지해 있는 것보다 어떤 이유로든 수명이 길다고 할 수 있다. 어쨌든, 아인슈타인이라면 모든 운동은 상대적인 것이므로 움직이는 뮤온은 그저 지표면에 있는 우리들에게나 움직이는 것이므로 적절한 설명이 될 수 없다고 말했을 것이다.

이제 드디어 결정적인 부분이다. 그럼 뮤온의 입장에서는 어떻게 보일지 생각해 보자. 뮤온이 말을 할 수 있다면, 자기가 광속의 99퍼센트로 움직이고 있다고 할 수도 있겠지만, 지표면이 광속의 99퍼센트 속도로 자기에게 다가왔다고 할 수도 있다. 이 거리를 이동하는 데에는 시간이 충분한 것으로 보인다. 사실 뮤온의 관점에서는 지표에 도달하는 데 걸리는 시간은 매우 짧아서 그 짧은 뮤온의 수명이 끝나기 전에 도착할 수 있다. 이 이야기는 지구 상에 있는 우리보다 뮤온이 느끼는 시간은 훨씬 천천히 흐른다는 것을 의미한다. 이것이 딱 그 경우이긴 하지만 시간 지연에 대해서는 다음 장으로 미뤄 두도록 하자. 이제 넘어야 할 논리적 장애물은 하나만 남았다. 이것을 생각해 보자. 첫째, 당신과 뮤온이 그것이 움직이는 속도(혹은 좀 더 정확히 얘기해서 서로 가까워지는 속도)에 대해 동의한다. 둘째, 뮤온은 당신이 생각하는 것만큼 오래 걸리지 않았다고 얘기한다. 그래서 두 내용을 종합해 보자면 이동한 거리가 더 짧았다고밖에 얘기할 수 없다. 그러니까, 서로 속도가 동일하다는 것에 동의하고, 뮤온이 그 거리를 더 짧은 시간에 주파할 수 있다고 한다면, 뮤온이 보는 거리는 당신이 보는 거리보다 짧다는 이야기가 된다.

물체가 아주 빠른 속도로 움직일 때 나타나는 이런 현상을 길이 수축 length contraction이라고 부른다. 이 현상은 어떤 물체가 정지해 있을 때보다 빠르게 움직일 때 더 짧아 보인다는 것으로, 바꾸어 말하자면 빠르게 움직이는 물체의 입장에서는 이동해야 할 거리가 줄어드는 것처럼 보인다는 뜻이다.

은하 여행

헛간 속의 장대 이야기로 돌아가기 전에 이 이야기를 짧게 살펴보는 것도 흥미로울 것 같다. 3장에서 올버스의 역설을 얘기할 때 지구에서 가장 가까운 별이 몇 광년 정도 떨어져 있다고 언급했다. 그러므로 우리가 광속으로 날아갈 수 있다고 하더라도 거기까지는 몇 년이 걸리게 된다. 이걸 그대로 받아들이자면 우리는 태양계에 갇혀 있으며 그 너머로 나가는 것은 너무 오랜 시간이 걸리기 때문에 현실적으로는 기껏해야 이웃 행성에 다녀올 수 있을 뿐이라는 우울한 결론이 된다. '머나 먼 은하'는 제쳐두고 좀 더 멀리 있는 별을 방문하는 것만 해도 물어볼 필요도 없다. 빛의 속도로도 수천 년 혹은 수백만 년이 걸릴지도 모른다.

상황이 이러할진대 내가 여러분에게 광속을 넘지 않는 속도로도 우주 반대편까지 눈깜빡할 사이에 갈 수 있다고 한다면 어떻겠는가? SF 소설이냐고? 아니. 단 한 가지 문제가 되는 점은 우리에게 광속에 가까운 속도로 날 수 있는 로켓이 없다는 것뿐이다. 하지만 그런 게 있다고 해 보자. 이것이 가능한 이유는 뮤온의 경우와 마찬가지다. 뮤온이 보는 지표면까지의 거리는 우리가 보는 것보다 훨씬 더 짧다. 마찬가지로 다른 별을 향해 광속에 가까운 속도로 날아가는 우주선에 있는 승객에게는 여행할 거리가 짧아진 것처럼 보일 것이다.

지구와 목적지인 별을 잇는, 길이가 수천 광년인 막대기를 상상해 보자. 모든 운동은 상대적이므로 우주선에 타고 있는 사람들이 보기에는 우주선이 광속에 가까운 속도로 움직이는 것이 아니라, 막대기가 반대 방향으로 같은 속도로 움직이고 있다고 볼 수도 있다. 즉 자신들은 우주선에 멈춰서서 빠르게 움직이는 막대기를 보는 것이다. 그러므로 그들에게는 막대기의 길이가 짧아진 것으로 보이고 그것을 지나가는 데 그리 오래 걸리지 않을 것이다. 또한 그들이 목적지에 도착하는 데도 그렇게 오래 걸리지 않을 것이고 말이다.

상대론에 따르면 여러분이 광속에 가까워질수록 길이는 더욱 줄어든다. 예를 들면 100광년의 거리는 광속의 99%로 움직이는 사람에게는 14광년밖에 되지 않는 것으로 보이게 된다. 하지만 광속의 99.99%로 움직이는 사람에게는 거의 1광년 정도로 보이게 된다. (그러므로 여행에 걸리는 시간은 1년이다. 우주선은 거의 광속으로 달리고 있으니까) 만약 우주선이 더 광속에 가까운 99.9999999%로 움직인다면 100광년을 2일도 걸리지 않고 주파할 수 있다.

우리는 지금 물리학 법칙 중 어떤 것도 위배하지 않았다는 점을 알아두자. 광속에 가까운 속도로 움직일수록 목적지에 도달하는 시간은 더 짧아지지만, 지금쯤이면 여러분이 이 현상이 속도가 더 빨라지기 때문이 아니라, 광속에 가까울수록 체감하는 거리가 줄어들기 때문이라는 걸 알았으면 좋겠다. (광속의 99.9999999%가 99.9%보다 엄청나게 빠른 건 아니니까) 거리가 줄어들수록 걸리는 시간도 짧아진다.

그럼 뭔가 치러야 할 대가는 없을까? 우주선에 탄 여러분에게는 '단축된' 거리를 주파한다는 건 시간이 적게 걸리고 여행이 금방 끝난다는 뜻이다. 100광년을 이틀에 간다면 도착했을 때 여러분은 이틀만큼 나이를 먹게 된다. 하지만 지구 상에서 시간의 흐름에 비하면 당신의 시간은 훨씬 느리게 가고 있다. 지구에 남아 있는 다른 사람들이 볼 때엔, 여러분은 광속에 가까운 속도로 100광년을 날아갔고, 그 여행은 100년이 걸린 것이다. (빛의 속도보다 조금 모자란 속도였으니 100년 조금 넘게) 그러므로 여러분이 겪은 우주선에서의 이틀은 지구에서의 100년에 해당하는 시간이다. 게다가 여러분이 도착했을 때 지구로 빛을 보낸다면 도착하는 데 또 100년이 더 걸릴 것이다. 그러므로 여러분이 거기에 무사히 도착했다고 하더라도 지구에서 그걸 알기까지는 여러분이 출발한 후에 최소한 200년이 걸린다.

여기서 결론은 여러분은 빛의 속도를 넘지 않고도 우주를 가로질러 어디든 원하는 대로 원하는 시간 안에 다닐 수 있다는 것이다. 하지만 지구에 돌아왔을 때 친구나 가족을 찾을 생각은 하지 마라.

신기하지만 혼란스러운 이 이야기에서 마지막으로 생각해 볼 것은 빛을 타고 우주를 돌아다닐 경우에는 어떻게 될지 고려해 보는 것이다. 사실 이것이 바로 상대론이 의미하는 것의 논리적 귀결이다. 여러분이 빛을 타고 있다고 한다면 어떤 거리를 이동하든, 심지어 우주 전체를 가로지른다고 해도 거리는 0으로 줄어든다. 시간도 정지하게 되므로, 0초 동안 0의 거리를 이동하는 셈이 되니 이런 결론도 아무 문제가 없다. 이 결론은 왜 어떤 것도 광속이 될 수 없는지에 대한 이유이기도 하다. 너무 말이 안 되기 때문이다. 하지만 빛에게는 이런 것이 별 문제가 되지 않는 것 같다. 빛이 자기 기분이 어떤지 우리에게 말한 적도 없으니까.

이 부분에 대해서는 다음 장에서 좀 더 자세히 다루기로 하자. 지금은 막간을 짧게 마무리하고 다시 헛간 속의 장대 이야기로 돌아가서 문제를 푸는 것뿐만 아니라 우선 왜 그것이 패러독스인지 알아보기로 하자.

다시 헛간으로

이제 우리는 광속에 가까운 속도로 움직일 때 길이가 수축하는 것에 대한 상대론의 예측을 이해해서 어느 정도 수준에 도달했으니, 문제를 다시 설명해 보자. 여러분은 헛간 안에 앉아서 장대높이뛰기 선수가 여러분을 향해 빠른 속도로 달려오는 걸 지켜보고 있다. 여러분은 그 장대가 정지 상태에서는 헛간의 길이와 똑같다는 것을 알고 있다. 하지만 지금은 움직이고 있어서 여러분에게는 짧게 보일 것이고 전체가 헛간에 다 들어올 수 있을 정도가 된다. 사실, 여러분이 충분히 빠르게 움직일 수 있다면 헛간의 앞문과 뒷문을 모두 닫아서 장대를 안에 가둘 수 있는 순간이 어느 정도 있게 된다.

한편, 이번에는 선수의 입장에서도 살펴보아야 한다. 그가 보기에는 장대는 움직이지 않고 (그의 기준에서) 헛간이 빠른 속도로 다가오는 걸로 보인다. 그러므로 그에게는 찌그러진 헛간이 다가오는 것으로 보인다. 그가 헛간을 통과할 때, 장대의 앞부분은 뒷부분이 입구를 통과하기도 전에 뒷문을 빠져나간다. 그러므로 양쪽 문을 동시에 닫는 건 불가능해 보인다. 여기에 들어가기엔 장대가 너무 길다.

이것은 착시일까 아니면 정말 물리적으로 가능한 효과일까? 결국 당연한 얘기지만 여러분과 선수가 둘 다 맞을 수는 없다. 헛간의 양쪽 문을 동시에 닫을 수 있거나 없거나 둘 중 하나여야 하니까.

앞서 말했듯이 패러독스는 바로 이 두 설명이 모두 맞다는 점이다. 이것은 '빠른 물체는 짧게 보인다'는 것과 '모든 움직임은 상대적이다'라는 두 가지에 기반해서 상대론이 예측하는 바를 정확하게 보여준다.

해답은 우리가 '동시에 일어나는 일'이라는 것이 무엇이냐에 달려있다. 나는 여러분이 헛간에 있다면 양쪽 문을 동시에 닫아서 장대를 가둘 수 있다고 얘기했다. 물론 잠시 뒤에 장대가 문을 부수기 전에 뒷문을 재빨리 연다. 그건 별 문제가 없다. 중요한 부분은 양쪽 문이 잠깐 동안이지만 동시에 닫혔다는 사실이다.

그림 5.2 헛간 속의 장대

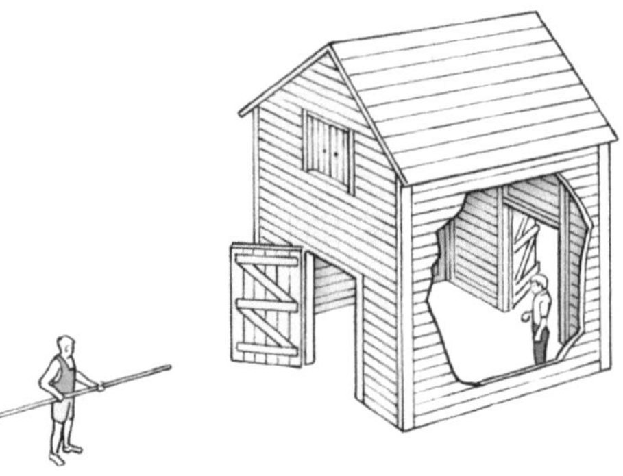

(a)장대가 헛간을 기준으로 멈춰 있을 때는 장대와 헛간의 길이는 같다.

(b) 헛간에 있는 사람이 보기에는 움직이는 장대는 이제 짧아져서
헛간 안에 들어올 수 있을 것 같다.

(c) 선수 입장에서는 헛간이 찌그러져서 장대 전체를 한 번에 넣기엔 좁아 보인다.

하지만 이제 다시 선수 입장에서 이 사건들이 어떻게 일어나는지 살펴보자. 선수가 헛간에 들어오고 장대의 앞부분이 뒷문에 닿기 전에 뒷문이 잠시 닫히는 걸 보게 된다. 잠시 뒤 그 문은 다시 열려서 장대는 아무 탈 없이 빠져나간다. 그로부터 잠시 뒤 장대의 뒷부분이 헛간에 들어오고 앞문이 닫힌다. 그리고 그 선수는 달리기를 멈추고 돌아와서 여러분과 의견을 나누면서 문이 닫히긴 했는데 동시는 아니었다고 말할 것이다.

사건의 순서가 서로에 대해 움직이고 있는 관찰자들에게 다르게 보이는 현상은 아인슈타인의 상대성 이론에서 예측하는 결과 중 하나다. 지금까지 우리가 봤던 다른 이상한 결과들과 마찬가지로 이것도 그저 단순한 이론적 예측이 아니라 실제로 일어나는 일이다. 하지만 시간 지연이나 길이 수축 같은 현상은 일상 생활에서 볼 수 있는 건 아니다. 이유는 간단하다. 우리가 광속에 가까운 속도로 움직이지 않기 때문이다. 우리들 중 대부분은 아마 가장 빠르게 움직이는 것이 비행기에 타고 있을 때일 것이다. 제트 비행기의 속도는 빨라야 시속 1000킬로미터 수준으로 광속의 백만분의 1에 불과하다. 그렇게 느리게 움직이는 상황에서는 상대론적 효과를 관측하기란 매우 어렵다.

솔직히 말하면 여러분이 상대론에 대한 이 모든 이야기들을 진심으로 믿지 않았다면 상처받을 것 같다. (아니면 여러분은 만족하고 있는데 그저 내가 못살게 구는 걸 수도 있고) 그럼에도 불구하고 일부러 반대 의견을 내서 문제를 좀 더 복잡하게 만드는 걸 이해해 주기 바란다. 앞서 장대와 헛간이 움직이지 않는 상황에서는 둘의 길이가 같다고 말했다. 그러므로 원리적으로는 상대론적 길이 수축 같은 것이 없다고 해도 움직이는 장대도 한 순간이지만 헛간 안에 딱 맞는 순간은 있을 것이다. 그런데 장대가 헛간 길이의 두 배라면? 짐작컨데 여전히 같은 주장이 성립할 것이다. 그러기 위해서는 헛간 안에 서 있는 여러분에게 움직이는 장대는 짧아 보일 테니 충분히 빠르게 움직인다면 헛간의 길이에 맞을 정도로 짧아질 수도 있을 것이다. 그 전에 이 점을 몰랐다면 지금 이해하면 된다. 이 길이 수축은 그저 착시에 불과한 것이 아니다. 장대는 그저 짧아 보이는 것이 아니라 당신에게는 정말로 짧은 것이고 양쪽 문을 동시에 닫을 수도 있다. 그런데 만약 이 길이 수축이 진짜라면 장대를 구성하고 있는 원자들이 찌그러지기라도 한다는 말인가? 게다가 여러분의 입장에서 본다면 선수가 달릴 때 그도 이런 식으로 찌그러져서 납작하게 보일 것이다. 선수는 불편함을 느끼지 않을까? 당연히 그렇지 않다. 선수는 아무런 차이도 느낄 수 없고 (그만큼 빨리 달리고 있으니 숨이 좀 가쁠 수는 있겠다) 그가 보기에는 여러분이 헛간과 함께 그를 향해 움직이는 것으로 보이므로 납작해지는 건 헛간 안에 있는 여러분이다.

그러므로 만약 선수가 자신이 짓눌리는 걸 느끼지 않고 그가 들고 있는 장대가 출발 전과 같은 걸로 보인다면 여러분이 보는 짧아진 장대는 그저 착시인 것이 분명하다.

시험을 하나 해 보자. 헛간에 뒷문이 없고 그냥 벽돌로 된 벽이 있다면 어떨까? 일단 선수의 안전은 무시하기로 하자. 광속으로 달릴 수 있는 사람이 있다고 믿는다면 그 사람이 부딪히기 전에 안전하게 멈출 수 있다는 것도 믿을 수 있을 테니까.

그럼 다시 이 사건이 두 사람의 시점에서 어떻게 끝나는지 따져 보자. 여러분이 보기에 장대의 앞부분이 벽에 부딪히기 전에 짧아진 장대가 헛간 안으로 들어오면 앞문을 닫을 수 있는 것으로 보일 것이다.

반면 선수의 입장에서 보면 장대가 헛간 안에 전부 들어오기도 전에 앞부분은 이미 벽에 부딪히게 된다. 장대와 벽 둘 다 충돌에 견딜 수 있고 온전한 형태로 남아 있을 수 있을 정도로 튼튼하다면 장대의 뒷부분을 어떻게 헛간 안에 들여놓고 문을 닫을 수 있을까? 이젠 앞에서 사건의 순서를 따질 때보다 심각한 상황이 된 것 같다. 선수의 입장에서 보면 장대를 헛간 안에 밀어넣고 문을 닫는 사건 자체가 아예 일어날 수 없을 것 같다. 확실히 우리는 아인슈타인과 그의 상대론을 코너에 몰아넣을 진짜 패러독스를 만들었다.

아니. 그렇지 않다. 완벽하게 맞아 들어가고 정확한 설명이 하나 존재한다. 선수의 입장에서 보면 장대의 앞부분은 벽에 부딪히는데, 뒷부분은 그걸 알 수가 없다. 상대론에 따르면 완벽하게 단단한 물체(강체)라는 건 없기 때문이다. 앞에서 빛보다 빠른 건 아무것도 없다고 말한 것을 떠올려 보면, 장대 앞부분은 그것이 어딘가에 부딪혀서 갑자기 멈추었다는 사실을 (충격파 같은) 같은 속도로 움직이고 있는 뒷부분에 전달해서 멈추게 할 만큼 빠르게 전달해 줄 수가 없다. 기본적으로는 장대의 뒷부분에서는 앞부분이 갑자기 멈추었다는 사실을 알아챌 수 없다. 뒷부분은 매우 빠르게 움직이고 있어서 앞부분이 멈추었다는 정보가 전해질 시간 동안 이미 헛간 안으로 들어갈 것이고 문은 닫을 수 있게 된다.

여기서 장대를 계속 가둬둔 채로 둘 수 없으므로 아주 빨리 문을 다시 열 준비를 해야 한다는 사실을 명심하자. 선수가 헛간 안에 들어와서 갑자기 정지하자마자, 그와 여러분에게는 헛간과 장대가 원래의 길이로 보이기 시작할 것이다. ('원래의 길이'라는 것은 그것들이 움직이지 않을 때를 의미한다. 상대론에서는 고유길이proper length라고 부른다) 또 여기서는 장대가 헛간보다 두 배 길다고 했던 걸 떠올려 보자. 선수도 이제는 장대의 한쪽 끝이 멈추면 장대의 고유길이로 다시 커진다는 데 여러분과 의견을 같이 할 것이다. 장대의 앞부분은 벽에 막혀서 오갈 곳이 없으니 뒷부분이 잽싸게 늘어나면서 헛간의 앞문 밖으로 절반 정도가 다시 튀어나올 것이다.

여기서 자세하게 얘기하지 않겠지만 마지막으로 한 가지 더 언급할 만한 재미있는 부분이 있다. 지금까지 설명한 모든 것들에서 여러분과 선수가 보는 장대는 다른 시각에 다른 행동을 하고 있다고 설명했다. 하지만 장대의 앞부분이나 뒷부분을 보는 데에도 시간이 걸린다. 바로 빛이 여러분이나 선수의 눈에 도달하는 시간이다. 하지만 장대도 빛에 가까운 속도로 움직이고 있기에 이 부분이 중요하게 된다. 하지만 지금은 기술적인 세부 사항은 아껴 두도록 하자. 적어도 우리의 원래 질문에 대해서 장대의 길이는 그것이 얼마나 빨리 움직이느냐에 달려있다고만 해두어도 충분할 것 같다. 다음 장에서 보게 될 시간의 패러독스들이 이 장에서 배운 것을 토대로 한다는 것으로 위안을 삼을 수 있을 것이고, 우리는 좀 더 빨리 본론으로 들어갈 수 있을 것이다.

THE PARADOX OF THE TWINS
쌍둥이 패러독스

매우 빠르게 움직인다면 미래로 갈 수 있다

우리 모두가 동일한 광속을 측정하려면 다른 관찰자들이 보는 두 사건 -빛이 두 지점을 출발하고 도착하는 것- 사이의 시간 간격이 달라야 한다. 내가 느낀 한 시간이 여러분에게는 두 시간이 될 수도 있는 것이다.

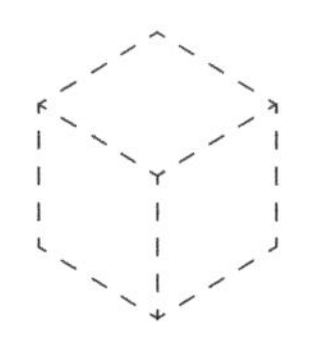

이번 장에서도 계속해서 아인슈타인의 상대성 이론의 예측에서 나오는 패러독스들을 다루도록 하자. 여기서는 시간의 본질에 관계된 개념과 그것이 빛의 속도에 가까워질 때 어떻게 영향을 받는지 파헤쳐 볼 것이다.

이 패러독스의 이야기는 마치 SF 소설처럼 들릴 테지만, 현재의 기술력으로 불가능할 뿐, 물리학과 학생들이면 누구나 배우고 있는 상대론이 예측하는 현상의 한 예로 주류 과학의 이야기다. 여기에서는 광속에 가깝게 날 수 있는 우주선이 등장하는데 아직은 그런 걸 만들 방법이 없지만 이론적으로는 얼마든지 허용된다. 광속을 뛰어넘는 것이 아니기 때문에 SF 소설에나 나올 법한 워프 드라이브warp drives나 초공간 같은 상상 속의 아이디어를 동원할 필요는 없다.

이제 이 우주선을 설계하고 제작한 우리의 쌍둥이 영웅, 앨리스Alice와 밥Bob을 만나 보자. 밥은 지구에 남아 있고 앨리스는 직접 이 우주선을 몰고 지구를 출발해서 딱 1년 동안 우주를 여행하고 돌아온다. 지구로 돌아온 그녀는 생물학적으로 한 살을 더 먹었고, 스스로도 1년이 흐른 것처럼 느낄 것이고, 우주선에 있는 모든 시계도 그녀가 지구를 떠난 지 1년이 지났음을 가리킬 것이다.

한편, 그녀의 여행 과정 전체를 지켜보고 있었던 밥은 그녀가 광속에 가까운 속도로 여행한 결과로 나타난 이상한 현상 중 하나를 증언한다. 아인슈타인의 상대성 이론에 의해 예측된 이 현상은, 밥이 보기에 우주선의 시간이 지구의 시간보다 느리게 흐르는 것처럼 보였다는 것이다. 만약 밥이 카메라를 통해 우주선 내부에서 일어나는 일을 보았다면 모든 것이 슬로우 모션으로 움직이는 것처럼 보였을 것이다. 시계는 천천히 똑딱거릴 것이고, 앨리스도 느리게 움직이고 천천히 말했을 것이다. 그래서 우주선에 타고 있는 앨리스에겐 그저 1년이 걸린 것처럼 보이는 여행이 밥의 입장에서는 지구의 시간으로 10년이 걸릴 수도 있는 것이다. 실제로, 지구로 돌아온 앨리스는 생물학적으로 한 살을 더 먹은 반면에 쌍둥이인 밥은 10살을 더 먹은 것을 보게 된다.

이것 자체가 이 장의 제목인 쌍둥이 패러독스는 아니다. 이상하게 들릴 수도 있지만, 이 현상 자체는 아인슈타인의 이론이 예측하는 것과 정확하게 맞아떨어진다. 내가 선택했던 10년이라는 숫자는 임의로 고른 것이고 실제로는 우주선이 얼마나 빨리 움직이느냐에 따라 달라진다. 예를 들면, 앨리스가 광속에 거의 다다랐다고 하면 누구나 계산기로 (그리고 상대론에 대한 약간의 지식도 필요하다) 간단한 계산을 통해서 우주선의 1년이 지구에서는 100만 년이 되거나, 혹은 앨리스가 당일치기로 여행하는 동안 지구에서는 천 년이 흘러갈 수도 있다는 것을 확인해 볼 수 있다. 하지만 일단은 앨리스가 밥이 살아 있을 동안 돌아올 수 있게 시간의 비율이 1년 대비 10년이 되도록 우주선의 속도를 정해 두도록 하자.

이 패러독스는 상대적인 움직임에서 오는 모순적인 결론 때문에 일어난다. 이 이야기는 앞 장의 헛간 속의 장대 문제와 비슷하긴 하지만 시간의 성질을 두고 헤매는 것은 거리에 대한 문제를 이해하는 것보다 항상 더 골치 아픈 문제다. 음, 우리는 누구의 시간이 느리게 가고 다른 사람은 그렇지 않은지의 기준이 되는 좌표계와 방법을 선택하는 데 너무 성급했던 것 같다. 앞 장에서 '모든 움직임은 상대적'이라는 상대론의 첫 번째 공준에 대해 알아보았는데 그 공준을 여기에 적용하면 어떻게 될까? 분명히 앨리스는 그녀의 우주선이 광속에 가까운 속도로 지구에서 멀어지는 것이 아니라 자신은 멈추어 있고 그 반대 방향으로 지구가 우주선에서 멀어지고 있다고 할 수도 있다. 그렇다면 결국 어느 쪽이 진짜인가? 앨리스는 자신이 1년 동안의 여행 내내 멈추어 있었고 지구가 멀어졌다가 다시 가까워지는 식으로 움직였다고 주장할 수 없는 걸까? 이것이 그런 경우라는 것은 그녀의 카메라로 보면 우주선에 있는 시계보다 지구에 있는 시계가 더 천천히 간다는 사실이 그 증거가 된다. 그러므로 그녀가 돌아왔을 때는 밥이 나이를 덜 먹었다고 주장할 수도 있다. 그녀가 1년의 여행을 하는 동안 지구에서는 십 분의 1밖에 (한 달 조금 더 되는 시간) 지나지 않았을 테니 말이다. 이것이 바로 패러독스다.

상대적 움직임의 효과에서 나타나는 뚜렷한 대칭성은 오랜 시간 동안 혼란을 불러왔다. 사실 많은 과학자들이 논문을 통해 이 패러독스가 아인슈타인의 이론과 시간이 실제로 어떤 좌표계에서 더 천천히 흐른다는 예측이 틀렸음을 입증하는 것이라고 주장했다. 확실히 밥과 앨리스가 본 것은 환상 같은 것일 뿐, 시간 자체는 전혀 느려지지 않는다. 얼핏 보기에는 느려지는 것처럼 보이지만, 두 기준 좌표계 사이의 명백한 대칭성을 생각하면, 지구와 우주선에서 경과된 시간에는 차이가 있을 수 없기에 밥과 앨리스는 그녀가 귀환했을 때도 여전히 동갑이다. 그럼 쌍둥이 둘 다 틀린 걸까? 확실히 둘 다 맞을 수는 없다.

믿거나 말거나, 사실은 밥이 옳다. 앨리스는 귀환했을 때 실제로 밥보다 나이를 적게 먹는다. 수수께끼는 상대 운동의 역할을 어떻게 이해할 것이냐는 부분이다. 왜 대칭적으로 보이는 구도가 틀렸다는 걸까?

이 패러독스를 풀기 위해서는 우선 여러분에게 물체가 매우 빠른 속도로 움직일 때 길이가 변하듯, 광속에 가까울수록 시간은 정말로 천천히 흐른다는 것을 납득시킬 필요가 있을 것 같다. 우선, 그렇게 하면 시간의 본성에 대해서 좀 더 주의 깊게 생각해 보아야 한다. 이것은 다음 장에서 진정한 패러독스인 시간 여행을 다룰 때 많은 보탬이 될 것이다.

시간이란 무엇인가?

'시간이란 무엇인가'라는 질문에 대해서 근본적인 수준에서 진정 그것을 이해하고 있는 사람은 아무도 없다고 해도 과언이 아니다. 현재 우리가 알고 있는 최선의 설명은 앞서 올버스의 역설에서 설명했던 아인슈타인의 일반 상대론이다. 하지만 우리가 알고 있는 가장 위대한 과학 이론도 '시간은 흐르는 것인가요 아니면 그저 환상인가요?'나 '시간의 흐름에 절대적인 양이나 분명한 방향성이 있나요?'와 같은 형이상학적인 질문에 이르면 부족한 부분이 있게 마련이다. 하지만 이런 질문에 대해서 '시간은 과거에서 미래로 흐른다'거나 '시간은 매 초마다 1초씩 흘러간다'고 하는 것은 그다지 도움이 되지 않는다.

아이작 뉴턴이 3세기 전에 〈프린키피아Principia mathematica〉에서 운동 법칙을 완성할 때까지만 해도 시간은 과학의 영역이 아니라 철학의 영역이었다. 뉴턴은 물체가 힘의 영향을 받을 때 어떻게 움직이고 행동하는지를 설명했는데, 모든 움직임이나 변화는 반드시 시간이라는 개념을 필요로 했기에, 그가 자연을 설명하는 수식을 만들 때 시간은 적분 변수로 포함되었다. 그런데 뉴턴 역학에서의 시간은 절대적이고 손댈 수 없는 변수이다. 그것은 마치 보이지 않는 절대적인 우주의 시계처럼 매 초, 시간, 날짜를 재고 있는데, 우리의 (종종 주관적인) 경험과는 무관하게 일정한 속도로 흘러가는 것이라서, 우리는 그 흐름에 아무런 영향도 줄 수 없다. 이 모든 이야기는 완벽하게 논리적인 것처럼 들린다. 하지만 현대 물리학은 이러한 시간에 대한 인식이 의심의 여지없이 틀렸다는 것을 보여주었다.

1905년, 아인슈타인은 시간과 공간이 밀접하게 서로 연결되어 있다는 것을 설명하는 상대성 이론을 내놓았으며 그것은 물리학에 혁명을 가져왔다. 그는 시간이 관찰자에 무관하며 절대적인 것이 아니라 관찰자가 움직이는 속도에 따라 줄어들거나 늘어날 수 있다는 것을 보여주었다.

여기서 이야기하는 시간의 흐름의 변화는 우리가 주관적으로 그것을 인식하느냐 아니냐와는 무관하다는 점을 분명하게 말해 두어야겠다. 물론, 우리가 잘 알고 있는 저녁의 즐거운 파티는 시간이 너무 빨리 지나가고 지루한 발표나 강연을 들을 때는 영원히 끝나지 않을 것 같은 느낌 같은 것도 있다. 하지만 이런 상황도 실제로 시간이 빠르게 가거나 느리게 가는 게 아니라는 건 우리도 잘 알고 있다. 마찬가지로, 나이가 들수록 시간이 점점 더 빨리 가는 것처럼 느껴지는 예도 있겠다. 그렇지만 여기서도 그렇게 느껴지는 것이 시간이 실제로 빨리 가기 때문이 아니라 한 해 한 해가 인생에서 차지하는 비율이 점점 작아지기 때문이라는 걸 우리는 알고 있다. 어릴 때를 돌아보면 생일에서 그 다음 생일까지가 얼마나 길었는가. 이런 경험에도 불구하고, 우리는 육감으로 어딘가에는 전 우주에서 같은 속도로 흐르는 뉴턴의 절대적 시간 같은 것이 있을 거라고 생각한다.

하지만 아인슈타인이 등장하기 전에도 몇몇 과학자들과 철학자들은 우리와 무관한 절대적인 시간의 존재에 대해 껄끄러워했고, 시간이 흐르는 속도나 방향을 둘러싸고 많은 토론을 벌였다. 철학자 중 어떤 이들은 시간 자체가 환상이라고 보았다. 마치 제논이 들고 나왔을 법한 짧은 패러독스를 살펴보자.

내 생각에는 여러분도 시간을 과거, 현재, 미래 세 가지로 나눌 수 있다는 점에 동의할 거라고 생각한다. 비록 우리가 과거에 대한 기록과 일어난 일에 대한 기억을 갖고 있지만 그것은 더 이상 존재하는 것으로 여길 수 없다. 반대로 미래는 아직 일어나지 않은 일이고 따라서 그것도 존재하는 것이라고 할 수 없다. 그렇다면 현재만이 남게 되는데, 그것은 과거와 미래 사이를 나누는 선으로 정의할 수 있고 분명히 '지금' 존재한다. 우리는 '지금'이 미래를 과거로 바꾸면서 꾸준히 지나가는 변화하는 순간이라는 걸 느끼고 있지만, 그렇다고 하더라도 그 자체는 순간에 지나지 않으며 그 자체로 어떤 길이를 가지는 것이 아니다. 꾸준히 변화하는 현재라는 순간도 그러므로 미래와 현재를 나누는 선에 불과하며 그것도 실재한다고 말할 수 없는 것이다. 시간을 이루고 있는 세 가지가 모두 존재하지 않는다면, 시간 자체는 환상이 아니겠는가?

여러분도 나처럼 저런 철학적 주장은 대충 흘려들을 것이다.

하지만 우리의 주제로 돌아가서, 훨씬 더 설명하기 어려운 것이 시간이 '흐른다'는 개념이다. 물론 우리로서는 실제로 그렇다는 느낌을 부정할 수 없겠지만, 과학에서는 어떤 것에 심증이 있을 때 그 심증이 아무리 강하더라도 그것만으로는 부족하다. 일상 생활에서 우리는 '시간이 흘러간다', '때가 되면', '다 지난 일' 같은 표현을 쓴다. 하지만 잘 생각해 보면, 정의상으로 움직임이나 변화라는 것은 반드시 시간을 바탕으로 판단하게 되어 있다. 우리가 변화를 정의하는 방식이 그렇다. 우리가 어떤 일에서 변화율을 설명할 때는 1분당 심장박동 수를 세는 것처럼 단위 시간 당 수를 세거나, 어린 아이의 한 달간 체중변화와 같이 일정 시간 동안의 변화량을 따지게 된다. 하지만 시간 자체의 변화율을 측정하려고 한다면 시간 자체에 대해 시간을 측정할 수는 없으므로 무의미한 것이 되고 만다.

다음 질문을 통해서 이 점을 확인해 보자. 만약 시간이 갑자기 빠르게 흐른다면 어떻게 그것을 알 수 있을까? 우리는 시간의 흐름 속에 존재하고 어떤 시간 간격을 잴 때는 몸 속의 생체 시계와 같은 시계를 사용하는데, 그것들도 마찬가지로 빨라진다면 우리는 절대로 그것을 알아챌 수 없다. 시간의 흐름을 이야기할 수 있는 유일한 방법은 저 바깥 어딘가에 있을 절대적인 시간을 기준으로 판단하는 것뿐이다.

하지만 우리가 기준으로 삼아서 시간의 흐름을 측정할 수 있는 어떤 절대적인 시간이 존재한다고 하더라도, 사실 문제가 해결되기는커녕 더 골치 아파질 뿐이다. 시간이 스스로의 흐름에 따라 흐른다면, 분명 절대적인 시간도 흐르는 것은 마찬가지 아닐까? 그렇다면 그 절대적인 외부의 시간의 흐름을 측정할 더 근본적인 어떤 시간이 필요하게 되고 그런 식으로 문제는 순환 상태에 빠져 버린다.

우리가 시간의 흐름에 대해서 이야기할 수 없다고 해서 시간이 전혀 흐르지 않는다는 것은 아니다. 어쩌면 우리(우리의 의식)가 움직이고 있고 시간은 그저 멈춰 있는 것일 수도 있다. 미래가 우리에게 다가오는 것이 아니라 우리가 미래를 향해 움직이는 것이다. 달리는 기차에서 창 밖을 스쳐 지나는 풍경을 볼 때, 여러분은 사실 그것들은 가만히 있고 열차가 움직이고 있다는 것을 안다. 마찬가지로, 우리는 현재 이 순간(지금)과 미래의 어떤 사건(예를 들면 다음 크리스마스)이 서로 가까워지고 있다는 강한 주관적 인상을 갖고 있다. 두 사건의 간격이 줄어드는 것이다. 다음 크리스마스가 우리에게 다가온다고 하든, 우리가 다음 크리스마스에 다가가고 있다고 하든 의미는 똑같다. 우리는 뭔가 변화를 느낀다. 우리 모두 저 생각에 확실히 동의할 수 있을까? 유감스럽게도 난 아니다. 많은 물리학자들이 이런 생각조차도 유효하지 않다고 말한다.

이상하게 들릴지도 모르겠지만, 물리학의 법칙들은 시간의 흐름에 대해서 아무런 언급도 하지 않는다. 이 법칙들은 원자에서부터 시계, 로켓, 별들에 이르는 모든 것들이 어떤 순간에 힘을 받으면 어떻게 행동할지, 그리고 미래의 어떤 순간에 그것들의 행동이나 상태를 계산할 수 있는 규칙을 알려준다. 하지만 물리학 법칙 어디에도 시간의 흐름에 대한 단서는 들어 있지 않다. 시간이 흐른다거나 어떤 방식으로 움직인다는 개념은 물리학에서 완전히 빠져 있다. 우리가 알고 있는 것은 공간과 마찬가지로 시간은 그냥 존재한다는 것이다. 그냥 있는 것이다. 어쩌면 시간이 흐른다는 우리의 느낌은 그냥 그뿐일지도 모른다. 아무리 생생한 것처럼 느껴져도 느낌일 뿐인 것이다. 지금으로서는 과학은 시간이 흐른다거나 지금 이 순간이 변한다는 느낌이 어디서 오는 것인지 만족스럽게 설명해 주지 못하고 있다. 몇몇 물리학자와 철학자들은 더 나아가서 물리 법칙에는 뭔가 빠진 것이 있다고까지 말한다. 어쩌면 그 사람들이 맞을지도 모르겠다.

그래, 이쯤이면 철학적인 얘기는 실컷 했다고 생각한다. 이제 다시 특수 상대성 이론이 왜, 어떻게 시간의 흐름을 바꿔 놓는지 이해해 보도록 하자. 이 부분을 해결하지 않으면 쌍둥이 패러독스를 풀 수 없으니까 말이다.

시간 지연

그럼, 아인슈타인이 얘기한 시간의 성질에 대해서 살펴보자. 앞에서 서로 간에 빠른 상대 속도로 움직이는 두 관찰자가 본 길이가 어떻게 서로 다를 수 있는지를 설명했다. 시간도 마찬가지로 영향을 받을 수 있다는 것을 다음 예를 통해 간단히 살펴보자. 속도는 거리를 시간으로 나눈 것이라는 공식은 학교에 다닌 사람이라면 누구나 익숙할 것이다. 이제 우리는 관찰자들이 서로 아무리 빠른 속도로 움직이고 있어도 그들이 보는 광속은 똑같다는 것을 알고 있다. 그런데 그들이 재는 거리가 각자 다르다면, 속도는 거리를 시간으로 나눈 것이라는 걸 생각할 때 동일한 (옳은) 광속을 얻으려면 그들이 잰 시간도 달라야 한다는 결론에 이르게 된다. 그러므로 한 사람이 두 점 사이의 거리를 측정한 것이 10억 킬로미터였다면, 빛이 그 거리를 주파하는 데 1시간이 걸린 것으로 측정될 것이다. 반면에 다른 관찰자가 본 두 점 사이가 20억 킬로미터라고 한다면 (앞에서 서로 상대적으로 움직이고 있는 관찰자에게는 길이가 다르게 보인다고 했던 것을 떠올려 보자) 동일한 광속을 얻기 위해서는 그 사람에게는 빛이 그 거리를 가는 데 시간이 두 배로 걸리는 것으로 보여야 할 것이다. 숫자로 얘기하자면, 첫 번째 관찰자는 빛이 10억 킬로미터를 1시간에 갔다고 할 것이고, 두 번째 관찰자도 20억 킬로미터를 2시간에, 혹은 10억 킬로미터를 1시간에 주파했다고 할 것이며, 첫 번째 관찰자와 같다고 말할 것이다.

그러므로, 우리 모두가 동일한 광속을 측정하려면 다른 관찰자들이 보는 두 사건 - 여기서는 빛이 두 지점을 출발하고 도착하는 것 - 사이의 시간 간격이 달라야 한다. 내가 느낀 한 시간이 여러분에게는 두 시간이 될 수도 있는 것이다.

시간의 흐름이 다를 수도 있다는 개념을 잡는 건 누구에게나 어려운 일이므로, 다른 예를 하나 더 들어 볼까 한다. 여러분이 하늘에 빛을 비추고, 나는 로켓을 타고 여러분 기준으로 광속의 3/4으로 빛을 따라간다고 해 보자. 여러분이 보기에는 빛이 나에게서 광속의 1/4로 멀어져 가는 것으로 보일 것이다. (빠른 차가 느린 차를 따라잡을 때 둘의 상대 속도에 해당하는 속도로 앞질러 가는 것과 마찬가지다) 그렇다면 논리적으로, 내가 로켓 밖으로 내다보았을 때는 어떻게 보일 것 같은가? 당연하게 상식적으로 생각했을 때는 나에게도 여러분이 본 것처럼 광속의 1/4로 앞질러 가는 것처럼 보여야 할 것이다. 하지만 아인슈타인이 얘기한 것처럼 모든 관찰자에게 광속은 동일해야 하므로, 내가 볼 때에도 여러분이 본 것처럼 빛은 시속 10억 킬로미터로 보여야 한다. 이것이 바로 상대성 이론이 예측하는 결과이고 지난 백 년간 실험실에서 수천 번 확인된 결과이다. 하지만 이런 관찰의 의미는 과연 무엇인가?

(주의할 것 : 나는 여기서 빛의 속도를 잰다고 할 때 '본다'라는 말을 사용했다. 물론, 어떤 것을 볼 때는 빛이 우리 눈에 닿아야 하고 거기엔 시간이 걸린다. 그럼 '빛을 본다'는 것은 무슨 의미일까? 빛이 빛을 반사하기라도 한다는 건가? 여기서는 '본다'는 것의 의미를 어떤 방식으로든 '측정'한다는 것으로 한정하고자 한다. 예를 들면 펄스 형태의 빛을 이용해서 경로상의 어떤 장치를 작동시켜 정확한 이동 시간을 측정하는 것처럼 말이다.)

그럼 어떻게 여러분 기준으로 광속의 3/4으로 날아가고 있는 내가 본 광속이 여전히 똑같은 속도일 수 있는 걸까? 유일한 설명은 내 시간이 여러분의 시간보다 느리게 가는 것뿐이다. 우리 둘 다 똑같은 시계를 갖고 있다고 해 보자. 여러분이 볼 때엔 내 시계가 여러분 것보다 느리게 가는 것으로 보일 것이다. 그뿐 아니라 로켓에 있는 모든 것이 느리게 갈 것이다. 심지어 나도 느리게 움직이고 여러분과 교신할 때에는 말도 느리고 목소리도 더 낮게 들릴 것이다. 하지만 여전히 나는 아무런 차이도 느끼지 못하고 심지어 시간이 느리게 간다는 것은 전혀 알아채지 못할 것이다.

아인슈타인의 상대론을 배우는 학생들은 로켓의 속도가 주어졌을 때 시간이 얼마나 느리게 가는지 계산하는 법을 배운다. 관찰자에 대해서 광속의 3/4으로 날아가는 로켓의 시간은 대강 관찰자의 시계보다 50% 더 느리게 간다. 즉, 로켓의 시계로 1분이 흐르는 동안 관찰자의 시계는 90초가 흐른다는 뜻이다.

어쩌면 여러분은 그 정도로 빠르게 날아가는 로켓은 없으니 그런 상황은 그저 가정에 지나지 않는 것 아닌가 하고 생각할 수도 있겠다. 하지만 그보다 훨씬 느린 속도에서도 시간에 대한 효과는 존재한다. 예를 들면 (시속 4만 킬로미터로 날아가는) 아폴로 달 착륙선의 경우에도 우주선의 시계와 관제 센터의 시계가 매 초마다 수 나노 초씩 어긋났는데, 계산에 반영해야 할 정도는 아니었지만 분명히 측정이 가능한 정도의 차이가 있었다. 이 사례는 잠시 뒤에 간단히 살펴보기로 하자.

그럼 이번에는 이런 효과가 매우 중요한 다른 실제 사례를 잠시 살펴보자. 고속으로 움직일 때 생기는 시간의 느려짐을 '시간 지연'이라고 부르는데, 물리학 실험에서는 일상적으로 계산에 반영하고 있다. 그 중에서도 스위스 제네바의 CERN에 있는 대형 강입자 충돌기Large Hardon Collider, LHC와 같은 입자 가속기에서 가속되는 아원자 입자의 경우에는 더욱 중요하다. 거기서는 입자들이 거의 광속에 가까운 속도로 움직이기 때문에 이런 상대론적 효과를 고려하지 않는다면 실험은 전혀 맞지 않게 되어 버린다.

아인슈타인의 특수 상대성 이론에서 알 수 있는 것은 고속 운동에서의 시간 지연은 광속이 일정하다는 사실을 보여주는 결과이다. 이쯤에서 시간에 대한 다음 이야기를 할 때가 된 것 같다. 3장에서 아인슈타인이 두 개의 상대론을 발표했다고 한 것을 떠올려 보자. 1905년에는 특수 상대론을, 1915년에는 일반 상대론을 내놓았다. 그는 일반 상대론에서 중력에 대한 뉴턴의 이론을 대신해 질량을 가진 물체가 시공간의 구조 그 자체에 미치는 영향을 통해, 중력에 대해 설명했다.

아인슈타인의 일반 상대론에 따르면 시간을 지연시킬 또 다른 방법이 나온다. 바로 중력의 영향이다.

지구의 중력은 별이나 행성의 중력이 없는 공간에서보다 시간이 느려지게 만든다. 모든 물체는 질량을 갖고 있기에 모든 물체는 자기 자신의 중력장에 둘러싸여 있다. 물체가 무거울수록 주변의 물체에 가하는 중력도 크고 시간에 대한 효과도 더 크다. 이것을 지구 상에서 시간의 흐름에 적용해 보면, 고도가 높아질수록 지구의 중력이 약해져서 시간이 더 빨리 흐를 수 있다는 재미있는 결과가 나온다. 실제로 지구의 중력을 벗어나기 위해서 우주 공간으로 매우 멀리 나가야 하기 때문에 효과는 매우 미미하다. 예를 들면 인공위성이 돌고 있는 400킬로미터의 고도에서도 중력은 여전히 지표면의 90% 수준이다. (인공위성이 땅으로 곤두박질치지 않고 계속 궤도를 돌 수 있는 것은 계속 움직이면서 자유낙하하고 있기 때문이다. 그래서 무중력 상태를 유지한다.)

시간에 대한 중력의 영향을 설명할 재미있는 예를 하나 들어 보자. 만약 내 손목 시계가 느리게 간다면, 팔을 머리 위로 들어서 그것을 보정할 수 있다. 이제 시계가 조금 더 높은 곳에 있으니 중력이 조금 약해져서 조금 더 빨리 갈 것이다. 이런 효과는 진짜지만 너무 작아서 의미는 없다. 예를 들어, 1초를 맞추려면 팔을 들고 수억 년을 기다려야 할 정도니까.

어떤 상황에서는 (특수 상대론과 일반 상대론의) 두 가지 시간 지연 효과가 서로 반대로 작용할 때가 있다. 두 개의 시계가 하나는 지표면에, 하나는 인공위성에 탑재되었다고 해 보자. 어느 쪽이 느리게 갈까? 지구에 있는 시계 입장에서는 인공위성의 시계는 궤도를 도는 속도 때문에 느려질 것이고, 한편으로는 지구를 돌면서 계속 자유낙하하고 있는 상황이니 중력의 영향이 적어서 시계가 더 빨리 가게 된다. 어느 효과가 더 클까?

그 자체로 꽤 역설적으로 들리겠지만, 이 두 효과의 복합적인 결과는 1970년대 초에 이루어진 실험으로 멋지게 확인되었다. 이 실험은 실험을 주도했던 두 물리학자의 이름을 따서 하펠-키팅Hafele-Keating 실험이라고 불린다.

1971년 10월, 하펠Joseph Hafele과 키팅Richard Keating은 매우 정교한 시계를

그림 6.1 빠르게 가는 시계

인공위성에 실린 시계는 지구보다 빠르게 갈까 느리게 갈까?
그것을 계산하려면 아인슈타인의 두 가지 상대론을 함께 고려해야 한다.

두 대의 비행기에 싣고 지구를 돌게 했는데, 한 대는 지구 자전 방향인 동쪽을 향해서, 다른 한 대는 반대 방향인 서쪽을 향해서 보냈다. 그리고 각 비행기의 시계를 워싱턴에 있는 미 해군 관측소의 시계와 비교했다.

빠르게 움직이는 물체의 시간이 느려지는 것과 높은 고도에서의 시간이 빠르게 가는 두 가지 효과는 비행기가 지구 자전 방향으로 날아가느냐 반대 방향으로 가느냐를 고려해서 매우 조심스럽게 측정해야 했다. 우리도 조심스럽게 생각해 보자. 두 비행기는 거의 고도가 같았기에 둘이 느끼는 중력은 비슷하게 약해졌을 것이고 지상의 시계에 비하면 어느 정도 빨라졌을 것이다. 한편, 동쪽을 향한 비행기는 지구의 자전 속도와 맞물려서 더 빠르게 움직였기에 지상의 시계보다 더 느려졌을 것이고, 서쪽으로 향한 비행기에서는 지구 자전의 반대 방향이었기에 지상의 시계보다 더 빨라졌을 것이다.

실험을 시작할 때 모든 시계들은 정확하게 맞춰진 상태였는데, 실험 결과 동쪽으로 간 비행기의 시계는 0.04 마이크로 초만큼 느려졌고(빠르게 움직이는 것으로 인한 시간 지연이 높은 고도에서 약해진 중력 때문에 시간이 빨라지는 효과보다 컸다), 서쪽으로 간 비행기의 시계는 거의 열 배(0.3 마이크로 초)나 더 빨랐다. (약해진 중력에 의한 효과가 특수 상대론 효과와 같이 작용해 더 커진 셈이다)

똑똑한 물리학자들이라도 이 결과를 이해하려면 눈살을 찌푸리고 생각해야 할 정도니, 다소 혼란스러울 수도 있을 것이다. 하지만 중요한 것은 이 모든 실험 결과가 아인슈타인의 이론으로 수학적으로 예측한 것과 멋지게 들어맞는다는 점이다.

오늘날에는 이러한 시간에 대한 효과들이 지구 표면의 위치를 알려주는 GPS 위성에도 기본적으로 반영되고 있다. (앞서 약속했던 실생활의 예시다) 지상과 위성 간의 미세한 차이를 보정하지 않는다면 우리가 일상적으로 사용하는 차량용 내비게이션과 스마트폰을 원하는 정확도로 맞출 수 없을 것이다. 수 미터 내외의 위치 정확도를 얻으려면 지상의 기기에서 위성에 맞고 돌아오는 시간을 수 나노 초 (10억 분의 1) 수준으로 정확히 측정해야 한다.[8] 그럼 여기서 상대론을 무시한다면 결과가 얼마나 나빠질까? 상대적인 움직임을 감안하면 위성의 시계는 매일 7마이크로 초씩 늦어진다. 한편, 위성을 잡아당기는 중력이 없다는 점(위성은 자유낙하 궤도에 있다는 점을 상기하자)을 고려하면 지상의 시계보다 매일 45마이크로 초씩 빨라진다. 합산해 보면 매일 38마이크로 초씩 빨라지는 셈이다. 1마이크로 초는 약 300미터에 해당하므로, 상대론을 무시해 버린다면 GPS 위성이 알려주는 위치 정보는 매일 10킬로미터 이상 어긋나게 된다. 게다가 이 효과는 누적된다.

지금까지 중력이 시간을 느리게 만들고 빠르게 움직일수록 효과가 더 커진다는 점을 소개했다. 그럼 잠시 달 착륙 임무를 수행했던 아폴로 우주선의 시계를 다시 살펴보기로 하자. 쌍둥이 문제를 푸는 데에도 도움이 될 것이다.

아폴로 8호는 미국의 아폴로 우주 계획 중 두 번째 유인 탐사인 동시에 지구 궤도를 떠난 첫 번째 우주 비행이었다. 프랭크 보먼Frank Borman, 제임스 로벨James Lovell, 윌리엄 앤더스 William Anders 세 사람은 지구 전체를 한 눈에 볼 수 있을 정도로 먼 곳까지 비행한 최초의 인류이자 최초로 달의 뒷면을 직접 본 사람이 되었다. 그들이 귀환했을 때, 보먼은 세 명의 우주 비행사들이 달에 가지 않았을 때보다 더 나이를 먹었다고 말했다. 게다가 그는 지구 상의 시간에 비해서 몇 분의 1초 정도 더 일했으니 초과 근로 수당을 받아야겠다고 농담을 던지기도 했다. 돈으로 따지면야 얼마 되지 않겠

8 역주 : 사실 GPS신호는 위성에서 일방적으로 전송되는 것으로 스마트폰이나 내비게이션은 단지 수신기 역할만 한다. 따라서 신호는 지상과 위성을 오고 가지 않는다.

지만, 우주선에서 시간이 더 흘렀다는 점은 사실이다.

이런 현상은 앨리스가 돌아왔을 때 집에 있던 밥보다 더 젊다고 했던 이 장의 패러독스와는 다른 것 같다. 사실, 효과가 반대로 나타나는 이유는 두 가지 상대론적 효과의 미묘한 상호 작용 때문이다. 전체적으로 따져보면, 세 명의 우주비행사는 지구에 머물러 있을 때보다 300마이크로 초 정도 나이를 먹은 것으로 나타났다. 어떻게 이런 결과가 나왔는지 살펴보자.

아폴로 8호의 시간이 빠르게 흘렀느냐 느리게 흘렀느냐는 지구에서 얼마나 멀리 떨어져 있었느냐에 달려있다. 처음의 수천 킬로미터까지는 우주선의 시간이 빨라질 만큼 지구의 중력이 약해지지 않아서, 아폴로 우주선의 지구에 대한 상대 속도에 의한 효과가 더 크기 때문에, 우주 비행사들의 시간은 상대적으로 느리게 흘러 지구에 있는 사람들보다 천천히 늙게 된다. 하지만 그들이 지구에서 점차 멀어질수록, 중력에 의한 효과가 약해져서 아폴로의 시간은 점차 빨라진다. 일반 상대론적 효과가 특수 상대론의 효과를 앞서기 시작하는 것이다. 전체 비행 과정을 보면, 시간이 빨라지는 효과가 더 컸고, 우주선의 시간은 지구보다 약 300마이크로 초가 더 흐른 것으로 나타났다.

재미 삼아 얘기하자면, 보먼이 말한 초과 근무에 대해 NASA의 물리학자들이 꼼꼼하게 확인해 본 적이 있는데, 초과 근무는 아폴로 8호 임무가 첫 비행이었던 윌리엄 앤더스에게만 해당된다는 것을 알아냈다. 보먼과 로벨은 앞서 지구 궤도에서 2주간 머무르는 제미니 7 Gemini 7 임무를 수행하는 동안 속도에 의한 시간 지연 효과를 더 크게 겪었는데, 그 결과 지구에 있던 사람들에 비해 400마이크로 초 정도 덜 늙은 셈이 되었다. 그래서 그 둘은 결국 제미니와 아폴로 임무를 합치면 지구 상에 있던 사람들보다

100마이크로 초 정도 젊은 것이었다. 그러니 알고 보면 그 둘은 초과 근무를 한 것이 아니라 수당을 더 받아간 셈이다!

쌍둥이 패러독스의 해결

이제 중력이 시간에 미치는 영향을 확인했으니 다시 앨리스와 밥의 문제를 풀러 가 보자. 움직임의 상대성을 고려하면 두 사람 모두 실제로 움직이고 있는 건 상대방이고, 그 쪽의 시간이 느리게 간다고 주장할 수 있다는 점을 상기해 보자. 밥은 앨리스가 우주선을 타고 날아갔다가 돌아왔으니 앨리스가 덜 늙었다고 말하고, 앨리스는 밥과 지구가 멀어졌다가 다시 돌아왔고 밥의 시간이 느리게 갔으니 그가 나이를 덜 먹었다고 말한다.

이 문제를 분석하는 데에는 몇 가지 방법이 있는데 서리 대학Surrey University에서 학생들을 가르칠 때 몇 가지 다른 답들을 검토하면서 즐겁게 강의를 했던 기억이 있다. 우선 가장 간단한 것부터 살펴보자.

앞에서도 말했지만 정답은 밥이 맞고 앨리스가 틀렸다는 것이다. 앨리스는 밥보다 더 젊은 상태로 돌아오게 된다. 우선 살펴볼 것은 그들의 상황이 완벽히 대칭적이지 않다는 것이다. 앨리스는 지구를 떠날 때는 속도를 높여야 하고 직선으로 비행한 다음, 감속하고 방향을 돌려서 다시 가속하고, 마지막으로 지구에 도착할 때는 속도를 줄여야 한다. 반면 밥은 그 과정 내내 일정한 속도를 유지하고 있다. 설령 앨리스가 같은 속도를 유지하면서 원형의 경로를 따라 움직였다고 하더라도, 그녀는 원심력에 해당하는 가속도를 느끼게 된다. 그러므로 쌍둥이의 상대적인 움직임은 완전히 대칭적이지 않다. 앨리스는 여행하는 동안 효과를 느끼지만 밥은 그저 자전하는 지구에 앉아 있을 뿐이다. 하지만 그렇다고 해서 그녀가 나이를 덜 먹는 것이 당연한 것은 아니다.

감속, 가속 없이 문제를 보는 방법도 있다. 앨리스가 우주 공간 어느 지점에서 출발해서 지구를 지나가기 전에 속도를 높이고, 그 시점에 그녀와 밥이 시계를 똑같이 맞춘다. 거기서부터 앨리스는 같은 속도를 유지하면서 직선으로 날아가다가 어느 지점에서 (현실적이지 않다는 것은 알고 있지만 일단 계속 따라와 주시길) 동일한 속력을 유지한 채로 방향을 반대로 바꿔서 지구를 향한다고 하자. 이런 상황은 물리학자들이 '이상적인 상황'이라고 부르는 것으로, 실제로는 불가능하지만 완전히 잘못되지 않는 범위 내에서 문제를 단순화하는 데에 도움을 준다. 이런 상황에서 우리는 각자가 측정한 앨리스가 이동한 거리를 가지고 이 상황을 분석할 수 있다. 앨리스가 나이를 적게 먹는 이유는 길이 수축으로 설명할 수 있다.

앨리스가 방향을 바꾼 지점이 지구에서 4광년 떨어진 (빛이 우리에게 오는 데 4년이 걸린다는 뜻이다) 알파 센타우리Alpha Centauri라고 해 보자. 앨리스가 광속의 절반으로 날아간다고 하면, 밥의 계산으로 그녀의 여행은 편도로는 빛이 도달하는 데 걸리는 시간의 2배인 8년이 걸리고, 왕복으로는 16년이 걸리는 것으로 나올 것이다. 반면 앨리스의 입장에서는 속도에 의한 상대론적 효과 때문에 가야 할 거리가 줄어들게 된다. 아니면 반대로 그녀가 자신의 우주선이 정지해 있다고 할 수도 있으니, 이때는 알파 센타우리가 그녀를 향해 그 속도로 다가온다고 할 수도 있다. 이제 그녀에게는 거기까지 다녀오는 시간이 밥이 생각하는 것보다 짧을 것이다. 거기까지 가기 위해서 그렇게 먼 거리를 가지 않아도 된다면 그렇게 긴 시간이 걸리지도 않을 것이다.

현실에서는 당연히 앨리스는 순간적으로 방향 전환을 할 수 없으며 감속하고 방향을 바꾸고 다시 가속해야 한다. 여기서 우리는 일반 상대론이 시간 지연을 일으키는 또 다른 방법에 주목해야 한다. 그런데 중력의 효과는 어디 있나? 내가 앨리스의 반환점으로 삼은 알파 센타우리는 여기서 꼭 필요한 것은 아니다. 앨리스는 텅 빈 우주 공간 어디에서든 중력장이 없는 곳에서도 방향을 바꿀 수 있다. 이쯤에서 아인슈타인의 마지막 아이디어를 살펴봐야 할 것 같다.

인생에서 가장 행복했던 영감의 순간

여러분은 빠르게 달리는 차나 비행기에서 가속도를 설명할 때 왜 'G'라는 단위를 쓰는지 생각해 본 적이 있는가? 우리는 종종 레이서들이 가속하거나, 브레이크나 코너를 돌 때 몇 G를 느끼는지 얘기한다. 여기서 G는 중력 gravity을 나타내는데 이것은 가속도와 중력의 매우 중요한 연결 고리를 강조하는 것이다. 우리는 모두 이것이 어떤 느낌인지 알고 있다. 이륙하기 직전의 비행기에 타고 있을 때 파일럿이 엔진을 최대로 올리면 먼저 엔진 소리가 들리고 활주로를 따라 가속하는데, 이때 몸은 좌석 등받이로 떠밀리고 비행기는 빠르게 속도를 얻어 공중에 떠오른다. 이륙하는 중에 머리 받침대에서 머리를 앞으로 움직이려고 하면 뒤로 잡아당기는 힘을 느끼게 될 것이다. 이런 저항감은 침대에 누워 있을 때 베개에서 머리를 들 때 느껴지는 것과 비슷하다. 사실, 비행기가 1G로 가속하고 있는 중이라면 느낌은 완전히 동일하다. 가속은 중력의 효과처럼 보인다.

아인슈타인은 일반 상대론의 공식을 완성하기 몇 년 전에 이런 등가 관계를 우연히 떠올렸다. 좀 싱겁지만, 아인슈타인은 이것을 등가 원리the Principle of Equivalence라고 불렀다. 후에 그는 이것이 적어도 그가 과학에 광범위하게 공헌한 것을 보여준 인생에서 가장 행복한 깨달음이었다고 했으리라. 그는 물체가 자유낙하하는 도중에 어떤 일이 생기는지에 대해 고심했다. 롤러코스터를 타고 경사를 내려갈 때 느끼는 무중력이 바로 이런 등가 원리를 가장 잘 보여주는데, 지구의 중력에 항복할 때가 바로 그 힘을 느끼지 못하는 순간이라는 것이다. 이때는 마치 아래로 내려가는 가속도가 중력을 상쇄하는 것처럼 보인다.

아인슈타인은 이어서 중력이 시간과 공간에 미치는 영향이 물체가 가속할 때도 나타난다는 것을 보여주었다. 사실 만약 여러분이 1G로 가속 중인 우주선의 의자에 앉아 있다면, 지구에서 그 의자를 기울여서 바닥에 눕혀놓고 그 위에 앉았을 때와 전혀 구별할 수가 없다.

두 경우 모두 여러분은 의자의 등받이로 끌어당기는 힘을 똑같이 느낄 것이다. 이것은 결정적인 아이디어인데, 이 현상이 의미하는 바는 중력장이 시간의 흐름을 늦추듯이 가속도도 마찬가지 작용을 한다는 것이다. 가속과 감속에 시간을 쓴다면 중력장 속에 있는 것과 동등하고, 이 효과는 지구 중력장의 효과에 덧붙여지게 될 것이다.

이제 드디어 우리는 쌍둥이 패러독스를 풀 수 있게 되었다. 앨리스가 밥보다 나이를 적게 먹은 이유는 그녀가 감가속 과정을 겪었기 때문인데, 그녀가 목적지까지 직선 경로로 다녀왔든 아니든 관계없이, 일반 상대론에 따라 감가속 과정 동안 그녀의 시간은 좀 더 느리게 흐른다. 사실, 공간적

그림 6.2 느려지는 시간

광속에 가까운 속도로 원을 그리면서 달리면 시간이 천천히 흐른다.

으로 좀 더 구불구불한 길을 따라 방향 전환을 많이 할수록, 감가속 과정이 더 많아져서 시간은 더 느리게 흐르게 된다.

시계를 보다

이쯤에서 그만해도 될 것 같다. 그들이 시공간에서 지나온 여정이 대칭적이지 않다는 것을 확인했으니 쌍둥이의 패러독스는 이제 풀려 버린 셈이다. 하지만 쌍둥이들이 여행 도중에 메시지를 주고받을 방법이 있다면 어떻게 될지 고려해 보는 것도 흥미로울 것 같다.

앨리스와 밥이 서로 각자의 시계로 일정한 시간마다 빛으로 서로에게 신호를 보내기로 했다고 하자. 만약 매일 한 번씩 같은 시간에 빛으로 신호를 보낸다면 어떻게 될까? 앨리스가 여행하는 중에는 서로 빠른 속도로 멀어져 가고 있기에 신호를 받는 간격은 특수 상대론의 시간 지연 효과 때문에 24시간보다 길어질 것이다. 하지만 거기에 각 신호들은 앞에 보낸 신호보다 더 먼 거리를 가야 하기 때문에 시간 지연에 덧붙여 추가적인 지연이 발생한다. 이 두 번째 효과는 도플러 편이Doppler shift의 원리와 같은 것이다. (파동원의 이동에 의한 주파수와 음의 높낮이의 변화)

그 후, 앨리스가 속도를 낮추거나 높이거나, 방향을 바꿀 때마다 그녀의 시계는 더 느려지고 신호의 간격은 더 벌어질 것이다. 결국 특별히 흥미로운 부분은 그녀가 돌아오는 경로에서는 어떻게 될 것인가 하는 점이다. 앞에서는 중첩되어 신호 사이의 간격을 지연시키던 두 효과가 이제는 서로 반대로 작용하게 되기 때문이다. 서로 매우 빠른 속도로 움직이고 있기에 각자의 기준에서 보면 상대방의 시계가 더 느리게 가는 것으로 보이는 반면, 갈수록 거리가 가까워지기에 신호 간의 간격이 좁아지면서 신호들이 서로 모이게 된다. 계산해 보면 신호 간의 간격이 24시간보다 좁아지는 효과가 시간 지연보다 커져서 서로의 시계가 빨라지는 것으로 보인다. 사실 그들이 서로의 움직임을 본다면 움직이는 속도도 빨라진 것으로 보인다. 그럼에도 불구하고 이 모든 것을 고려한 최종 결과는 결국 앨리스가 지구로 돌아왔을 때 밥보다 나이를 덜 먹는다는 것이다.

아직 더 할 이야기가 남았을까? 물론이다. 여기서 결정적인 이야기가 나온다. 앨리스가 그녀의 시계로 1년 동안 여행하고 돌아왔을 때 지구에서는 10년이 지났다면, 9년이나 미래로 여행한 것이 아닌가?

초라한 시간 여행

많은 이들이 시간 지연은 진정한 시간 여행이 아니라고 말한다. 어쨌든, 이것이 정말 가사상태나 깊은 잠에서 깨어나는 것보다 전혀 특이한 것이 없을까? 여러분이 깜빡 잠이 들었다 깨어나서 겨우 몇 분 정도 잤다고 생각하고 시계를 봤더니 몇 시간이 지나 있었다면, 이것도 일종의 미래로의 시간 여행 아닌가?

나는 상대론적인 시간 지연은 훨씬 흥미로운 동시에 진정한 시간 여행이라고 주장하고 싶다. 비록 만족스럽지 않더라도. 여러분은 진정한 미래로의 시간 여행에서는 우리의 현실과 나란히 존재하면서 우리의 도착을 기다리는 미래가 이미 존재한다고 생각할 수도 있을 것이다. 하지만 이 상황은 그런 것이 아니다. 여기서 일어난 일은 앨리스가 멀리 가 있는 사이에 지구에서는 시간이 더 미래로 흘러가 버린 것이다. 그녀에게는 시간이 덜 흘러갔기에, 그녀는 지구와는 다른 시간 상의 경로로 움직이고 있다. 어떤 의미에서 그녀는 미래로 빨리 감기한 것이고 다른 사람들보다 먼저 도착한 거라고 할 수 있다. 얼마나 미래로 가게 될지는 전적으로 그녀의 경로가 얼마나 구불구불한지와 우주선의 속도에 달려있다.

진짜 어려운 질문은 이런 것이다. 만약 앨리스가 지구로 돌아왔을 때 그녀가 본 현실이 마음에 들지 않는다면 다시 그녀의 원래 시간으로 돌아갈 방법이 있을까? 그러려면 당연히 과거로 시간 여행을 해야 하는데 이것은 지금까지 했던 이야기와는 완전히 다른 문제다. 사실, 이 문제는 이 책에서 다룰 또 다른 진정한 패러독스로 이어진다. 이 문제는 다음 장에서 살펴보기로 하자.

THE GRANDFATHER PARADOX
할아버지 패러독스

과거로 돌아가 할아버지를 죽인다면 당신은 절대 태어날 수 없다

내가 스위치를 눌러서 방에 불을 켠다면, 스위치를 누르는 것이 원인이고 방의 조명이 밝아지는 것이 결과가 된다. 그런데 빛에 가까운 속도로 내 옆을 지나가는 사람이 내가 스위치를 누르기도 전에 불이 켜지는 것을 보았다면 어떻게 될까? 그렇다면 이론적으로 그 사람은 방에 불이 들어오는 것을 본 다음에 내가 불을 켜지 못하게 막을 수도 있다.

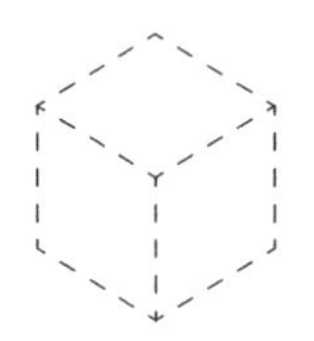

만약 당신이 시간을 거슬러 올라가서 외할머니와 외할아버지가 만나기 전에 외할아버지를 살해한다면, 당신의 어머니도, 당신도 태어날 수 없을 것이다. 하지만 당신이 태어나지 않았다면 외할아버지가 당신에게 살해당하는 일이 일어날 수 없고, 그 대신 외할머니를 만나서 결국 당신이 태어나게 되고, 시간을 거슬러 올라가 외할아버지를 살해하게 되는 식으로 이어져 자기 모순적인 순환 고리를 돌게 된다. 마치 살인을 시도하려는 당신이 존재하고 있다는 사실 자체 때문에 할아버지를 죽일 수 없는 것처럼 보인다.

이것은 고전적인 시간 여행 패러독스로 여러 가지 다른 버전이 있다. 예를 들면, 나는 왜 아버지나 어머니를 죽이는 대신 굳이 그렇게 먼 과거로 거슬러 올라가서 할아버지를 죽여야 하는지 늘 궁금했는데, 아마도 한 세대를 건너뛰는 게 조금 덜 비극적이기 때문인 것 같다. 한편으로는 지금보다 폭력이 난무하던 시대였을 테니 그리 잔혹하지도 않았을 것이다. 좀 순화된 다른 예로 당신이 타임머신을 만들어서 과거로 돌아간 다음 그걸 사용하기 직전에 파괴하는 경우가 있다. 그렇게 되면 과거로 돌아가서 파괴할 수가 없게 된다.

이 패러독스는 이런 식으로 표현할 수도 있다. 한 과학자가 자기 실험실 선반에서 타임머신의 설계도를 발견한다. 그는 설계도대로 그것을 만들어서 한 달 뒤에 설계도를 들고 타임머신을 타고 한 달 전으로 돌아간다. 그리고 한 달 전의 자신이 설계도를 발견할 수 있게 연구실 선반에 올려놓는다.

확실히 할아버지 패러독스와 마찬가지로 미래는 미리 정해져 있고 우리는 스스로의 행동에 대한 선택권이 없는 것처럼 보인다. 첫 번째 패러독스에서 당신이 할아버지를 죽일 수 없는 이유는 당신의 존재를 유지하기 위해서는 어떤 상황에서라도 우선 할아버지가 살아남아야 하기 때문이다. 두 번째 예에서는, 그 과학자는 타임머신을 만들었고 혹은 만들 것이기 때문에 반드시 그것을 만들어야 한다. (시간 여행을 얘기할 때에는 시제에 다소 혼란이 온다) 하지만 만약 그 설계도에 미래에서 온 자신이 그것을 놓아 두었다는 쪽지가 붙어있다면 타임머신을 만들지 않고 설계도를 태워 버리지는 않을까?

이 이야기에서 놓치기 쉬운 또 다른 패러독스가 있다. 맨 처음 타임머신의 설계도는 언제 어디서 만들어졌냐는 점이다. 과학자는 그것을 우연히 발견해서 이용했고, 과거로 들고 가서 결국 설계도는 시간의 무한 루프에 갇히게 되었다. 설계도를 만드는 정보는 어디서 왔을까? 설계도의 잉크 원자들은 어떻게 표면에 그런 식으로 정렬이 될 수 있었을까? 이런 설계도를 만드는 데에는 정보가 필요하다. 하지만 이 설계도는 정방향으로는 실제 시간의 흐름에, 역방향으로는 타임머신을 통해 탈출구도 없고, 처음 여기에 빠져들게 되는 입구나 이것들이 만들어진 기원도 없는 논리적인 고리에 갇혀 있는 것처럼 보인다.

그림 7.1 시간 여행 패러독스

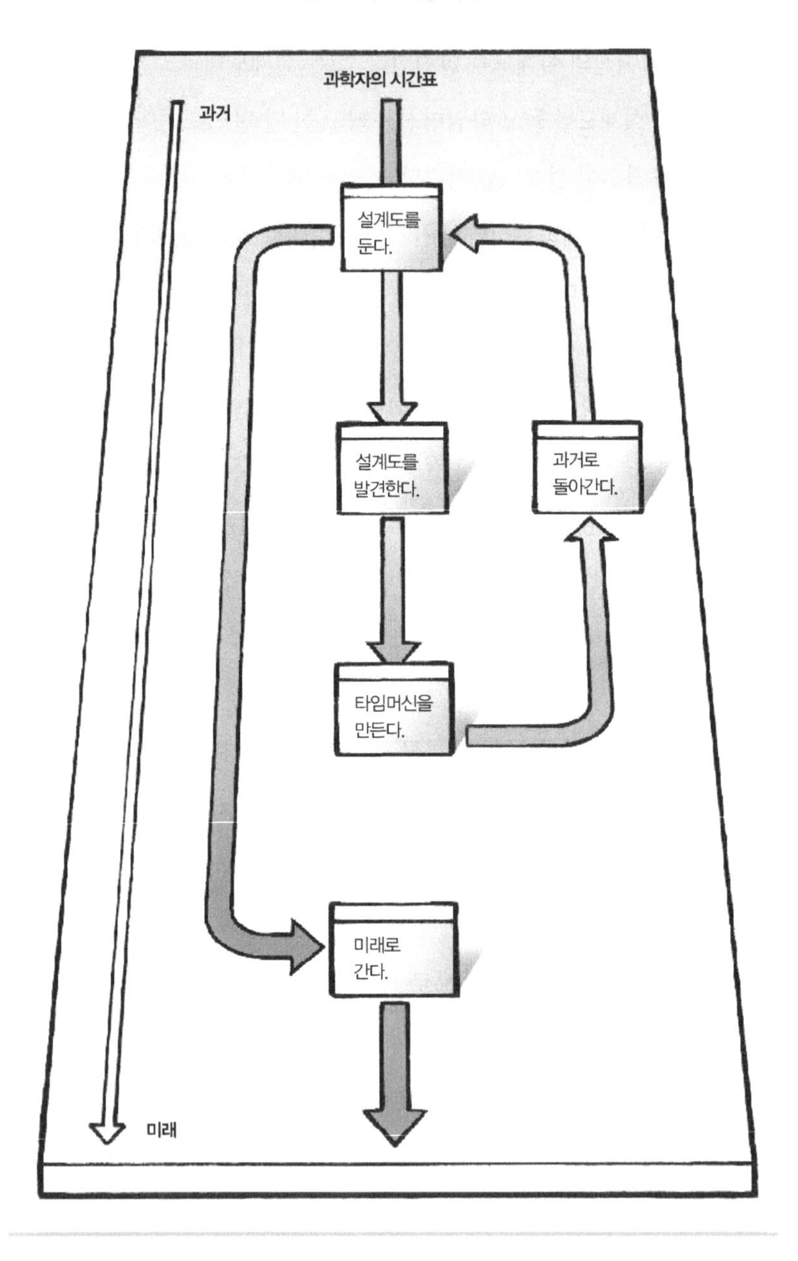

오늘날 우리는 SF 소설이나 영화 덕분에 과거로 돌아가는 시간 여행의 개념에 친숙하다. 〈터미네이터〉나 〈백 투 더 퓨처〉를 생각해 보자. 대부분의 사람들은 이야기의 즐거움을 망치지 않으려고 약간의 의구심은 한쪽으로 미루어 두지만, 찾으려고만 하면 논리적으로 꼬인 부분을 쉽게 찾을 수 있다.

마지막으로 우리가 고심해야 할 세 번째 패러독스는 타임머신은 질량과 에너지 보존 법칙에 어긋난다는 점이다. 예를 들어, 당신이 5분 전으로 돌아가서 자신을 만난다면 같은 시각에 두 명의 당신이 존재하는 것이다. 그 순간, 당신의 육체는 갑자기 나타나서 이 우주에 질량을 더하게 된다. 주의할 점은 이 현상은 아원자 물리학에서 순수한 에너지로부터 입자와 반입자가 생성되는 쌍생성pair creation과는 다르다는 것이다. 보다시피 주변에는 당신이 도착하기 직전까지 당신의 갑작스러운 등장을 일으킬 만한 어떤 여분의 에너지도 없었다. 그렇다면 우리는 아무 대가 없이 무언가를 얻을 수 없다는 물리학의 중심 법칙인 열역학 제1법칙을 어기고 있는 셈이다.

어떤 이들은 시간 여행 패러독스를 해결하기 위해서 시간 여행자는 과거의 사건에 간섭할 수 없고 지켜보는 것만 가능하다는 의견을 제시했다. 그렇다면 우리는 과거로 돌아갈 수는 있고 영화를 보듯이 우리 주변의 이들에게는 투명한 상태로 어떤 일이 일어나는 것을 볼 수 있을 것이다. 유감스럽게도 그런 수동적인 시간 여행은 패러독스가 없는 것처럼 보이긴 하지만 훨씬 더 불가능하다. 시간 여행자가 과거로 가서 주변에서 일어나는 일을 볼 때, 무언가를 본다는 것은 광자(빛의 입자)가 물체에서 나와 관찰자의 눈에 들어와야 하기 때문이다. 광자가 눈에 들어오면 망막에서 화학적, 전기적 반응이 연쇄적으로 일어나 마지막에는 신경 자극이 뇌로 보내지고 신호가 해석된다. 이 광자들은 관찰자가 바라보는 물체들과 이미 현실적인 상호작용을 했을 것이며 그 상호작용에서 온 정보를 관찰자의 눈에 전달한다. 미시적인 세계에서 보자면, 관찰자가 과거 세계를 만지고 느끼고 상호작용을 주고받으려면 광자를 주고받을 수 있어야 한다. 현실 세계에서 일어나는 거의 모든 접촉은 근본적인 수준에서는 광자의 교환을 토대로 하는 전자기적 상호작용을 통해 이루어지기 때문이다. 너무 전문적으로 파고들기는 싫지만 이 정도는 알아두자. 당신이 뭔가를 본다면 그것을 만질 수도 있어야 한다. 그러므로 우리가 과거를 보기 위해서 시간 여행을 한다면 과거 세계와 상호작용을 하거나 그 세계에서 일어나는 모든 사건에 간섭하는 것도 가능해야 한다.

과거에 간섭하는 것 때문에 벌어지는 패러독스를 피해 가려면 다른 방법이 있어야 할 것 같다.

어떻게 과거로 돌아가지?

과거로 돌아가는 방법은 크게 두 가지가 있다. 첫 번째는 시간을 거슬러 정보를 보내는 것이다. 이런 시간 여행은 1980년도에 그레고리 벤포드가 쓴 소설 〈타임스케이프Timescape〉의 모티브가 되었다. 이 소설에서는 1998년의 과학자들이 눈 앞에 닥친 환경 재앙을 1962년의 사람들에게 경고하기 위해 수십 년의 시간 차이를 두고 가상의 입자인 타키온을 이용해서 메시지를 보낸다. 빛보다 빨라서 시간을 거슬러 올라가는 입자인 타키온(한

참 연구되던 1960년대에 빠르다는 뜻의 그리스어 tachys에서 따온 이름이다)은 아인슈타인의 상대론에서 예측되는 것이긴 하지만 성질이 너무 특이해서 오늘날에는 SF 소설에만 등장하고 있다.

이런 타키온의 의미를 잘 설명한 유명하고 흥미로운 예는 생물학자인 레지날드 불러Reginald Buller가 1923년에 〈펀치〉지에 실었던 5행시이다.

밝음이라 불리는 젊은 아가씨가 있었다네.
그녀는 빛보다 더 빠르게 멀리 떠났지.
어느 날 그녀는 밖으로 나갔네.
상대적인 방식으로
그리고 그녀는 그 전날 밤으로 돌아왔다네.

뒤에서 어떻게 이것이 사실이 되는지 알아보기로 하겠다.

과거로 가는 또 다른 방법은 시간 여행을 하는 여러분의 시간은 정상적으로 흐르지만, 반면에 그 시간이 여러분을 과거로 데려가는 굽은 시공간을 통해 움직인다는 것이다. (롤러코스터의 360도 회전처럼) 물리학에서는 그런 루프를 '닫힌 시간 곡선closed time-like curves'이라고 부르는데 최근 이론 연구의 한 주제가 되었다.

내가 타키온과 시간 곡선에 대해 언급한 것은 시간 여행 패러독스를 감당할 수 없어 일축하려고 하는 것이 아니라는 얘기다. 그러한 과거로의 시간 여행은 (앞장에서 본 미래로의 시간 여행과는 반대로) 논리적으로 불가능하다고 일축해 버리면 이 장을 금방 끝낼 수 있을 것이다. 그렇게 하는 대신, 지금까지 알려진 물리학 법칙의 테두리 안에서 그 동안 본 것 중 가장 어려운 과학적 패러독스를 함께 풀어 보기로 하자. 여러분이 들으면 놀랄지도 모르겠지만 내가 이 문제를 진지하게 다루는 이유는 아인슈타인의 상대성 이론이 비록 특정 조건 하에서라는 단서가 붙지만, 과거로의 시간 여행에 대한 가능성을 뒷받침한다는 것이 지난 세기 중반부터 알려져 있었기 때문이고, 한편으로는 그것이 가지는 수학적 특이성 때문이다. 특수 상대론에서는 첫 번째 종류의 시간 여행(빛보다 빨리 움직여서 인과를 거스르는 방법)이 가능하지만, 일반 상대론에서는 시공간 왜곡을 통한 시간 여행이라는 좀 더 고전적인 방법이 가능하다. 1940년대에 프린스턴에서 아인슈타인과 함께 연구했던 논리학자 쿠르트 괴델 Kurt Gödel 은 우리가 마주한 패러독스와는 별개로, 적어도 이론적으로는 어떠한 자연 법칙도 거스르지 않고 과거로 거슬러 올라가는 것이 가능하다는 것을 수학적으로 보여주었다. 그러니 아인슈타인의 명성을 살려 주자면 이 패러독스와 정면으로 부딪히는 수밖에 없을 것 같다.

빛보다 빠르게

우선 빛보다 빠르게 움직이면 왜 과거로 갈 수 있다는 건지 알아보기로 하자. 그러기 위해서 5장에서 봤던 헛간 속의 장대 이야기를 가지고 설명해 보겠다. 다시 요약하면 여러분은 헛간에 앉아서 장대를 들고 뛰어오는 선수를 지켜보고 있다. 선수는 광속에 가까운 속도로 달려오고 있고 장대는 길이가 짧아진 것처럼 보인다. 여러분 입장에서는 장대가 헛간보다 짧아진 것으로 보이기에 잠깐 동안 앞 뒷문을 동시에 닫아서 장대를 헛간 안에 가둘 수 있다. 원리상으로는 뒷문을 닫기 전에 장대의 뒷부분이 들어오자마자 앞문을 먼저 닫을 수도 있다. 장대는 헛간보다 짧기 때문에 뒷부분이 헛간에 들어오고 나서도 (그리고 그 다음에 앞문이 닫힌다) 앞부분이 뒷문에 닿기까지는 약간의 시간이 (장대를 통과시키기 위해서 다시 열어야 하는 시간) 있기 때문이다. 이 짧은 시간 동안에 여러분에게는 뒷문을 닫을 기회가 있다. 그러므로 다시 말하자면, 여러분의 좌표계에서는 앞문을 먼저 닫고 뒷문을 닫는 것이 가능하다.[9]

그럼 앞문이 닫히는 것을 신호로 해서 뒷문을 닫는다면 어떻게 될까? 그렇다면 사건의 순서는 앞문이 이미 열려 있기에 (원인) 뒷문이 닫히는 (결과) 순서로 정해져 버린다. 이렇게 결과에 앞서 원인이 있어야 한다는 '인과율'은 자연에서 매우 중요한 개념이다. 원인에 앞서 결과를 보는 것은 인과율에 어긋나고, 그런 것들은 온갖 논리적 모순을 일으킨다. 예를 들어, 내가 스위치를 눌러서 방에 불을 켠다면, 스위치를 누르는 것이 원인이고 방의 조명이 밝아지는 것이 결과가 된다. 그런데 빛에 가까운 속도로 내 옆을 지나가는 사람이 내가 스위치를 누르기도 전에 불이 켜지는 것을 보았다면 어떻게 될까? 그렇다면 이론적으로 그 사람은 방에 불이 들어오는 것을 본 다음에 내가 불을 켜지 못하게 막을 수도 있다. '동시성의 상대성'에 따르면, 서로에 대해 광속에 가까운 속도로 움직이는 두 관찰자는 어떤 사건들의 시간 간격이 다르게 보일 뿐만 아니라 때로는 사건들이 시간적으로 충분히 가까울 경우에 사건의 순서가 뒤바뀔 수도 있다. 신호가 광속보다 빨리 전달될 수 있는 경우에는 이러한 인과 관계 역전의 패러독스가

9 참고 : 장대가 들어오는 쪽이 앞문이고 나가는 쪽이 뒷문이다.

일어난다.

좀 더 명확히 보기 위해서, 다시 헛간으로 돌아가 보자. 선수가 보기에는 헛간이 짧아진 것처럼 보여서 장대가 도무지 안에 들어갈 수 없을 것 같다. 달리고 있는 그의 입장에서 보는 현상도 헛간 안에 있는 여러분이 보는 것과 마찬가지로 유효하며, 그의 기준에서 보면 두 문이 열리고 닫히는 것은 다음 순서를 따라야만 한다. 뒷문을 먼저 닫았다가 열고, 앞문을 나중에 닫아야 한다. 장대가 방해 받지 않고 헛간을 통과하려면 이 순서를 따라야 하지만, 여전히 각각의 문은 잠깐 동안 닫을 수 있다. 만약 앞문이 닫히는 것을 신호로 뒷문이 닫히게 된다면, 선수가 보는 사건의 순서는 결과가 원인보다 먼저 보이게 되어서 순서가 맞지 않게 된다. 여기서 문제가 발생한다.

그럼에도 불구하고 상대론은 탄탄한 수학을 토대로 이 모든 현상을 완벽하게 설명할 수 있다. 다음 이야기를 보자. 여러분은 지구에서 스위치를 누르고, 불은 달에서 들어온다고 해 보자. 달까지는 빛의 속도로 약 1.3초가 걸리니까, 신호가 빛의 속도로 전달된다면 망원경으로 2.6초 뒤에 달의 불빛을 볼 수 있다. (왕복 시간) 그런데 신호를 빛보다 빠른 속도로 보낼 수 있다면 어떨까? 스위치를 누르고 2초 뒤에 불빛을 보았다면, 신호가 전달되어서 불이 들어오는 데까지는 0.7초가 걸린 셈이다. (2 빼기 1.3) 여기까진 말이 되는 것처럼 보인다. 하지만 상대론을 고려해 보면 왜 자연에서 이런 일이 허용되지 않는지 알 수 있다.

이것을 확실하게 받아들이려면 스스로 계산을 해 보거나, 아니면 그냥 내가 하는 설명을 받아들일 수도 있다. 광속에 가까운 속도로 달로 날아가는 로켓을 탄 사람이 있다면, 그 사람은 여러분이 스위치를 누르기 전에 달의 불빛을 볼 수도 있게 된다. 그럼 그 사람은 자신이 가진 빛보다 빠른 신호로 달에서 불빛을 봤다는 메시지를 보낼 수 있다. 여러분에게는 이 신호가 시간을 거슬러 올라온 것처럼 보일 것이고, 스위치를 누르기도 전에 이 신호를 받게 된다. 그리고는 스위치를 누르지 않기로 할 수도 있다. 이런 상황을 피하는 방법은 빛보다 빠른 신호를 배제하는 것뿐이다.

그런 이유로 물리학자들은 빛보다 빠른 신호를 믿지 않는다. 만약 그런 것이 가능하다면 진짜 패러독스가 생길 테니까. 이런 이유로 첫 번째 종류의 시간 여행 가능성을 배제할 수 있다.

그렇다면 시공간을 돌아올 수 있는 닫힌 시간 경로는 어떨까?

블록 우주(block universe)

시공간 상의 경로를 좀 더 잘 보여주기 위한 블록 우주라는 개념을 소개할까 한다. 블록 우주는 시간과 공간을 통합해서 보여주는 단순하고 심오한 방법이다.

우주를 넓은 직사각형 상자라고 생각해 보자. 여기에 시간 차원을 더하려면 어떻게 해야 할까? 여기서 바로 '블록 우주'라고 부르는 시간과 공간을 통합한 4차원의 부피를 가지는 공간이 등장한다. 하지만 우리는 4차원을 시각화할 수 없으니 실용적인 도식을 보여주려면 눈에 들어올 만하게 단순화해야 한다. 여기서는 공간의 3차원 중 한 차원을 희생해서 블록 우주 그림의 한 면이 되도록 2차원으로 압축하자. 그럼 이런 면들에 수직이고 왼쪽에서 오른쪽으로 향하는 세 번째 차원을 시간 축으로 쓸 수 있게 된다. 이것을 썰어 놓은 커다란 빵 덩어리라고 생각하면, 각 조각은 어떤 순간에서 전체 공간의 순간적인 모습에, 연속되는 조각들은 이어지는 순간에 해당한다고 할 수 있다. 물론 공간은 2차원이 아니라 3차원이니 정확한 묘사라고 할 수는 없지만, 이런 도식화는 시간 축을 시각화하는 데 도움이 된다. 그림 7.2를 보면 이런 방식이 어떻게 블록 우주를 도식화하는 데 쓰이는지 알 수 있다.

이 도식의 훌륭한 점은 어느 순간, 어느 지점에서 일어난 사건이 상자 안의 한 점으로 표시된다는 것이다. (그림 7.2의 X) 더욱 중요한 것은 모든 시간대가 과거, 미래가 이 정적인 블록 우주에 다 함께 놓여 있는 공간 지형landscape과 대비되는 개념인 시간 지형timescape을 볼 수 있다는 것이다.

그림 7.2 블록 우주

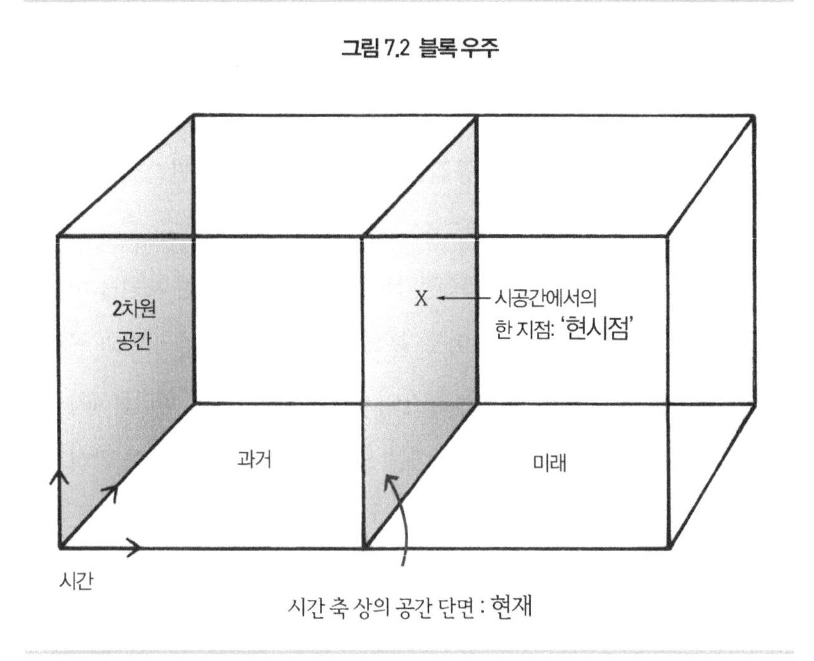

하지만 이것이 정말 실재와 무슨 상관이 있는 걸까? 아니면 그저 유용한 시각화 도구에 지나지 않는 걸까? 예를 들면 이런 정적인 시공간 모델과 시간이 흐른다는 실제 느낌을 어떻게 연관지을 수 있을까? 물리학자들은 두 가지 관점을 제시한다. 상식에 따르자면 현재라는 것은 이 블록 우주의 공간적 단면에 해당하고, 과거의 우주는 이 면의 왼쪽 영역에 미래는 오른쪽 영역에 있는 것이다. 이렇게 과거, 현재, 미래가 함께 정해진 채로 놓여있다는 시공간 존재 전체에 대한 관점은 실질적으로 이 우주에서 벗어나서 내려다 볼 수 없는 우리로서는 가질 수 없는 관점이다. 우리의 현재라는 것은 이 블록 우주의 왼쪽에서 오른쪽으로, 순간순간 이 빵 조각에서 다음 조각으로 영화의 프레임처럼 넘어가는 셈이다.

또 다른 관점은 현재라는 개념을 던져 버리고 과거, 현재, 미래가 공존하며, 일어났던 일과 일어날 일들이 블록 우주에서 나란히 존재한다고 보는 것이다. 이런 관점에서는 미래는 이미 정해진 것일 뿐만 아니라 이미 저기 어딘가에 존재하며, 과거와 마찬가지로 바꿀 수 없게 고정된 것이다.

블록 우주라는 것은 단순히 편리한 시각화 이상의 의미를 가진다. 그것은 아인슈타인의 상대성 이론에서 설명하는 바와 같이 실제 우주에서는 시간과 공간이 서로 얽혀 있다는 관점을 받아들이도록 만든다. 분리된 사건 A와 B를 생각해 보자. A는 다른 장소에서 일어난 사건 B보다 먼저 일어났지만 둘은 인과 관계가 있을 수도, 없을 수도 있다. 아인슈타인 이전의 시공간 개념에서는 사건 A와 B의 시간적 거리와 공간적 거리는 서로 관계가 없을 뿐더러 모든 관찰자에게 동일하게 보인다고 생각했다. 하지만 아인슈타인은 서로에 대해 움직이고 있는 두 관찰자가 본 시간 간격과 거리는 서로 같은 값을 가질 수 없다는 것을 보여주었다. 하지만 이 두 가지를 시공간 개념으로 뭉쳐 놓으면 블록 우주 안에서는 모든 관찰자가 두 사건의 간격을 시간과 공간의 조합으로 이루어진 하나의 거리로 보게 된다. 오직 이러한 시공간 안에서만 우리 모두가 동의할 수 있는 어떤 절대적인 값을 정할 수 있게 되는데 이것은 상대성에서 매우 중요한 부분이다. 물론 그게 우리의 관심사는 아니지만 블록 우주를 그저 재미로 만들어 본 것이 아니라는 점을 알아두자.

블록 우주에서는 모든 시간대가 공존하고 있기에 시간 여행 개념의 가능성이 훨씬 더 높아 보인다. 우리가 과거 특정 시점으로 시간을 거슬러 올라갈 수 있다면 그 시간대에 살고 있는 사람들에게는 우리가 미래에서 그들의 현재에 도착한 것이다. 그들에게는 우리가 출발한 미래도 그들의 현재처럼 실재하는 것이다. 아무튼, 그렇다면 우리의 현재가 그들의 현재보다 특별할 것이 어디 있는가? 우리 기준에서 미래에서 우리의 현재로 온 시간 여행자가 있다면 그들에게는 우리가 과거일 테니, 우리가 과거로 간다고 하더라도 우리의 현재가 진짜고 그들은 자기들이 현재에 산다고 생각하는 것뿐이라고 주장할 수가 없는 것이다. 그러므로 우리의 미래와 과거, 실제로는 모든 시간대가 반드시 공존해야 하며 동일하게 사실이다. 이것이 블록 우주라는 도식이 우리에게 전하는 것이다.

블록 우주에서의 시간 여행

근본적으로, 시간이 어떻게 흐르는지, 정말로 그렇기는 한지 아는 사람은 아무도 없다. 하지만 최소한 우리는 그 방향을 정할 수는 있다. 사실 이것은 우리가 사건의 순서를 정의할 수 있다는 추상적인 개념이다. 시간은 과거에서 미래로, 먼저 일어난 사건에서 나중에 일어난 쪽으로 향한다. 이것은 사건이 일어나는 시간의 방향이다. 이것은 열역학 제2법칙에 의해 정해지는 것으로 생각할 수 있다. 그건 마치 DVD 플레이어의 플레이 버튼과 비슷한데, 원하는 만큼 앞으로 빨리 감거나 뒤로 감았다가 앞으로 보냈다가 할 수는 있지만, 영화는 여전히 특정한 방향으로만 진행되지 다른 방향으로는 진행되지 않는다.

이러한 제약에도 불구하고, 블록 우주를 보면 미래나 과거의 다른 시간대로 뛰어넘을 수 있는 광활한 무대를 배경으로 펼쳐지는 DVD 영화처럼 보인다. 시공간상의 모든 점이 다른 점과 똑같이 실제적이므로 진정한 현재라는 것이 없고 모든 시간대가 공존한다. 그럼 실제 우주에서도 이런 식으로 시간을 조절하는 것이 가능할까? 정말 모든 과거와 미래도 저기 어딘가, 언젠가 일어난 것이고 우리가 현재라고 인식하는 것만큼 사실인 걸까? 그렇다면 우리는 그 시간대에 어떻게 도달할 수 있을까? 이것은 중요한 질문이다. 우리는 공간상의 한 점에서 다른 곳으로 이동할 수 있다는 걸 알고 있다. 그럼 왜 시간에 대해서는 그렇게 되지 않을까?

시간 여행 패러독스에 대한 가능한 해답

물리학자들은 자신의 이론적 예측을 시험하는 데 어려움이 있을 경우 종종 '사고 실험'이라는 것을 동원한다. 사고 실험은 물리학 법칙을 어기지 않는 가상의 이상적인 시나리오지만 실험실에서 실제로 실험하기에는 현실적으로 너무 어렵거나 가설 수준에 있는 실험이다. 이런 사고 실험 중 하나로 '당구대 타임머신'이라는 것이 있다. 이걸 가지고 우리는 뭔가가 과거로 돌아가서 자신을 만난다면 어떻게 될지를 따져 볼 수 있다. 수학적으로는 어떤 예측 결과가 나올까?

당구공 하나를 당구대 포켓에 떨어뜨린다고 하자. 이 포켓은 타임머신을 통해서 스프링이 장치된 다른 포켓으로 이어져 있어서 원래 포켓 구멍에 떨어졌던 시간보다 이전 시간으로 돌아가 테이블에서 다시 튀어나오게 된다. 이런 상황에서는 튀어나온 공이 포켓에 들어가기 전의 공과 충돌할 수도 있게 된다.

이 사고 실험에서 우리는 우선 패러독스를 일으키지 않는 상황들만 허용함으로써 특정 패러독스를 쉽게 피해갈 수 있다. 물리학자들은 이런 것들을 '일관적 해답consistent solution'이라고 부른다. 그런 예로, 공이 과거로 돌아가 다른 포켓에서 튀어 나와서 원래의 공을 구멍으로 넣게 만들어 다시 과거로 돌아갈 수 있게 만드는 시나리오가 가능하다. 하지만, 공이 포켓에서 튀어 나와서 원래의 자신과 부딪혀서 포켓에 들어가지 못하게 하는 상황은 패러독스로 이어지게 되므로 허락되지 않는다.

모든 종류의 시간 여행 패러독스에 깔려 있는 공통적인 아이디어는 우리 우주에는 단 한 가지의 과거만 존재한다는 것이다. 그것은 이미 일어난 일이며 바뀔 수 없다. 원리적으로는 우리가 하는 일들은 결과적으로는 이미 일어난 일과 일치하는 쪽으로만 일어난다는 가정 하에서 우리는 과거로 돌아가 마음대로 역사에 간섭할 수 있다. 우리는 우주의 일부이고 또한 과거에 일어난 일에 대한 기억을 갖고 있기에 절대로 역사의 경로를 바꿀 수 없다. 기본적으로 일어난 일은 이미 일어난 것이다.

심지어 우리는 앞서 말한 당구대 타임머신에서처럼 시간 여행자가 과거로 돌아가서 이미 일어난 대로 간섭한다는 시나리오밖에 생각해 낼 수 없다.

그렇다면 시간 여행에서 일관적 해답만 허용된다는 주장만으로 모든 패러독스가 해결될까? 절대 그렇지 않다. 피상적으로 보자면 당신이 과거로 돌아가 어린 자신을 만날 수 있으려면, 어렸을 때 시간을 거슬러 온 나이 든 자신을 만났던 기억이 있어야만 한다. 그렇지 않다면 그런 만남은 있었던 적도 없고, 앞으로도 일어날 수 없는 것이다. 비슷하게, 다소 범죄적인 할아버지 패러독스의 예에서는 당신이 할아버지를 죽일 수 없는 이유는, 당신이 태어나서 시간 여행자가 된 것이 바로 그것이 실패했다는 증명(이유가 무엇이 되었든지)이기 때문이다.

하지만, 이런 식의 생각은 앞에서 언급했던 만들어진 적도 없이 순환되는 타임머신 설계도의 패러독스 같은 것들을 이해하는 데는 도움이 되지 않는다. (그 문제에서 벗어나는 단 한 가지 방법은 젊은 날의 과학자가 설계도를 찾았을 때 그것을 읽어 보지 않고 태워 버린 다음 다시 타임머신을 만드는 방법을 연구해서 동일한 새로운 설계도를 만들어서 과거에 가져다 놓는 것이다. 여러분도 알겠지만, 사실 과학자가 설계도를 본 후에 태워 버리는 것만으로는 충분하지 않다. 타임머신을 만드는 방법에 대한 정보 자체는 여전히 시간의 고리 안에 남아 있기 때문이다.)

마지막으로, 일관적 해답만으로는 미래에서 빌려온 것이라고는 하지만 예고도 없이 과거에 나타난 타임머신과 그 안에 든 것들이 그 시간대의 우주에 질량과 에너지를 더하게 되는 열역학 제1법칙을 위반한 상황을 설명할 수가 없다.

진정한 시간 여행에는 다중 우주가 필요하다

지금까지 우리는 시간 여행에 대한 전반적인 이론들을 살펴보았다. 지금부터 살펴볼 것은 지난 반 세기 동안의 이론 물리학에서 나온 가장 특이하고 놀라운 아이디어인 평행 우주 이론이다. 평행 우주 이론은 양자 세계에서 보이는 희한한 현상과 결과를 설명하기 위해 고안되었다. 이를테면 원자가 동시에 여러 곳에 존재할 수 있다거나, 우리가 보고자 하는 방식에 따라 작은 입자로 보이기도 하고 퍼져 있는 파동으로 보이기도 한다거나, 우주의 반대편에 떨어져 있는 두 입자가 순간적으로 신호를 주고받는 것처럼 보이는 현상들 말이다. 이런 현상들은 그 자체로 패러독스처럼 보이는데, 이것에 대해서는 9장에서 슈뢰딩거의 고양이와 함께 만나 보기로 하자. 어쨌든 지금 이 평행 우주 이론에서 특별히 흥미로운 부분은 필연적으로 시간 여행의 가능성을 함축한다는 점이다.

평행 우주에 대한 아이디어가 처음 나왔을 땐, 양자역학에서 '다중적인 세계 해석'으로 알려졌는데 그 해석에 따르면 아원자 입자들이 둘 혹은 그 이상의 가능한 상태에 놓일 경우, 전 우주가 그 입자가 가질 수 있는 상태의 수만큼의 평행 우주로 나뉘게 된다. 이런 관점에서는 언제 갈라졌느냐에 따라 우리가 살고 있는 우주와 차이가 나는 무한한 개수의 우주가 존재하며 각각은 모두 우리가 살고 있는 곳처럼 실재한다. 얼핏보면 미친 소리 같겠지만 양자역학에서 등장하는 온갖 희한한 결과들을 보다 보면 별 차이가 없어 보인다.

지난 수십 년간 다중 세계 해석은 물리학적 호기심의 대상인 동시에 과학 소설의 소재가 되었다. 지금까지는 평행 우주가 실제로 존재한다는 어떠한 실험적 증거도 발견된 적이 없고, 설사 존재한다고 하더라도 다른 평행 우주와 접촉할 방법은 없다. 이 모든 평행 우주와 차원들을 담을 공간이 존재하는 것은 불가능해 보인다. 우리 우주 자체만으로도 무한한 크기를 가지고 있을 테니까 말이다. 나머지는 어디에 있을 수 있을까? 이 우주들은 블록 우주가 겹쳐 있는 모습으로 생각해 볼 수 있다. 이들은 모두 같은 시간 축을 공유하지만 각각의 공간 차원을 갖고 있으며, 서로의 위에 겹쳐서 공존하고 있지만 양자 수준에서의 상호작용 외에는 서로 간섭하지 않는다.

보다 최근에 이르러서는, 원래의 우주에서 갈라져 나오는 다중 우주 아이디어는 훨씬 복잡한 양자 다중 우주 이론으로 교체되었다. 이 이론에 따르면 우주가 항상 여러 개의 버전으로 갈라지는 것이 아니라 이미 무한한 수의 평행 우주가 겹쳐진 상태로 공존하는 모습이며 각자는 모두 실재한다. 이렇게 되고 보니 갑자기 우리 블록 우주가 매우 붐비게 되어 버렸다. 하지만 하나의 미래만 있고 고정된 하나의 블록 우주보다 이런 관점을 택할 때 얻게 되는 장점도 있다. 이젠 다시 모든 미래의 가능성이 열리고 우리는 다시 자유 의지가 있다고 말할 수 있게 되었다. 우리의 선택에 따라 시공간상의 경로가 만들어지고 궁극적으로 우주의 모습을 결정하는 것은 바로 우리가 택한 경로이다. 우리에게 주어진 무한한 개수의 가능한 미래는 다중 우주에 공존하는 무한 개의 우주를 대변하는 것이다.

우리의 시공간은 무한한 미래와 무한한 과거들 중 하나만을 담고 있는 것이기에, 진정한 의미의 시간 여행은 가능해진다. 다중 우주에서 과거로 돌아가는 것은 미래로 흘러가는 방식과 전혀 다르지 않다. 다양한 미래가 있는 만큼 우리가 가 볼 수 있는 과거도 다양하다. 시간 여행은 이러한 가능한 과거의 모습 중 하나로 가는 시간 경로를 따르게 된다. 그렇다면 과거로 이어지는 시간 곡선은 거의 불가피하게 평행 우주의 과거로 이어지게 된다. 이런 식으로 생각해 보자. 만약 당신이 지나간 시간을 다시 돌이킬 수 있어서 동일한 행동을 해서 동일한 선택을 하려고 한다면, 두 번째는 아무리 열심히 노력하더라도 뭔가가 다르게 될 것이다. 그건 당신이 약간 다른 선택을 했기 때문이라기보다는 다른 곳에서 어떤 것에 의해 시공간상의 다른 경로를 따르게 되어 미래가 바뀌기 때문일 것이다. 결국 당신은 약간 다른 미래에 도착하게 된다. 과거로 가는 것도 마찬가지다. 당신은 절대로 현재 당신이 살고 있는 우주의 과거로 돌아갈 수 없다. 그렇게 될 가능성은 매우 낮은 반면, 당신이 살던 우주와 거의 동일한 우주의 과거로 흘러 들어가게 될 가능성은 압도적으로 높다. 사실 우주의 복잡성을 생각해 보면 이 새로운 우주와 원래 것을 구분하는 것이 거의 불가능하다. 당신이 개입하기 전까지는 그렇다.

일단 당신이 과거에 도착하면, 거기엔 이미 당신 자신의 과거는 없기 때문에 원하는 대로 과거를 바꿀 수 있다. 당신이 도착한 평행 우주에서는 모든 일이 당신의 우주에서 일어났던 일대로 일어날 필요가 없다. 한 가지 기억할 것은 당신이 살던 우주로 돌아갈 방법을 찾을 가능성이 매우 낮다는 것이다. 그러기 위해서 선택해야 할 우주가 너무도 많기 때문이다.

이제 다중 우주 이론으로 어떻게 할아버지 패러독스와 다른 시간 여행 패러독스를 해결할 수 있는지 살펴보자. 우선 처음 이야기에서 시작해 보자. (여전히 해도 될 법한 짓은 아니지만) 이제 당신이 도착한 새로운 우주에서는 당신의 할아버지를 죽일 수 있다. 당신이 태어날 수 없게 되는 것도 그 새로운 우주에서만 그럴 뿐이다.

과학자와 타임머신 설계도도 명확해진다. 시간을 거슬러 올라간 과학자는 젊은 날의 과학자가 설계도로 타임머신을 만들지 않는 평행 우주로도 갈 수 있다. 그 우주에서는 그 과학자가 시간 여행을 하지 않을 테니 패러독스는 생기지 않는다.

또한 에너지 보존 법칙은 더 이상 개별 우주에 따로 적용되는 것이 아니라 다중 우주 전체에 적용되기 때문에 질량과 에너지가 보존되지 않는 문제도 해결된다. 당신의 에너지와 질량은 이 우주에서 저 우주로 넘어갈 뿐이므로, 전체 다중 우주의 질량과 에너지는 변하지 않는다.

우주를 연결하기

다중 우주에서도 우리가 여전히 고민해야 할 문제 중 하나는 인과율에 대한 것이다. 당신이 도착하게 되는 평행 우주는 도착을 미리 알고 있는 것처럼 보인다는 것이다. 타임머신을 타고 도착하게 되는 종착지(새로운 우주)가 당신의 우주에서는 과거 시점이므로, 당신의 도착이 그 우주의 물리 법칙을 만족해야 함은 물론이고, 당신이 하는 선택이나 일으키는 변화가 당신이 과거로 가지 못하게 하는 식으로 일어나지 않았어야 한다. 이것이 정말 우리 우주의 과거로 돌아가는 시간 여행의 패러독스를 개선한 게 맞는 걸까? 이것은 마치 평행 우주에서 이미 일어난 일이 그보다 미래인 당신의 우주에서 당신이 과거로 돌아가도록 만든 것처럼 보인다. 원인과 결과가 서로 다른 세상에 있다면 우리는 인과율을 어길 수 있을까? 뭔가 꺼림칙하지 않은가?

여기서도 빠져나갈 방법은 있다. 그러려면 타임머신이 만들어지고 켜지는 시점이 여러분이 타는 시점이 아니라 도착하는 시점이 되어야만 한다. 그렇게 되면 두 우주 사이의 연결은 시간이 진행되는 방향이 된다. 일단 만들어진 후에는 이 연결을 통해 우주 간의 양방향 여행이 가능해진다. 또한 일반 상대론에서도 최소한 이론적으로는 우리 우주와 평행 우주를 이런 식으로 이을 수 있다. 이것이 우리에게 잘 알려진 시공간 웜홀space-time wormhole이라고 하는 것이다. 웜홀은 시공간 구조 자체에 있는 가상적인 구조로, 현실에 있을 법하진 않지만 이론적으로는 (우리가 알고 있는 시

그림 7.3 시공간 상의 웜홀

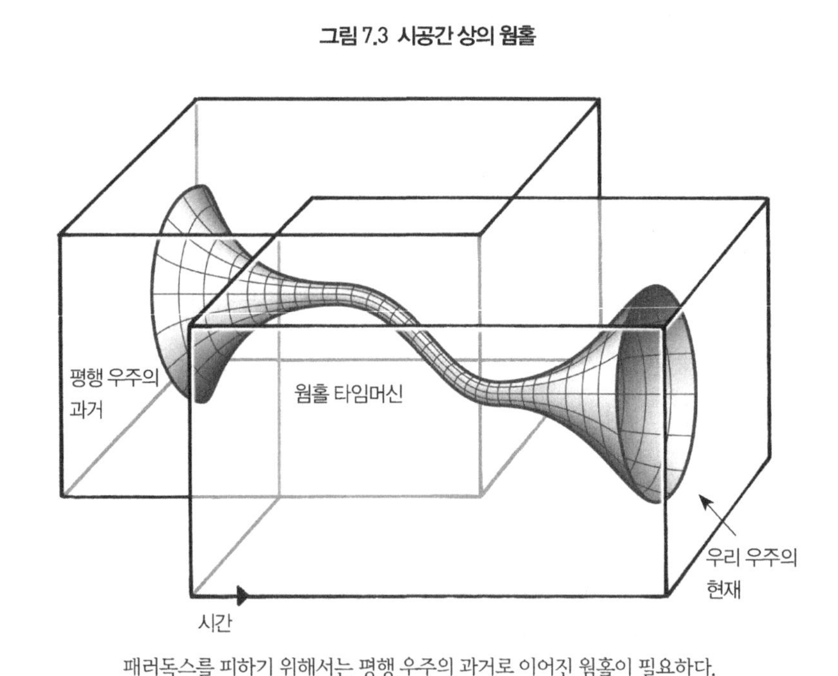

패러독스를 피하기 위해서는 평행 우주의 과거로 이어진 웜홀이 필요하다.

공간에 대한 최선의 이론에서) 존재가 인정되기에 적어도 그것이 있을 가능성을 생각해 볼 수 있다. 웜홀의 사촌격인 블랙홀은 대부분의 물리학자와 천문학자들이 존재를 확신하고 있으며, 별의 붕괴나 은하의 중심부처럼 엄청난 압력에서 만들어진다. 반면에 웜홀은 우리 우주에서 자연적으로 존재할 거라고 생각하기 어려운, 매우 특별한 조건에서만 만들어질 수 있다. 그럼에도 불구하고 적어도 이론적으로 웜홀은 우리 우주를 벗어나 시공간을 가로지르는 지름길이 될 수 있는데, 이 지름길은 우리 우주 안의 전혀 다른 시간, 장소와 이어지거나 평행 우주와 연결될 수 있다. 결국 마지막 시간 여행의 희망은 이런 시공간 터널이다.

그럼 이제 우리는 물리학을 등에 업고 할아버지 패러독스를 비롯한 다른 패러독스들을 그렇게 보이는 것뿐이라고 말해도 되는 걸까? 사실은 그렇지 않다. 우리는 지금까지 이 패러독스들을 해결할 수 있는 방법들을 조명하면서 자신도 모르는 사이에 추상적인 개념에 빠져 버렸다. 물론 물리학 법칙을 어기거나 한 것은 아니지만 다중 우주나 시공간 웜홀 같은 개념들은 일반적인 과학의 영역을 벗어나 있다. 생각해 보기엔 재미있겠지만 아마 앞으로도 당분간은 검증이 불가능한 아이디어들이다.

그럼 시간 여행자들은 어디에?

많은 이들이 이 질문을 시간 여행의 가능성을 반박하는 데 사용해 왔다. 그들의 주장에 따르면, 만약 과거로의 시간 여행이 실현되었다면, 분명 어떤 시간 여행자는 우리 시간대로 왔을 것이고 우리 주변을 돌아다니고 있어야 한다. 하지만 지금까지 우리는 그런 사람을 본 적이 없다. 이 정도면 확실히 타임머신이 앞으로도 만들어질 수 없다는 증거가 되지 않을까?

평행 우주나 웜홀이 존재하지 않거나 지금껏 알려지지 않은 상대성 이론의 개선된 설명이 그것을 배제하게 되어 과거로의 시간 여행이 불가능한 것으로 밝혀지더라도, 시간 여행자가 없음을 근거로 삼는 것은 문제가 있는 주장이다. 문제는 바로 웜홀이든 다른 무언가가 되었든, 시간 여행자가 과거로의 시간 여행을 시작하는 순간에 두 시간대 사이의 연결이 만들어진다고 생각하는 것에 있다. 연결이 만들어지는 순간은 타임머신이 만들어져서 (혹은 작동되어서) 시간 여행이 가능해지는 순간이다. 만약 22세기에 타임머신을 설계하는 방법을 연구한다면, 그 타임머신은 그것이 작동된 시간까지만 거슬러 올라갈 수 있다. 21세기까지 거슬러 올라가는 것은 불가능하다. 타임머신을 만드는 것 자체가 다중 우주 안에서 두 시간대를 연결하기 때문이다. 그 이전의 시간대들은 영영 사라지게 되어서 더 이상 거슬러 올라가는 것이 가능하지 않게 된다. 우리가 우연히 시공간 어딘가에 있는 매우 오래된 웜홀 같이 자연적으로 발생한 타임머신을 만나지 않는 이상, 우리가 선사 시대로 올라갈 수 있는 가능성은 없는 것이다.

그러므로 지금 우리 사이에 시간 여행자가 없는 이유는 간단하다. 아직 타임머신이 발명된 적이 없기 때문이다.

시간 여행자가 없는 이유는 사실상 수도 없이 많다. 예를 들면, 시간 여행이 가능하다면 당연히 그렇겠지만 다중 우주 이론이 옳다면 우리 우주는 그저 시간 여행자들의 방문을 받을 수 있는 운좋은 우주 중 하나가 아닐 뿐이다. (평행 우주에서 이미 타임머신이 발명되었다고 가정한다) 아직 발견되지 않은 물리학 법칙도 과거로의 시간 여행을 막는 또 다른 이유가 될 수 있을 것이다. 아니면 그보다 훨씬 싱거운 이유일 수도 있다. 우리 중에서 시간 여행자를 볼 수 있으려면 그들이 우리 시대로 와야만 한다. 어쩌면 보다 흥미롭고 안전한 여행을 즐길 수 있는 시대가 있을 수도 있다. 아니면 미래에서 온 시간 여행자들은 이미 우리 사이에 있지만 눈에 띄지 않게 숨어 있는 것일 수도 있고.

THE PARADOX OF LAPLACE'S DEMON
라플라스의 악마

나비의 날개짓이 모든 것이 정해진 우주에서 우리를 구해줄 것인가?

우주는 완벽히 결정론적이지만 예측이 불가능하다는 것이다. 우주가 결정론적이라는 것은 우리가 밝혀낸 일부 법칙과 찾아내지 못한 법칙들까지 완벽하게 따르고 있다는 것이다. 거기서 예측 불가능성은 어떤 계의 변화를 계산하는 데 필요한 모든 초기 조건을 무한대의 정확도로 알 수 없다는 것에서 비롯된다.

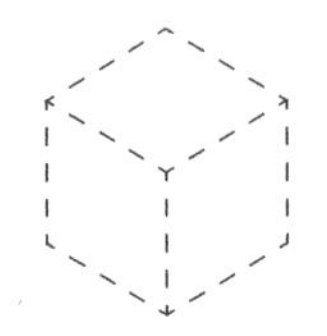

'예측은 어렵다. 특히 미래에 대해서는 더욱 그러하다' 덴마크의 물리학자인 양자역학의 대가 닐스 보어Niels Bohr는 이렇게 말했다. 보어의 발언이 종종 그랬듯이 얼핏 진부하고 경솔한 말장난으로 들릴 수 있겠지만, 그 뒤에는 인간의 자유 의지와 앞으로 펼쳐질 미래를 결정할 수 있는 우리의 능력과 같은 세상의 운명에 대한 심오한 문제가 숨어 있다.

우선 패러독스부터 설명해 보자. 프랑스의 수학자 피에르-시몽 라플라스Pierre-Simon Laplace는 맥스웰의 악마가 나오기 반 세기 전에 자신의 악마를 고안해 냈다. 라플라스의 악마는 맥스웰의 악마보다 훨씬 강력한 존재로 상자 안의 모든 공기 분자 정도가 아니라 우주 모든 입자의 위치와 상태를 알고 있고, 또한 그들 사이에 일어나는 상호작용을 설명하는 물리 법칙을 모두 이해하고 있다. 모든 것을 알고 있는 악마는 원론적으로 우주가 시간에 따라 어떻게 변화할지 계산할 수 있고 미래의 상태도 예측할 수 있다. 하지만 그렇다면 이 정보에 영향을 줘서 고의로 우주가 이전의 예측과 다른 쪽으로 변화하게 할 수도 있고, 이런 행동은 예측을 어긋나게 만들어

미래를 내다보는 능력을 약화시키게 된다. (그 계산에는 이런 행동을 할 것까지 감안했을 것이 분명하니까)

패러독스에 좀 더 초점을 맞춘 재미있는 예가 있다. 라플라스의 악마가 사실은 자신을 구성하는 원자와 회로를 흐르는 모든 전자의 움직임을 포함한 세상 모든 원자의 상태를 알 수 있는 엄청난 성능과 메모리를 지닌 슈퍼 컴퓨터라고 해 보자. 그 컴퓨터는 이런 정보를 토대로 미래가 어떻게 펼쳐질지 정확히 계산할 수 있을 것이다. 어느 날 관리자가 이 컴퓨터에 (아마도 컴퓨터는 이것까지지도 예상했으리라) 계산 결과 미래에 컴퓨터가 아직 존재하고 있다면 자폭하고, 더 이상 존재하지 않는다면 (자폭했을 테니까) 아무것도 하지 말라는 간단한 명령을 입력한다. 다시 말하자면, 컴퓨터가 자신이 미래에도 남아 있을 거라고 예측했다면 그렇지 않게 되고, 남아 있지 않을 것으로 예측했다면 남아 있게 된다. 어느 쪽이든 예측은 틀린 것이 된다. 그렇다면 컴퓨터는 살아남을 수 있을 것인가?

이 책에 있는 다른 패러독스들과 마찬가지로, 이 문제를 해결하는 과정은 우리에게 실재에 대한 심오한 어떤 것을 말해 주는 동시에 단순한 철학적 논쟁 이상의 경지를 보여줄 것이다. 사실 그가 단순히 '지성체an intellect' 라고만 언급했던 것을 보면 라플라스 자신은 이 악마의 패러독스적인 면을 깨닫지 못했던 것 같다. 그가 남긴 원래 문제를 보자.

우리는 우주의 현재 상태를 과거의 결과이자 미래의 원인으로 볼 수 있다. 어떤 순간에 자연에 작용하는 모든 힘과 자연을 구성하는 모든 것들의 위치를 알고 있는 지성체가 있다고 해 보자. 또 이런 자료들을 분석할 만큼 이 지성체가 대단하다면, 우주의 천체들과 가장 작은 원자들에 이르는 모든 것을 하나의 식에 담을 수 있을 것이다. 이런 존재에게 불확실한 것은 없으며 과거와 마찬가지로 미래도 모두 그의 눈 앞에 펼쳐져 있을 것이다.

라플라스는 패러독스를 찾으려고 했던 것이 아니었다. 사실 그는 이 가설을 통해서 당시 반박의 여지가 없는 것으로 여겨졌던 결정론적 우주를 지지하려고 했던 것이다. 결정론이라는 단어는 이 장의 핵심적인 내용이므로 이것의 의미와 정의를 주의 깊게 이해할 필요가 있다. 결정론은 원리적으로는 미래를 예측할 수 있다는 것을 의미한다. 하지만 앞의 패러독스는 이런 가능성을 배제해야 한다고 말하고 있다. 즉, 라플라스는 틀렸으며 우리 우주는 결정론적이지 않다. 하지만 앞으로 보게 되겠지만 현재 우리의 물리학 이론의 한계와 불확실성을 전제하면, 우리 우주가 진정 결정론적이라고 믿을 만한 충분한 이유도 있다.

그렇다면 우리의 운명은 이미 정해진 것이니 우리가 자유 의지에 대한 생각을 버려야 한다는 뜻일까? 또 그럼 우리는 어떻게 라플라스의 악마 패러독스를 해결할 수 있을까?

이 상황을 앞장의 시간 여행 패러독스와 비교해 볼 수 있겠다. 그 경우에는 과거가 고정되어 있고 우리는 그것을 기억하고 있고, 우리가 과거로 가서 바꾸어야 패러독스가 생기는 것이었다. 여기서 라플라스의 악마는 미래를 알고 있지만 시간 여행을 할 필요는 없다. 그저 미래가 다가오길 기다리며 현재에 간섭해 미래가 다른 방향으로 가도록 할 수 있으니까.

시간 여행 패러독스를 없애는 그다지 과학적이지 않은 방법이 하나 있는데, 그냥 과거로 가는 시간 여행이 불가능하다고 주장하는 것이다. 하지만 라플라스의 악마 같은 경우에는 시간 여행이 필요한 것도 아니고 악마도 미래에서 탈출할 수 없다. 아무것도 하지 않더라도 미래는 다가오게 마련이니, 이 문제를 풀기 위해서는 다른 설명이 필요한 것처럼 보인다. 가끔은 가장 단순한 의견이 정답인 경우도 있다. 이 문제도 분명 그런 유형이리라. 고정되어 있는 과거와는 달리 미래는 여전히 열려 있으며 아직 결정되지 않았다는 것이다. 악마가 본 미래는 아마 가능한 여러 가지 미래의 모습 중 하나일 뿐일 것이다. 분명 악마와 우리가 자유로운 선택을 할 수 있으려면 우리 우주는 결정론적일 수 없다. 꽤 흥미로운 주장이지만 라플라스의 악마를 해결하는 데 필요한 것은 아마도 이런 답이 아닐 것이다.

왜 이런 단순한 답으로는 충분하지 않은지 보여주기 위해서 이런 이야기를 생각해 보자. 당신은 이 슈퍼 컴퓨터를 써서 미래를 예측한다. 계산 결과 이 미래에는 수십 년의 정교한 실험과 수많은 위대한 과학자들이 이루어낸 진보를 통해 새로운 물리학 이론이 발견되었다. 이 이론은 몇 개의 아름다운 방정식으로 요약할 수 있다. 결국 당신은 수십 년의 기나긴 연구를 거치지 않고 컴퓨터에게서 이 방정식과 새로운 물리 이론을 얻은 셈이다. 이제 고마운 컴퓨터에게 인사를 하고 공짜로 얻은 노벨상감 연구를 발표하러 갈 차례다.

문제는 이렇다. 컴퓨터가 정말로 무한히 많은 미래 중에서 우연히 이 심오한 과학적 발견이 이루어진 미래를 예측해 냈다면, 진짜 예측이라고 할 만한 게 없다는 걸 알 수 있다. 그건 그저 우연히 떠오른 아이디어와 다를 게 없다. 마치 원숭이가 타자기 앞에 앉아서 무한히 긴 시간 동안 두드리다 보면 순전히 우연으로 셰익스피어의 작품 전체를 칠 수도 있다는 무한 원숭이 정리infinite monkey theorem와 비슷하다. 따라서 이런 설명으로는 아무것도 얻을 수 없다. 컴퓨터가 순전히 우연으로 새로운 통일장 이론Theory of everything을 얻는 것도 불가능하지는 않지만, 이는 엄청나게 가능성이 낮기에 무시할 수 있는 것이다. 물론 컴퓨터가 지금부터 최신 지식과 세계 최고의 이론 물리학자들의 사고, 앞으로 할 실험들에 대한 정보를 모두 반영해서 계산을 시작한다면, 원숭이가 타자기를 두드려서 같은 이론을 얻는 것보다는 가능성이 높을 것이다. 하지만 그런 결과물이 나올 가능성은 무시할 수 있을 정도로 낮다.

물론 이 패러독스에서도 빠져나올 완벽하게 유효한 방법이 있다는 것을 이젠 실토해야 할 것 같다. 마지못한 것처럼 들린다면 그건 아마 이 패러독스에 걸맞지 않게 해결책이 너무 당연하기 때문이다. 앞서 슈퍼 컴퓨터의 성능을 설명할 때 그것의 정보가 너무도 완벽해서 자신의 내부 구조에 대한 세부적인 부분까지 모두 알고 있기에 자신의 상태도 예측할 수 있다고 말했다. (컴퓨터가 자유의지가 있느냐 없느냐는 잠시 잊기로 하자. 비록 엄청난 성능을 지니고 있다고 할지라도 자신을 자각하는 능력이 없고, 자신이 하게 될 일을 예측한 것 이외의 행동을 해서 자신을 속일 수 있다는 사실을 모른다고 가정하자.) 이제 우리가 컴퓨터가 자신을 구성하고 있는 모든 원자와 전자의 상태를 알고 있다는 것이 어떤 의미인지를 따져보면 이 이야기의 비밀이 하나씩 풀리게 된다. 컴퓨터는 이 정보를 메모리 뱅크에 저장해야 하는데, 그것 자체도 어떤 특별한 방식으로 정렬된 원자로 구성되어 있으며 또한 그것이 저장해야 하는 정보의 일부가 되어야 한다. 이런 식으로 생각해 보면 이것도 역설적인 이야기이며, 컴퓨터가 자신에 대한 모든 정보를 알 수 있을 가능성이 사라진다. 따라서 컴퓨터는 미래를 예측하기 위한 계산을 할 때 자신을 포함할 수 없으며, 그것이 가진 우주에 대한 정보는 불완전할 수밖에 없다.

이 정도 설명이면 라플라스의 악마를 쫓아내기엔 충분할 것 같다. 하지만 그럼 이것이 우리가 패러독스에 대해서 할 이야기의 전부일까? 천만의 말씀. 미래를 알 수 있는 가능성에 대해 이야기할 때 우리는 이미 판도라의 상자를 열어 버렸다. 그 상자에는 우리가 결정론적인 우주에 살고 있는지, 우리에게 행동을 선택할 자유가 있는지, 미래는 미리 정해진 것인지와 같은 질문이 들어 있다. 과학은 이 모든 문제에 대한 어느 정도의 답을 갖고 있다.

결정론

결정론determinism, 예측가능성predictability, 무작위성randomness. 이 세 가지 개념을 조심스럽게 구분하는 것부터 시작해 보자.

우선, 결정론은 철학자들이 인과적 결정론causal determinism이라고 부르는 것을 뜻한다. 과거의 사건이 미래에 일어날 사건의 원인이라는 개념이다. 그에 따르면 연속적인 사건의 결과로 나타난 모든 것을 거꾸로 추적해 올라가면, 우주의 탄생까지 거슬러 올라갈 수 있다는 논리적 결론에 이르게 된다.

17세기에 뉴턴은 자신이 중대한 기여를 한 미적분학을 이용해 역학 법칙을 만들었다. 그가 만든 방정식을 이용해서 과학자들은 대포알의 움직임에서부터 행성의 움직임에 이르기까지 물체가 움직이고 상호작용하는 것을 예측할 수 있었다. 물체의 물리적 성질을 나타내는 질량, 형태, 위치와 같은 값과 함께 속도와 그것에 작용하는 힘을 수식에 대입하면 미래의 어떤 순간에 물체의 상태를 알 수 있다.

이로 인해 만약 자연의 모든 법칙을 알고 있다면 원리적으로는 우주에 있는 모든 물체의 미래를 계산할 수 있다는 믿음이 만들어지게 되었고, 그 후 2세기 동안 이 믿음은 널리 지속되었다. 우리의 우주는 움직임과 변화, 모든 것이 미리 정해진 곳이었다. 자유로운 선택도, 어떤 불확실성도, 기회도 없었다. 이런 모델은 뉴턴의 태엽장치 우주clockwork universe라고 불리게 되었다. 얼핏 보면 일어났던 모든 사건과 일어날 모든 미래가 시간 속에 놓여진 아인슈타인의 블록 우주만큼 암울해 보이진 않지만, 사실 태엽장치 우주도 모든 미래가 미리 정해져 있고 고정되어 있다는 점에서는 전혀 다를 바가 없다.

그 후, 이런 시각이 갑자기 바뀐 계기가 있었다. 1886년, 스웨덴의 왕이 태양계의 안정성을 증명(하거나 그 반대를 증명)하는 사람에게 2,500크로네(대부분의 사람이 1년 동안 버는 돈보다 많은 엄청난 양)의 상금을 걸었다. 즉, 행성들이 태양 주위를 영원히 돌 것인지, 아니면 하나 이상의 행성이 나선 궤도를 돌며 태양에 빨려 들어가거나 중력권을 탈출해서 떠돌게 되는지를 확실히 밝히라는 것이었다. 프랑스의 수학자 앙리 푸앙카레Henri Poincaré가 이 문제에 도전했다. 그는 우선 태양, 지구, 달만을 포함하는 단순한 문제로 시작했다. 삼체 문제라고 불리는 이 문제를 다루면서 그는 물체가 세 개만 있어도 수학적으로 문제를 정확하게 풀 수 없다는 것을 발견했다. 게다가, 세 개의 물체가 어떤 특정한 배열일 때는 초기 조건에 너무 민감해서 운동 방정식이 완전히 불규칙적이고 예측할 수 없는 행동을 보였다. 비록 그는 태양계 전체의 안정성이라는 원래의 질문에 답할 수 없었지만 왕은 그에게 상금을 수여했다.

푸앙카레는 태양계 모든 천체(최소한 모든 행성과 그 위성, 그리고 태양)를 포함한 문제는 차치하고, 심지어 상호작용하는 세 개의 물체만 있을 때에도 시간에 따라 어떻게 될지 정확하게 알 수 없다는 것을 발견했다. 하지만 이 발견의 의미는 그 후 70여 년간 제대로 알려지지 않았다.

나비 효과

그럼 우리의 막강한 컴퓨터에게 당구대에 놓인 공들을 큐 볼로 맞췄을 때의 움직임이 어떻게 될지를 예측하는 다소 싱거운 과제를 하나 던져 주도록 하자. 당구대 위의 모든 공들은 어떤 식으로든 부딪히게 되고 대부분은 여러 번에 걸쳐 서로 튕겨 내거나 당구대 쿠션에 튕겨질 것이다. 물론 컴퓨터는 계산을 위해서 큐 볼이 얼마나 세게 부딪혔는지를 나타내는 수치와 팩의 첫 번째 공과 부딪힌 정확한 각도가 필요할 것이다. 그럼 이걸로 충분할까? 마지막에 모든 공들이 멈췄을 때 컴퓨터가 내놓은 공의 배열은 실제와 얼마나 가까울까? 공 두 개만 충돌하는 경우에는 결과를 이론적으로 거의 완벽하게 예측할 수 있는 반면, 복잡하게 여러 번 부딪히는 많은 수의 공들이 어떤 배열이 될지를 고려하는 것은 거의 불가능하다. 만약 공 하나가 조금 다른 각도로 움직여서 원래대로라면 부딪히지 않았을 공과 충돌할 수도 있는데, 이런 경우에는 둘의 궤도가 극적으로 바뀌게 된다. 갑작스럽게 최종 결과가 매우 달라지는 것처럼 보인다.

따라서 우리는 컴퓨터에 큐 볼의 초기 조건만이 아니라 서로 맞닿아 있는지, 각각의 거리와 쿠션에서의 거리는 어떤지와 같은 당구대 위의 모든 공에 대한 정확한 위치도 함께 입력해 주어야 한다. 심지어 이 정도로도 부족하다. 공 하나에 앉은 작은 티끌만으로도 경로를 영점 몇 밀리미터 바꾸거나 공의 속력을 살짝 늦춰서 다른 공에 부딪힐 때 힘을 약간 바꾸게 할 수도 있다. 또한 당구대 표면의 정확한 상태에 대한 정보도 입력해야 한다. 어디가 더 더럽거나 닳았는지에 따라 공이 받는 마찰력이 달라질 수 있기 때문이다.

여기까지는 여러분도 그런 일이 불가능하진 않다고 생각할 수 있다. 원리적으로는 우리가 모든 초기 조건을 알고 있고 운동 방정식과 물리 법칙을 전부 이해하고 있다는 가정 하에서 가능하긴 하다. 공들의 최종 배열 자체는 무작위적이지 않다. 그것들은 모두 물리 법칙을 따르고 있고 어떤 순간에 주어진 힘에 따라 철저히 결정론적인 방식으로 움직인다. 문제는 실제로는 완벽하게 믿을 수 있는 예측을 할 수 없다는 것인데, 그런 예측을 위해서는 공 위에 있는 모든 먼지 입자들부터 당구대 위의 섬유 하나하나에 이르는 모든 것에 대한 모든 초기 조건을 엄청난 정밀도로 알아내야 하기 때문이다. 물론 당구대에 마찰력이 없다면 공끼리 충돌하고 흩어지는 과정이 훨씬 더 길어질 것이며 이것이 언제 어떤 배열로 멈추게 될지 계산하기 위해서는 더 높은 정밀도로 공들의 초기 조건을 알아야만 한다.

이렇게 끊임없는 외부 영향 하에서 무한대의 정밀도로 초기 조건을 알아내는 것이 불가능한 경우는 훨씬 단순한 계에서도 발견된다. 예를 들면, 동전 던지기만 해도 똑같은 동작과 결과를 되풀이해서 얻으려면 고려해야 할 것이 너무 많다. 내가 동전을 던져서 앞면이 나왔다고 할 때, 똑같이 던져서 똑같은 횟수만큼 돌아서 앞면이 나오게 하는 건 너무도 어려운 일이다.

당구대나 동전 던지기에서는 우리가 완벽한 정보와 지식을 갖추고만 있다면 똑같은 최종 결과가 나오게 행동을 반복할 수 있다. 이 재현성이야말로 뉴턴식 사고의 핵심이고 세상 어디에서나 그런 예를 찾아볼 수 있다. 하지만 초기 조건에 대한 민감성도 마찬가지다. 우리는 일상생활 어디에서나 그것을 볼 수 있다. 만약 어느 날 출근 길에 길을 건너기 전에 잠깐 멈추기로 했다고 해 보자. 그 때 여러분은 인생을 바꿀 중요한 취업 기회로 이어질 중요한 정보를 줄 옛 친구를 만날 기회를 놓칠 수도 있다. 잠시 뒤 길을 건너다 버스에 치일 수도 있다. 결정론적인 우주에서 우리의 운명이 이미 계획되어 있을 수도 있겠지만, 이는 전혀 예측할 수 없다.

처음 이런 아이디어를 세상에 꺼내고 혼돈의 새로운 개념을 만드는 데 일조한 사람은 미국의 수학자이자 기상학자인 에드워드 로렌츠Edward Lorenz였는데, 그는 1960년대 초반에 기상 패턴을 모델링하던 중 우연히 혼돈 현상을 발견하게 되었다. 그는 이 시뮬레이션에 초기의 데스크탑 컴퓨터인 LGP-30을 사용했다. 어느 날, 그는 컴퓨터에 동일한 입력값을 주어 시뮬레이션을 재현하려고 했는데, 그 과정에서 컴퓨터가 출력했던 중간 결과를 다시 사용했다. 그는 그 값을 다시 입력해서 프로그램을 다시 실행했다. 그는 결과물이 처음과 동일할 거라고 생각했다. 결국 사용한 숫자는 동일했으니까 말이다.

하지만 결과는 그렇게 나오지 않았다. 그 컴퓨터는 소수점 여섯 째 자리의 정확도로 계산할 수 있었지만 출력할 때는 소수점 세 자리로 반올림하게 되어 있었다. 원래 실행의 계산 값은 0.506127이었지만 출력 값은 0.506이었고, 로렌츠는 두 번째 실행할 때 이 값을 입력했다. 그는 이런 작은 입력 값의 차이(0.000127)로는 시뮬레이션을 아무리 오래 돌려 봐야 결과상으로 작은 차이밖에 나지 않을 것이라고 생각했지만, 실제로는 깜짝

놀랄 결과가 나왔다. 로렌츠는 가끔은 이런 미세한 차이가 매우 큰 효과로 나타날 수 있다는 것을 발견했다. 그 시뮬레이션은 요즘 우리가 비선형 거동이라고 부르는 것의 한 예이다. 장기 일기 예보가 그토록 어려운 것도 바로 이런 현상 때문인데, 이것은 실제 기상에 영향을 미치는 모든 변수를 무한히 정확하게 안다는 것이 불가능하기 때문이다. 당구대 이야기와 비슷하면서도 훨씬 더 복잡한 현상이다. 지금은 며칠 내로 비가 올지를 꽤 믿을 만한 수준으로 예측할 수 있지만 내년 같은 날에도 비가 올지까지는 여전히 전혀 알 수 없다.

나비 효과라는 이름은 이러한 심오한 깨달음을 통해 로렌츠가 붙인 이름이다. 나비의 날갯짓이 이어지는 사건에 지대한 물결 형태의 영향을 줄 수 있다는 아이디어는 레이 브래드버리Ray Bradbury가 1952년에 쓴 단편 〈A Sound of Thunder〉에 처음으로 등장했다. 로렌츠는 이 아이디어를 빌려와 나비의 날갯짓이 지구 반대편에서 몇 달 후에 허리케인을 일으킬 수도 있다는 대중적인 개념으로 만들었다. 물론, 허리케인이 어떤 나비 한 마리의 날갯짓으로 발생한다는 뜻이 아니라, 대기 중의 수조 개에 달하는 미세한 변동들의 누적된 결과이며, 그 중 하나라도 없거나 달라진다면 허리케인은 발생하지 않을 수도 있다는 의미다.

혼돈

일상 언어에서 혼돈chaos은 형태가 없는 무질서함disorder이나 무작위성randomness을 나타내는데, 어떤 의미로는 꼬마들의 생일 파티도 혼돈이라고 할 수 있겠다. 하지만 과학에서의 혼돈은 좀 더 특별한 의미를 지니고 있다. 그것은 전혀 직관적이지 않은 방식으로 결정론과 확률을 섞어 놓은 것이다. 일단 이해하고 나면 완벽히 논리적이고 직관적으로 보일 수 있겠지만, 그런 이해조차도 비교적 최근에야 가능해졌다는 사실은 이것이 얼마나 예상 밖의 것이었는지를 보여준다. 혼돈 현상에 대한 정의 하나를 살펴보자. 어떤 계가 기본적으로 같은 행동을 반복하는 주기적 행동을 보이지만 초기 조건에 민감하게 반응한다고 하면, 매번 정확하게 동일한 상태로 돌아오지 않고, 전혀 예상할 수 없는 방법으로 경로가 움직여 무작위적으로 행동하는 것처럼 보인다.

비록 혼돈 이론이라는 단어가 널리 쓰이고 있긴 하지만, 혼돈은 사실 보통 말하는 것처럼 이론은 아니다. (나도 그 용어를 쓸 테지만) 그것은 자연 어디에서나 볼 수 있는 개념, 혹은 현상으로 비선형 동역학이라는 생소한 과학 분야에서 나온 것이다. 비선형이라는 이름은 원인과 결과가 선형적으로 비례하지 않는 혼돈계의 수학적 성질에서 나온 것이다. 내가 말하고자 하는 바는 혼돈 현상이 완전히 이해되기 전에는 단순한 원인은 항상 단순한 결과로, 복잡한 원인은 복잡한 결과로 이어진다고 생각했다는 점이다. 단순한 원인이 복잡한 결과로 이어질 수 있다는 개념은 꽤 예상 밖의 것이었다. 이것이 수학자들이 말하는 비선형성의 의미이다.

혼돈 이론은 정렬된 상태와 결정론적인 계에서도 무작위성이 나타날 수 있다는 것을 말해 준다. 그것은 우리 우주가 가끔씩 매우 복잡하고 무질서한 면을 보일 수 있고, 예측이 불가능하지만 여전히 결정론적일 수 있고, 근본적인 물리 법칙을 따른다는 것을 시사한다. 혼돈 현상은 거의 모든 분야에서 나타난다. 처음에는 기상 현상을 이해하려는 시도에서 발견되었지만 지금은 은하 안에서 별들의 움직임, 태양계 내부의 행성과 혜성의 궤도, 동물들의 개체수가 늘어나고 줄어드는 현상, 세포 내부의 대사 작용, 우리의 심장 박동과 같은 다양한 현상에서 혼돈을 찾아볼 수 있다. 또한 아원자 입자의 거동이나 기계 동작, 파이프를 흐르는 유체의 난류, 전자 회로를 흐르는 전자에서도 나타난다. 한편, 혼돈 현상은 컴퓨터 시뮬레이션을 통해 수학적으로 쉽게 재현해 볼 수 있다. 혼돈을 모델링하는 것은 단순한 수식을 반복적으로 돌려보는 것이라서 꽤 직관적이긴 하지만, 이런 단순 계산도 엄청난 횟수로 반복하려면 꽤 높은 컴퓨터 성능이 필요하다.

요약하자면, 혼돈 이론에 의하면 양자역학의 무작위성은 제쳐두고라도 (지금은) 우리가 아는 한도 내에서 우주는 완벽히 결정론적이지만 예측이 불가능하다는 것이다. 하지만 이런 예측 불가능성은 어떤 무작위성의 결과로 나타나는 것이 아니다. 우주가 결정론적이라는 것은 우리가 밝혀낸 일부 법칙과 찾아내지 못한 법칙들까지 완벽하게 따르고 있다는 것이다. 거기서 예측 불가능성은 어떤 계의 변화를 계산하는 데 필요한 모든 초기 조건을 무한대의 정확도로 알 수 없다는 것에서 비롯된다. 계산 과정에 입력하는 값에는 언제나 작은 오차가 있게 마련이고, 결과적으로 물결처럼 계속 요동치면서 증가하는 오차로 인해 잘못된 예측 값을 얻게 된다.

또한 매력적이고 더 중요할 수 있는 혼돈의 다른 면도 있다. 혼돈 현상이 나타나게 만드는 규칙을 잘 정렬된 규칙적인 운동에 연속적으로 적용하면, 때때로 특징도 규칙도 없는 것에서 아름답고 복잡한 패턴이 나타나는 경우가 있다. 전엔 아무것도 없던 곳에서 질서와 복잡함을 얻을 수 있는 것이다. 이런 규칙이 적용되는 계에서는 아무런 구조도 없는 어떤 것에서 시작해서 자발적으로 진화하게 두면 어떤 구조와 패턴이 나타나는 것을 볼 수 있다. 창발創發, emergence과 복잡성 이론complexity은 이런 현상을 바탕으로 나오게 되었으며, 지금은 생물학에서 경제, 인공지능에 이르는 다양한 분야에서 중요한 역할을 하고 있다.

자유 의지

이 모든 것이 자유 의지와 (또 라플라스의 악마에 대해서도) 어떻게 연관이 되는지에 대해서는 여러 가지 서로 다른 철학적 관점이 존재하며, 여전히 해결과는 거리가 있다. 내가 할 수 있는 건 이론 물리학자로서 내 의견을 전달하는 것뿐이다. 동의하지 않아도 좋다.

우리가 살고 있는 우주에 대해 네 가지 의견이 있다.

1. 결정론은 사실이고, 우리의 모든 행동은 예측가능하며, 우리에게 자유 의지는 없다. 자유롭게 선택하고 있다는 건 환상에 지나지 않는다.
2. 결정론은 사실이지만, 우리는 여전히 자유 의지를 가지고 있다.
3. 결정론은 틀렸다. 우주에는 태생적으로 무작위성이 존재해서, 자유 의지가 허용된다.
4. 결정론은 틀렸다. 하지만 사건들이 미리 정해져 있을 때와 마찬가지로 무작위적으로 일어나는 사건에는 우리가 제어할 수 있는 것이 없으므로 사실상 자유 의지는 없다.

과학자, 철학자, 신학자들은 우리에게 자유 의지가 있느냐 없느냐를 두고 수천 년 동안 토론을 벌여 왔다. 여기서는 자유 의지의 특정한 측면과 물리학과의 연관성에 집중하고자 한다. 미리 말해 두지만 몸과 마음의 문제나 의식의 본질, 인간의 영혼에 대해서는 다루지 않을 것이다.

수조 단위의 뉴런과 그것들 사이를 연결하는 수백 조의 시냅스 연결로 이루어진 인간의 뇌는 현대의 컴퓨터로도 따라잡을 수 없을 정도의 복잡함과 상호연결성을 지니고 있지만, 기본적으로 우리가 알고 있는 선에서는 컴퓨터 소프트웨어가 하는 일과 동일한 작업을 처리하는 매우 복잡한 기계에 지나지 않는다. 뇌 속의 모든 뉴런들도 결국 우주의 나머지 부분과 똑같은 물리 법칙을 따르는 원자들로 이루어져 있다. 그러니 만약 우리가 어느 순간에 우리 뇌에 있는 모든 원자들의 위치와 그 상태를 알 수 있고 그들 사이의 상호작용을 모두 이해하고 있다면, 원리적으로 미래의 어떤 순간에 뇌의 상태를 아는 것도 가능해야 한다. 즉, 충분한 정보만 있다면 외부 세계와 상호작용을 하지 않는다는 전제 하에서 나는 당신의 다음 행동이나 생각을 예측할 수 있다. 그렇지 않다면 당신과 상호작용하는 모든 것에 대한 정보까지도 필요하다.

원자들의 행동을 지배하는 이상하고 확률적인 양자법칙과 초자연적이거나 영적인 것들을 제외한다면, 우리는 뉴턴의 결정론적인 태엽장치 우주의 일부이며 우리의 행동은 모두 미리 정해진 것이라는 점을 인정할 수밖에 없을 것이다. 본질적으로 우리에겐 자유 의지가 없을 것이다.

그렇다면 우리에겐 자유 의지가 있는가 없는가? 지금까지 이야기했던 결정론에 대한 설명에도 불구하고 나는 자유 의지가 있다고 믿으며, 자유 의지는 어떤 물리학자들이 주장하는 것처럼 양자역학이 아니라 혼돈에 의해 구원받았다. 왜냐하면 미래는, 우리가 결정론적 우주에 살고 있다는 사실과는 아무런 관련이 없기 때문이다. 그러한 미래는 오직 우리가 밖에서 시공간 전체를 내려다 볼 수 있을 때만 알 수 있는 것이다. 하지만 우리와 우리의 의식은 시공간 내부에 파묻혀 있기에 그러한 미래는 절대로 알 수 없다. 우리에게 열린 미래를 주는 것은 바로 예측 불가능성이다. 우리가 하는 선택은 진정한 선택이며, 나비 효과에 의해 우리가 내린 결정에 의한 작은 차이가 매우 다른 결과와 다른 미래로 이어질 수 있다.

자, 혼돈 이론 덕분에 우리의 미래는 전혀 알 수 없는 것이 되었다. 여러분은 미래가 정해져 있고 자유 의지는 환상에 지나지 않는다고 말하고 싶을지도 모르겠지만, 그 점은 우리의 행동이 무한한 미래의 가능성 중 하나를 결정한다는 것에 남아 있다.

이런 상황을 결정론적이지만 예측 불가능한 세상에 살고 있는 인간 개개인의 관점이 아니라, 뇌의 복잡성과 원리를 살펴봄으로써 고려해 보자. 우리에게 자유 의지를 부여하는 것은 사고 과정, 기억, 피드백과 루프로 구성된 네트워크를 지닌 우리의 뇌와 같은 복잡한 계가 어떻게 동작하는지에 대해서 불가피하게 발생하는 예측 불가능성이다.

우리가 그걸 진정한 자유 의지라고 부르든지 아니면 그저 환상이라고 부르든지 별문제가 되지 않는다. 당신이 마음만 먹는다면, 그 누구도 당신이 다음에 무엇을 할지 무슨 말을 할지 전혀 예측할 수가 없다. 현실적으로 당신의 생각을 계산하기 위해서 해야 할 시냅스 연결의 변화와 당신의 의식을 구성하는 수조 개에 이르는 나비의 날갯짓과 모든 뉴런의 행동을 모델링할 수가 없기 때문이다. 당신의 자유 의지는 거기에서 나온다. 뇌에서 일어나는 작용들이 대부분은 전적으로 결정론적이라는 사실에도 불구하고 그러하다. 다만 양자역학이 우리가 지금 알고 있는 것 이상으로 관여

한다면 얘기는 달라진다.

양자 세계 – 결국은 무작위성?

아원자 세계의 이론인 양자역학은 사물들이 우리 일상 세계와는 근본적으로 달라지는 미시 세계를 설명하는 이론이다. 20세기 초반에 들어서 우리는 전자와 같은 미세한 입자의 움직임을 뉴턴 역학으로 설명할 수 없다는 것을 알게 되었다.

지금 여기 전자가 있고 전기장을 켜거나 해서 힘을 가한다면, 어느 정도의 오차 범위 내에서 1초 후에 그 전자가 어디에 있을지 말할 수 있을 것이다. 하지만 실제로는 그런 예측을 할 수 없는 것으로 나타나는데, 이것은 우리가 초기 조건을 충분히 정확히 알지 못하기 때문이 아니라 그 이상의 뭔가가 있기 때문이다. 동전에서 당구공, 행성에 이르는 거시 세계의 물체를 지배하는 뉴턴의 운동 방정식은 모든 운동이 새로운 규칙과 수학적 관계식으로 표현되는 양자 세계에서는 쓸모가 없다. 이 수식들은 진정 무작위적으로 보이는 미시적 현실을 묘사한다. 진정한 비결정론의 세계인 이곳에서 우리는 드디어 뉴턴과 아인슈타인의 운명적인 결정론적 우주에 대한 해결책을 발견하게 된다.

2장에서 보았듯이, 어떤 종류의 원자는 알파 입자를 내뱉고 방사성 붕괴를 한다. 하지만 우리는 이것이 언제 일어날지 예측할 수 없다. 양자역학의 표준 해석에 따르면, 이런 붕괴 현상은 앞의 예에서와 마찬가지로 우리가 필요한 정보를 모두 알지 못하는 것과는 전혀 관계가 없다. 우리가 아무리 초기 조건을 정확하게 알고 있다고 해도 심지어 이론적으로도 원자가 언제 붕괴할지 예측할 수 없다. 어떤 의미에서는 원자 스스로도 언제 붕괴할지 모르기 때문이다. 이런 불확실성은 이렇게 사물의 행동을 확실하게 정의할 수 없는 수준에서 나타나는 자연의 근본적인 성질처럼 보인다.

물론 원자의 붕괴 현상도 완전히 무작위적으로 일어나는 것은 아니다. 많은 수의 동일한 원자들이 있을 때 그들의 거동에는 통계적으로 평균적인 거동이 나타나기 때문이다. 특정 원소의 시료에서 정확히 절반의 원자가 붕괴하는 데 걸리는 시간을 반감기라고 하는데, 이 값은 동전 던지기를 여러 번 반복했을 때 앞과 뒤가 나올 확률이 반반에 수렴하는 것과 마찬가지로 시료의 양이 많을 경우 매우 정확하게 구할 수 있다. 한편, 동전 던지기에서 나타나는 통계적인 결과는 초기 조건을 예측하기 어려운 것이 결정론적 과정에 영향을 미치기 때문인 반면, 원자의 경우는 양자역학적 확률이 그 자체의 근본적인 성질이기 때문에 우리는 이론적으로라도 더 나은 예상을 할 수 없다.

여기서 중요한 질문은, 이러한 양자적 비결정론이 거시 세계의 우울한 결정론으로부터 우리를 구해서 진정한 자유 의지를 되돌려 주느냐는 것이다. 어떤 철학자들은 그렇다고 생각하지만, 내 생각엔 그들이 틀렸다. 내가 그렇게 생각하는 데에는 두 가지 이유가 있다. 우선, 최근에 밝혀진 바에 따르면 양자적인 모호함fuzziness과 무작위성randomness은 수조 개 정도의 원자가 들어 있는 복잡한 계의 경우 빠르게 희석되어 사라져 버린다. 미시세계에서 인간과 뇌 수준의 뉴턴 세계까지 규모를 증가시키다 보면, 양자세계의 특이한 현상들은 평균값이 되어 사라지고 다시 결정론적 현상이 나타나게 된다.

두 번째는 개인적으로 좋아하는 가설인데, 쉽게 무시해 버릴 수 없는 설명이 있다. 양자역학이 전부가 아니고 방사성 붕괴의 예측 불가능성도 사실은 우리가 모르는 변수가 있기 때문에 나온다는 것이다. 동전을 던질 때 거기에 가해지는 모든 힘을 알 수 있다면 결과를 예측할 수 있는 것처럼, 실제로는 불가능하더라도 이론적으로 양자역학의 본질에 대해 더 깊이 이해하게 된다면, 원자가 언제 붕괴할지 정확히 예측하는 것도 가능할 것이라는 주장이다. 만약 그런 경우라면 답을 찾기 위해서 양자역학을 뛰어넘는 이론을 찾거나, 최소한 양자역학 법칙의 새로운 해석을 찾아야 할 수도 있다. 아인슈타인 자신도 이런 견해를 갖고 있었고, '신은 주사위를 던지지 않는다'고 말한 배경도 이런 것이었다. 아인슈타인은 양자 세계의 무작위성을 쉽게 받아들일 수 없었다.

아인슈타인의 말은 틀린 것으로 판명되었지만, 표준적인 해석과 대립하지 않으면서 완전히 결정론적으로 움직이는 아원자 세계를 설명하는 다른 해석도 있다. 이 해석은 반 세기 전에 데이비드 봄David Bohm의 연구에서 나온 것인데, 문제는 그가 내놓은 해석이 맞는지 아닌지, 우리 우주는 정말 아원자 세계에 이르기까지 결정론적인 것인지 명확히 검증하거나 부인할 방법을 아직 아무도 찾지 못했다는 점이다.

봄에 따르면, 양자 세계의 예측 불가능성이 나타나는 것은 진정한 무작위성에 의한 것이 아니라, 우리가 예측하는 데 필요하지만 늘 우리에겐 보이지 않는 어떤 다른 정보가 있기 때문이라는 것이다. 예측 불가능성은 우리가 충분히 깊게 파고 들지 못해서도, 측정 결과의 정확도에 대한 민감성과 양자 나비 효과 때문도 아닌, 양자 세계를 교란하지 않고 들여다 볼 방법이 없기 때문이다. 전자가 뭘 하고 있는지 보려고 하면 불가피하게 그들의 행동에 변화를 일으킬 수밖에 없기에 우리의 예측은 쓸모없게 되어 버린다. 마치 물이 든 컵의 바닥에 동전을 놓고서 손에 물을 묻히지 않고 그걸 꺼내라는 것과 비슷하다. 데이비드 봄의 양자 이론에서 우주의 모든 입자들은 행동을 통제하는 양자장quantum force field을 갖고 있다. 입자를 측정할 때 이 양자장에 간섭하게 되어 그들의 행동을 변화시키게 된다. 우린 여전히 양자 세계에 대한 이런 설명이 맞는지 틀린지 모르고 앞으로도 알 수 없을 것이다.

요약

라플라스의 악마에서 꽤 먼 길을 온 것 같다. 도입부에서 설명했던 패러독스는 상대적으로 쉽게 풀어냈지만, 그 내용은 운명과 자유 의지의 본질과 관계된 흥미로운 질문으로 이어졌다. 우리가 미래를 알 수 없는 이유는 무작위성 때문이 아니라, 세상은 결정론적인 방식을 따르지만 예측이 불가능하기 때문이다. 이런 예측 불가능성은 우리에게 외관상의 자유 의지를 주기에 충분하다. 비록 매우 작은 규모에 국한되는 것이긴 해도 양자역학은 우리에게 진정한 무작위성을 되돌려줄 수 있을 것 같다. 하지만 이것도 여전히 논란의 여지가 있다. 인간의 뇌가 어떻게 동작하는가에 대해서는 다음 돌파구가 있을지 아무도 장담할 수가 없다. 양자 세계의 확률론적인 성질이 상대적으로 매우 거대한 생체 세포, 혹은 뇌에 직접 영향을 나타낼지도 모르는 일이다. 라플라스의 악마 패러독스는 풀어냈지만 우리는 여전히 이 모든 질문에 대한 답을 찾지는 못한 것 같다.

THE PARADOX OF SCHRÖDINGER'S CAT

슈뢰딩거의 고양이

상자 안의 고양이는 우리가 들여다보기 전까지 죽어 있는 동시에 살아 있다

그럼 물리학자들은 슈뢰딩거의 논문에 어떤 반응을 보였을까? 보어와 하이젠베르크는 상자를 열기 전까지 고양이가 살아 있는 동시에 죽어 있다는 식의 주장을 펼치지는 않았다. 하지만 패러독스에 대한 합리적인 답을 제시하는 대신 영리한 주장으로 그것을 빠져나갔다. 그들은 우리는 고양이에 대해서 아무것도 말할 수 없으며, 심지어 확인을 위해 상자를 열기 전의 상황에 대해 독립적인 실재를 가정하는 것도 불가능하다고 주장했다.

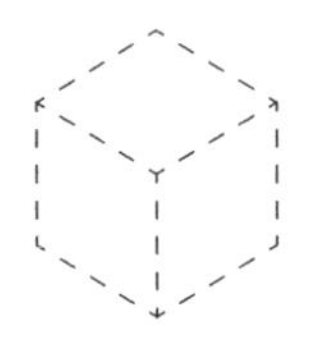

1935년, 양자역학의 아버지 중 한 사람인 오스트리아의 천재 에르빈 슈뢰딩거Erwin Schrödinger는 양자역학의 수학적인 면의 기묘한 해석에 질려 버렸다. 그는 아인슈타인과의 길고 긴 토론 끝에 과학사에 길이 남을 사고 실험을 제안했다. 그는 독일의 유명 과학 저널에 〈슈뢰딩거의 고양이 논문〉으로 알려진 〈양자역학의 현황The Present Situation in Quantum Mechanics〉이라는 긴 논문을 실었는데, 이후 그렇게 많은 물리학자들이 이 논문에 실린 패러독스를 해결하려고 매달린 것은 놀라운 일이었다. 수년에 걸쳐, 과거로 메시지를 보내는 것부터 마음의 힘으로 실재를 바꾸는 것에 이르는 여러 가지 기막힌 해결책들이 나왔다.

슈뢰딩거의 문제는 방사능 물질과 가이거 계수기Geiger counter와 함께 고양이를 상자 안에 넣어 두면 어떻게 될까 하는 것이었다. 방사능 물질은 한 시간 동안 원자 하나 정도가 붕괴할 정도로 양이 적어서 50% 확률로 알파 입자를 방출할 수 있는데, 붕괴가 일어나면 가이거 계수기를 작동시켜 연결된 망치가 청산이 든 플라스크를 깨서 고양이는 즉시 죽게 된다. (물론 이것은 사고 실험이고 실제로 실행된 적은 없다)

우리가 앞에서 살펴보았듯이, 방사성 원자가 붕괴하는 순간은 이론적으로도 예측할 수 없는 순수한 양자역학적 현상이다. 양자역학의 기틀을 다진 닐스 보어와 베르너 하이젠베르크가 밝혀낸 양자역학의 표준 해석에 따르면, 이러한 예측 불가능성은 우리가 예측에 필요한 정보를 모두 알지 못하기 때문이 아니라, 양자 수준에서는 자연 자체도 언제 그것이 일어날지 모르기 때문에 나타난다. 앞장에서 설명한 것처럼 이런 것은 많은 사람들이 뉴턴의 결정론적 우주에서 우리를 구원해 줄 무작위적 사건이라고 믿는 것이다. 우리가 알 수 있는 것은 일정 시간이 지난 뒤에 원자가 (물

그림 9.1 슈뢰딩거의 고양이

질의 반감기와 관계된) 일정 확률로 붕괴할 수 있다는 것뿐이다. 상자의 뚜껑을 덮는 시점에서 우리는 아직 원자가 붕괴하지 않았다는 것만 알고 있고 그 후, 우리는 원자가 붕괴했는지 아닌지를 모를 뿐 아니라, 방사성 물질의 원자는 붕괴된 상태의 확률은 높아지고 붕괴되지 않은 상태의 확률은 낮아지는 식으로, 동시에 두 가지 상태에 놓여 있다고밖에 말할 수 없다. 이 문제에서 단지 우리가 상자 안을 들여다볼 수 없다는 사실이 문제가 아니라는 점을 강조해야겠다. 양자 세계에서 일어나는 방식이 예측 불가능하기에 어쩔 수 없는 것이다. 원자를 비롯한 다른 미시 세계의 존재들은 유령 같이 어정쩡한 상태에 있을 수 있다고 가정해야만 이해할 수 있는 방식으로 행동한다. 원자가 예측 불가능하게 행동한다고 가정하지 않고서는 세상을 이해할 수 없는 것이다.

이런 방식으로 동작하지 않고서는 설명할 수 없는 현상이 자연에는 매우 많다. 예를 들면, 태양이 빛나는 방법을 이해하려면 우선 이런 양자역학적인 행동으로 그 내부에서 일어나는 열핵융합 과정을 설명하지 않으면 안 된다. 일상적인 거시 세계에 적용되는 상식적인 물리법칙으로는 원자들이 어떤 방식으로 태양 내부에서 서로 융합해서, 지구에서 살아가는 데 필요한 열과 빛을 내놓는지를 설명할 수 없다. 원자들이 양자역학 법칙을 따르지 않는다면, 원자핵이 지닌 양전하가 만들어 내는 밀어내는 힘의 장벽 때문에, 절대로 핵융합을 일으킬 수 없을 것이다. 핵융합이 가능한 것은 원자들이 안개처럼 흐릿하게 퍼져 있는 양자적인 실체로서, 서로 겹쳐질 수 있기 때문이고, 가끔 이 힘이 만들어 내는 역장force field에서 같은 편에 놓이는 경우가 있기 때문이다.

슈뢰딩거는 양자 세계가 매우 이상하다는 점을 그대로 인정하면서, 고양이도 양자역학 법칙을 따르는 원자들로 이루어져 있고, 고양이의 운명도 상자 안에 있는 다른 원자들과 마찬가지로 방사성 원자의 운명과 얽혀 있어 (전문 용어로는 '얽힘entangled'이라고 한다) 똑같은 양자 법칙에 따라 설명되어야 한다고 주장했다. 원자가 아직 붕괴하지 않았다면 고양이는 살아 있고, 붕괴했다면 고양이는 죽었을 것이다. 그러므로 원자가 동시에 두 가지 상태에 놓여 있다면, 고양이도 마찬가지로 죽어 있으면서 살아 있는 두 상태에 동시에 있어야 한다. 진정 살아 있는 것도 죽은 것도 아닌 모호하고 비현실적인 중간 상태에 놓여 있어, 상자를 열었을 때에야 어느 쪽인지 밝혀지게 된다는 것이 표준 양자역학의 해석이다. 터무니 없는 소리로 들리지 않는가? 결국, 우리가 볼 때는 고양이가 이렇게 죽은 동시에 살아 있는 상태에 있는 것을 볼 수 없고, 양자역학은 여전히 우리가 보기 전까지 고양이는 이런 상태에 있다고 설명해야 한다고 말하고 있다.

여러분에게 얼마나 말도 안 되는 소리로 들리든 간에, 이런 개념은 수식에만 빠져 살았던 이론 물리학자들의 정신 나간 소리가 아니라, 과학에서 가장 믿을 만하고 강력한 이론에서 나온 진지한 예측이다.

분명 고양이는 죽었거나 살아 있어야 하고, 우리가 상자를 여는 행동은 결과에 영향을 미칠 수 없다. 이건 단순히 우리가 이미 일어난 (일어나지 않은) 일을 알 수 없는 것에 대한 문제인가? 이것이 바로 슈뢰딩거가 강조하고 싶었던 부분이다. 양자역학에서 가장 중요한 방정식인 슈뢰딩거 방정식을 비롯해서 이 새로운 이론에 그가 기여한 바가 매우 큼에도 불구하고, 슈뢰딩거는 그 이론의 어떤 측면에 대해 불편함을 느꼈고, 1920년대 동안 단지 이 문제 하나만을 놓고 보어와 하이젠베르크와 함께 몇 번에 걸친 논쟁을 벌이기도 했다.

물리학자가 아닌 보통 사람들에게 아무리 잘 설명하더라도 양자역학은 그저 당황스럽고 심지어는 믿기 힘든 것처럼 들린다. 하지만 사실 양자 세계의 행동을 설명하는 규칙과 방정식은 논리적으로나 수학적으로도 모호하지 않고 잘 정의되어 있다. 많은 물리학자들도 종종 방정식을 통해 추상적인 기호와 실제 세계를 연관 짓는 것에 대해 불편한 마음을 갖고 있음에도 불구하고, 양자역학의 풍부한 수학적 기반은 이것이 정말 세상의 근본적인 사실을 잘 반영하는지를 의심하기에는 너무 정확하고 성공적이었다. 그렇다면 양자역학이 지닌 이 모든 기묘함에도 불구하고 고양이 패러독스를 풀 수 있을까? 어디 우리가 이 퍼즐을 풀 수 없는지 두고 보자. 겨우 고양이에게 무릎 꿇으려고 위대한 악마와 싸우며 여기까지 온 것은 아닐 테니 말이다.

에르빈 슈뢰딩거

1925년부터 1927년의 기간 동안 세상은 전례가 없는 과학적 혁명을 맞이한다. 물론 코페르니쿠스, 갈릴레오, 뉴턴, 다윈, 아인슈타인, 크릭과 왓슨처럼 세상에 대한 근본적인 시각을 바꾼 과학사에 길이 남을 위대한 업적들도 많지만, 이 업적들 중 어느 것도 양자역학만큼 과학을 혁명적으로 바꾼 것은 없다고 말하고 싶다. 이 분야는 겨우 수년 만에 만들어졌지만 세상에 대한 우리의 관점을 영원히 바꾸어 놓았다.

그럼 1920년대 초 물리학은 어땠는지 간단히 알아보자. 당시에는 모든 물질은 궁극적으로 원자로 이루어져 있다는 것이 알려져 있었고, 과학자들은 원자 내부가 어떻게 생겼는지, 무엇으로 이루어져 있을지에 대해 대강의 아이디어를 갖고 있었다. 또한 아인슈타인의 연구를 토대로 빛이 실험의 구성과 어떤 성질을 보려고 하는지에 따라 입자의 흐름 혹은 파동처럼 행동할 수 있다는 것도 알려져 있었다. 이것만으로도 충분히 이상하지만 전자와 같은 입자들도 그런 모순적인 행동을 나타낼 수 있다는 증거가 늘어나고 있었다.

1916년 닐스 보어는 맨체스터에서 어니스트 러더포드가 원자 내부에서 전자가 원자핵을 도는 모델을 만드는 것을 도와주고 코펜하겐으로 돌아왔다. 겨우 몇 년 만에 그는 칼스버그의 지원을 받아 코펜하겐에 새로운 연구기관을 설립했다. 그 후 1922년 노벨 물리학상을 수상한 그는 주변에 있던 당대 최고의 과학자들을 모으는 일에 착수했다. 여기에 모인 과학자들 중에서 가장 유명했던 사람은 독일의 물리학자 베르너 하이젠베르크였다. 그는 1925년 여름 독일의 헬골란트에서 걸린 건초열에서 회복되는 동안에도 양자역학에 필요한 새로운 수학적 표현을 만드는 데에서 중요한 진보를 이루어냈다. 하지만 이것은 다소 이상한 종류의 수학이었고, 그것이 원자에 대해 말해 주는 것은 더 이상했다. 예를 들면, 하이젠베르크는 우리가 전자를 측정하지 않고서는 위치를 말할 수 없는 건 물론이고, 전자 자체도 어떤 특정한 위치를 갖고 있는 것이 아니라 안개처럼 알 수 없는 방식으로 퍼져 있다고 주장했다.

하이젠베르크는 원자들의 세계는 유령 같고, 반은 실제 같은 세상이며 그것을 관측할 장치를 만들 때만 그 존재가 정교하게 정해진다고 결론 내릴 수밖에 없었다. 게다가 이런 장치를 만든다고 해도 그것이 측정할 수 있게 설계된 특성들만을 볼 수 있을 뿐이다. 그러므로 너무 기술적인 설명을 피하자면, 전자의 위치를 측정한 장치가 어떤 장소에 있다고 결과를 내는 동안 다른 장치는 전자의 속도를 측정해서 알려줄 수 있지만, 전자의 위치와 속도를 동시에 정확하게 알려주는 실험을 설계하는 것은 불가능하다. 이것은 과학에서 가장 중요한 개념 중 하나로 하이젠베르크의 불확정성 법칙에 담긴 핵심이다.

1926년 1월, 하이젠베르크가 이 아이디어를 구체화하고 있을 무렵, 에르빈 슈뢰딩거도 원자를 보는 새로운 시각을 제시하는 대안이 될 수학적 접근법을 다루는 논문을 내놓았다. 그의 원자 이론에서는 원자핵을 도는 전자의 위치가 모호하며 알 수 없다고 하지 않고, 원자핵을 둘러싼 에너지의 파동과 같다고 설명한다. 전자가 고정된 위치를 갖지 않는 것은 그것이 입자가 아니라 파동이기 때문이라는 것이다. 슈뢰딩거는 전자의 모습이 흐릿하게 나타나는 것과 선명한 모습의 전자가 구름처럼 존재하는 것을 구분하고자 했다. 양쪽 모두 우리는 전자의 위치를 정확히 명시할 수 없지만, 슈뢰딩거는 우리가 관측할 때까지는 전자는 정말로 퍼져 있다고 생각하는 쪽을 선호했다. 그의 원자 이론은 파동 역학이라고 불리게 되었고, 그의 유명한 공식은 이러한 파동이 결정론적인 방식으로 시간에 따라 어떻게 변하고 행동하는지를 설명해 냈다.

오늘날 우리는 양자 세계를 보는 하이젠베르크의 추상적인 수학적 방법과 슈뢰딩거의 파동적인 방법 두 가지 모두를 받아들이는 법을 배운다. 학생들은 두 가지 모두를 배우는데, 둘 다 잘 맞아 들어가는 것처럼 보인다. 물리학자들은 문제에 따라 손쉽게 두 가지 시각 사이를 전환하는 방법을 배우는데, 둘 다 동일한 예측을 내놓으며 실험 결과와도 멋지게 맞아떨어진다. 볼프강 파울리Wolfgang Pauli, 폴 디락Paul Dirac과 같은 양자역학의 선구

그림 9.2 원자핵에 한 개의 전자가 돌고 있는 수소 원자를 설명하는 세 가지 방법

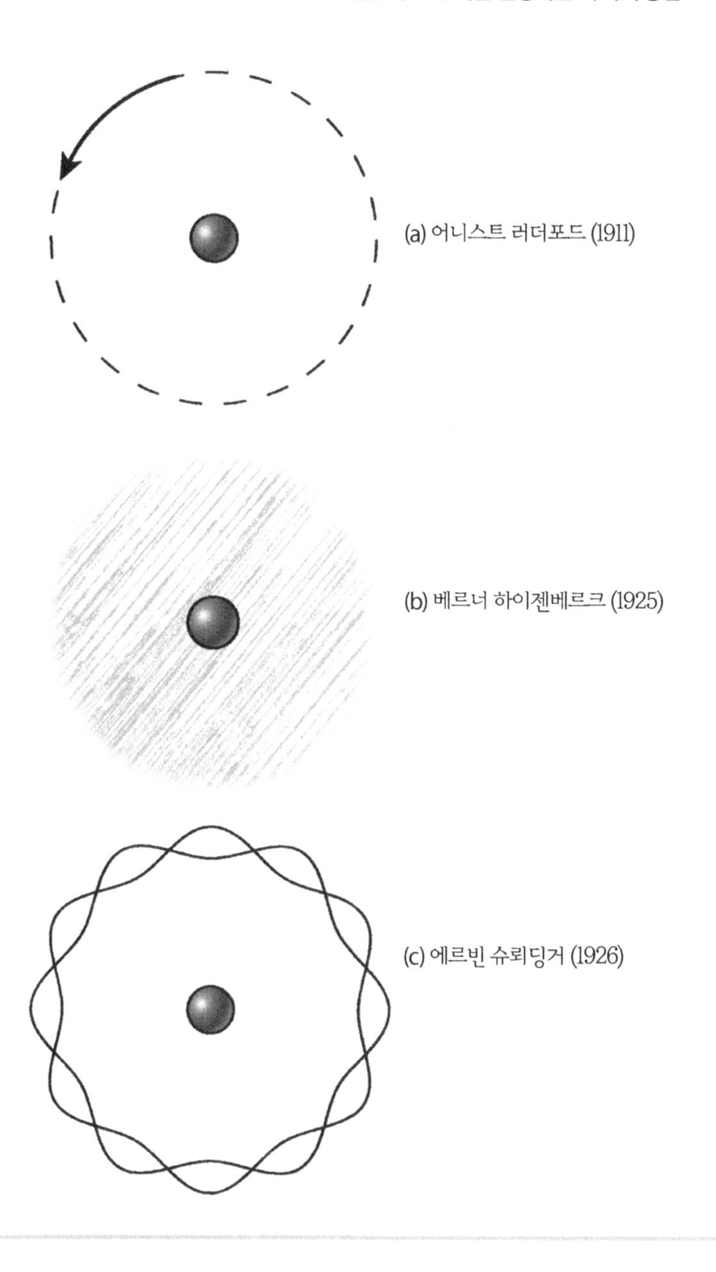

자들은 1920년대 후반에 두 가지 접근 방식이 수학적으로 완벽하게 동일하며, 단지 원자와 그 구성 입자들의 특성을 설명할 때 어떤 것을 쓰는 것이 편리한가의 문제일 뿐이라는 점을 보여주었다. 같은 것을 두고 두 가지 다른 언어로 설명하는 것과 비슷하다고 생각하면 된다.

따라서, 수학적 이론으로서의 양자역학은 전자에서 쿼크quark, 뉴트리노neutrino에 이르는 원자와 물질을 구성하는 모든 입자들의 미시 세계의 구조를 설명하는 데 엄청난 성공을 거두었지만, 이 수학적 표현들을 어떻게 해석할 것인가와 양자 세계의 규모를 점점 키워 가면 어떻게 우리가 익숙한 거시 세계까지 확대되는지에 대한 얽힌 풀리지 않은 문제들을 수반하고 있다. 슈뢰딩거가 패러독스를 통해 강조하고 싶었던 부분은 바로 이 두 번째 문제다.

양자적 중첩

이 이야기에서 빼먹은 중요한 단계가 있다. 나는 여러분에게 양자 세계는 원래 이상하니까 개개의 원자가 두 가지 상태로 동시에 있을 수 있다는 개념을 받아들여 주었으면 하는 한편, 실제로는 엄청난 수의 원자로 이루어져 있고 살아 있으면서 동시에 죽어 있는 고양이에 얽힌 문제를 풀려고 한다는 걸 깨닫고 있다. 그러므로 우선은 왜 물리학자들이 원자가 정말로 이렇게 행동한다고 믿는지부터 설명하는 게 좋을 것 같다.

'동시에 두 가지를 (혹은 여러 가지를) 하는' 혹은 '동시에 두 장소에 (혹은 여러 곳에) 존재하는' 양자 대상의 특성은 중첩이라고 부르며, 여러분 생각처럼 완전히 생소한 것은 아니다. 중첩이라는 개념은 사실 양자역학에만 있는 독특한 것이 아니라 파동의 일반적인 성질이다. 수면의 물결을 생각하면 가장 확실히 알 수 있는데, 올림픽 다이빙 선수를 보고 있다고 생각해 보자. 선수가 물에 뛰어들면 원형의 물결이 입수한 지점을 중심으로 수영장 벽을 향해 바깥으로 퍼져나간다. 이것은 수영장이 첨벙거리는 사람들로 가득한 상황과 현저한 대조를 이루는데, 이 경우 수면은 수많은 파동이 합해져 어지러운 물결로 가득할 것이다. 이처럼 여러 파동이 함께 더해지는 과정을 중첩이라고 부른다.

여러 개의 파동을 겹치는 것은 복잡하니까 두 파동의 중첩 효과만 고려하는 것이 상대적으로 쉬울 것이다. 두 개의 돌을 양손에 쥐고 있다가 동시에 연못에 떨어뜨린다고 해 보자. 각각은 원형으로 퍼져나가는 물결을 만들고 다른 돌이 만든 물결과 겹쳐질 것이다. 이 중첩 현상을 사진으로 찍는다면 어떤 지점에서는 극값이 나타나는 복잡한 모양을 볼 수 있다. 두 물결의 마루(높은 점)가 겹쳐져서 더 큰 너울이 생기는 곳(보강 간섭)이 있고, 어떤 곳에서는 한 물결의 마루와 다른 물결의 골(낮은 점)이 겹쳐져 일시적으로 물결이 없는 것처럼 보이기도 한다. (상쇄 간섭) 이걸 염두에 두기 바란다. 두 파동은 서로 중첩을 통해 상쇄될 수 있다.

이제 양자 세계에서 이와 동일한 것을 보기로 하자. 우리가 5장에서 빛과 빛의 속도에 대해서 이야기할 때 언급했던 간섭계라는 장치가 있는데, 이 장치는 앞에서 얘기한 것과 동일하게 두 파동을 합쳐서, 어디서 보강 간섭 혹은 상쇄 간섭이 일어나는지 보여줄 수 있다. 간섭계는 한 파동이 들어왔을 때 다른 파동이 들어오면, 그것으로 먼저 들어온 파동을 상쇄할 수 있도록 우리가 볼 수 있는 신호로 만들어 준다. 이것은 간섭계에 들어

온 것이 파동처럼 행동한다는 것을 보여주는 분명한 신호다.

여기서 정말 흥미로운 부분이 나온다. 특정한 형태의 간섭계는 전자와 같은 입자를 감지할 수 있다. 이런 입자들은 그들의 가능한 경로를 둘로 나눌 수 있는 장치를 통과할 수 있는데, 최종적으로 경로가 다시 합쳐지기 전까지는 두 개의 서로 다른 경로를 따라갈 수 있게 된다. 이런 장치에 빛을 넣어 주면 어떻게 나올지는 분명하다. 빛이 장치에 입사하면 부분 반사 거울(부분적으로 투명한 유리로 되어 있어서 절반의 빛은 원래 경로로, 나머지는 다른 경로로 반사시킨다)에 의해 둘로 나뉘어진다. 이것을 통해 원래는 하나였지만 두 개로 나뉘어진 빛을 얻게 된다. 이 두 개의 빛은 장치 안의 다른 경로를 통과한 후 다시 합쳐지고, 최종적으로는 각자 지나온 경로의 길이에 의존하여 간섭하게 된다. 만약 두 경로의 길이가 정확히 일치한다면 빛의 파동이 서로 일치하게 되는데, 이때 '위상이 같다'고 말한다. 반면 '위상이 맞지 않을' 때는 위치에 따라 상쇄 간섭을 일으키는 경우가 있어서 마치 빛이 없는 것처럼 보인다. 기억해야 할 점은 오직 두 파동이 간섭할 때만 이런 결과가 나온다는 것이다.

이제 양자 세계의 진짜 충격적인 성질을 보자. 하나의 전자를 두 경로 중 하나를 택하도록 만드는 아까와 동일한 장치에 보내면 (자석이나 코일로 경로를 선택할 수 있도록 만들 수 있다), 상식적으로 생각하면 이쪽 아니면 저쪽으로 통과할 것 같지만, 실제로는 이유는 잘 모르지만 빛의 파동처럼 어떻게든 쪼개져서 동시에 두 경로를 통과하는 것처럼 행동한다. 전자가 이렇게 행동한다는 것을 어떻게 알 수 있을까? 두 가지 다른 경로가 다시 합쳐질 경우에 나오는 결과는, 전자가 두 개의 퍼져 있는 파동이 각자 장치를 통과하는 것처럼 행동할 때 나올 수 있는 결과와 정확히 일치하는 결과를 보이기 때문이다.

양자역학의 초창기부터 물리학자들은 전자와 같은 입자가 어떻게 이런 행동을 보일 수 있는지 파악하려고 애를 써 왔다. 전자는 정말로 양쪽 경로를 동시에 지날 수 있는 것처럼 보였다. 그렇지 않았다면 우리가 보는 간섭 현상 같은 파동적인 행동이 나타나지 않았을 것이다. 이것은 정확히 양자 이론이 예측한 대로인데, 우리가 보고 있지 않을 땐 양자역학적 양을 파동처럼 취급해야 한다는 것이다. 하지만 간섭계의 한쪽 경로에 검출기 같은 것을 붙인다면, 그 즉시 우리는 전자가 경로를 따르거나 따르지 않거나 중 하나의 결과를 보게 된다. 그러므로, 우리가 전자가 이동하는 도중에 그것을 확인하려 한다면, 우리는 두 경로 중 하나를 따르는 것만 볼 수 있다. 어쨌든, 그 과정에서 우리는 불가피하게 양자적 행동에 간섭하게 되어 파동적인 현상인 간섭은 사라지게 된다. 놀랍진 않겠지만, 어쨌든 이제 전자는 더 이상 두 경로를 동시에 지나가지 않게 된다.

결론은 이러하다. 양자 세계에서는 모든 것이 우리가 그것을 관찰하느냐 아니냐에 따라 매우 다르게 행동한다. 우리가 보고 있지 않을 땐 그들은 일종의 중첩 상태에 있을 수 있으며, 두 가지 이상을 동시에 할 수 있다. 우리가 그것을 보는 순간부터는, 어떤 식으로든 즉시 여러 가지 선택지 중 하나를 택하게 되며 상식적으로 행동한다. 고양이와 함께 상자 안에 놓인 방사성 원자는 붕괴한 동시에 붕괴하지 않은 두 가지 양자 상태가 중첩된 상황에 놓여 있다. 우리가 모르기 때문에 그런 상태에 있을 가능성을 허락할 수밖에 없는 것이 아니라, 그것들은 정말로 두 상태의 유령 같은 조합에 놓여 있기 때문이다.

측정의 문제

원자의 행동을 설명할 방정식을 갖게 된 것은 좋은 일이지만, 아무리 훌륭한 과학 이론이라도 이론의 가치는 오직 이론이 내놓은 예측이 실제 세상과 얼마나 잘 맞는지와 그 예측을 검증하는 실험의 결과에서 나올 뿐이다. 양자역학은 우리가 보고 있지 않을 때 원자들의 세상이 어떻게 돌아가는지를 묘사하고 있으며 (다소 추상적인 수학적인 표현이지만), 우리가 측정하려고 한다면 어떤 것이 나올지에 대해서 놀라울 만큼 정확한 예측을 내놓는다. 하지만 우리가 보고 있지 않을 때의 상태에서 측정 장치를 들이댔을 때 나오는 결과에 이르는 실제 과정은 여전히 미스터리로 남아 있다. 이 미스터리는 측정의 문제라고 알려져 있으며 다음과 같이 설명할 수 있다. 어떻게 원자나 다른 입자들은 작고 국소적 입자에서 다양한 파동의 형상을 지닌 퍼져 있는 모습으로 변하며, 우리가 확인하려고 하는 즉시 다시 완벽하게 작은 입자처럼 행동하는가?

그간의 성공적인 결과에도 불구하고, 양자역학은 원자의 주변을 돌고 있는 전자를 설명하는 수식으로부터 그 전자에 대해 어떤 측정을 할 때 나오는 결과에 이르는 과정에 대해서는 아무것도 말해 주지 못한다. 이런 이유 때문에 양자역학의 선구자들은 양자 이론의 부록과 같은 임시 규칙을 제시했다. 그것들은 '양자 가설Quantum Postulates'이라고 불리며, 방정식의 수학적 예측을 어떻게 우리가 관측할 수 있는 전자의 위치와 같은 감지할 수 있는 측정값으로 해석할 수 있는지에 대한 매뉴얼과 같은 것을 제공한다.

전자가 '이곳과 저곳'에 동시에 존재하는 상태에서, 우리가 관측할 때 순간적으로 '여기 아니면 저기' 존재하는 상태로 바뀌는 실제 과정에 대해서는 아무도 알 수 없고, 대부분의 물리학자들은 '그건 그냥 그런거야'라고 말했던 닐스 보어의 실용적인 시각을 받아들이는 것으로 만족해 왔다. 그는 그것을 '증폭의 비가역적 행동an irreversible act of amplification'이라고 불렀는데, 20세기 물리학자들 대부분이 그 정도 설명에 만족했다는 건 꽤 믿기 힘들 것이다. 보어는 기묘한 일들이 일어나는 양자 세계와 모든 것이 합리적으로 돌아가는 거시 세계로 임의적인 구분을 했다. 전자를 바라보는 계측 장치는 우리 거시 세계의 일부일 것이다. 하지만 측정 과정이 언제 어떻게 왜 일어나는지는 명확하지 않다는 것이 슈뢰딩거가 제시한 문제였다. 대체 미시 세계와 거시 세계를 구분하는 선은 어디인가? 짐작컨대 원자와 고양이 사이의 어딘가일 것이다. 하지만 그렇다면 고양이도 원자의 집합이라고 하면 어떻게 구분을 지어야 할까? 달리 말하자면, 가이거 계수기, 간섭계, 수많은 조절 장치를 가진 정교한 기계를 비롯한 모든 측정 장치 혹은 고양이조차도 궁극적으로는 모두 마찬가지로 원자로 이루어져 있다. 그럼 우리는 양자 법칙을 따르는 양자 세계와 측정 장치의 거시 세계를 나누는 선을 어디에 그어야 할까? 그러고 보니 측정 장치를 구성하는 것이 정확히 뭐였더라?

커다란 물체로 가득한 일상 세계에서는 어떤 것이 우리 눈에 보인다면, 실제로도 그렇게 생겼고 그렇게 움직인다는 것을 당연하게 받아들일 수 있다. 하지만 무엇을 본다는 것은 빛이 그것에서 우리 눈으로 들어온다는 것인데, 빛이 우리가 보려는 대상에 작용한다는 것은 그것을 건드리는 것이고, 빛이 충돌하고 반사하는 과정에서 미세하게나마 그것을 바꿔놓게 된다. 이런 과정은 자동차나 의자, 사람 같은 큰 물체를 볼 때엔 문제가 되지 않는다. 심지어 현미경으로 살아 있는 세포를 볼 때에도 빛의 입자가 충돌로 인해 세포에 미치는 영향은 느낄 수 없을 정도로 작다. 하지만 광자와 비슷한 크기의 양자 세계의 물체를 다룰 때는 이야기가 다르다. 결국, 모든 작용은 같은 크기의 반작용을 갖는다. 전자를 보려면 광자를 반사시켜야 하는데 그 과정에서 우리는 전자를 때려서 원래 경로에서 벗어나게 만들게 된다.

달리 말하면 어떤 계에 대해서 뭔가 알아내려고 한다면 우선 측정을 해야 하는데, 그 과정에서 우리는 종종 불가피하게 그 계를 바꾸어 놓게 되어서 원래의 진정한 모습을 볼 수 없게 된다. 여기서는 이런 개념을 최대한 단순한 용어로 설명했는데, 이런 표현으로 양자 세계의 측정에 대한 미묘함을 제대로 표현하긴 부족하지만 여러분이 감을 잡는 데 도움이 되었기를 바란다.

그럼 잠시 쉬면서 우리가 어디까지 왔는지 돌아보기로 하자. 양자 세계는 손에 잘 잡히지 않고 교활하다. 일상 세계에서는 불가능할 것 같은 일을 해내기도 하고, 우리가 그것을 알아채지 못하도록 막는 교활함도 갖고 있다. 슈뢰딩거의 상자를 열면 언제나 죽은 고양이 혹은 살아 있는 고양이가 나오지, 둘이 중첩된 상태로 나오는 경우는 없다. 그러고 보니 우리는 여전히 패러독스의 해결에는 조금도 다가가지 못한 것 같다.

필사적인 시도들

그럼 물리학자들은 슈뢰딩거의 논문에 어떤 반응을 보였을까? 보어와 하이젠베르크는 상자를 열기 전까지 고양이가 살아 있는 동시에 죽어 있다는 식의 주장을 펼치지는 않았다. 하지만 패러독스에 대한 합리적인 답을 제시하는 대신 영리한 주장으로 그것을 빠져나갔다. 그들은 우리는 고양이에 대해서 아무것도 말할 수 없으며, 심지어 확인을 위해 상자를 열기 전의 상황에 대해 독립적인 실재를 가정하는 것도 불가능하다고 주장했다. 고양이가 정말 살아 있는 동시에 죽어 있느냐고 묻는 것은 적절한 질문이 아니라는 것이다.

상자가 내내 닫혀 있다면, 그저 우리는 고양이의 실제 상태에 대해서는 아무것도 말할 수 없다는 것이 그들의 추론이었다. 우리가 판단할 수 있는 것은 그 방정식이 우리가 상자를 열었을 때 무엇을 보게 될지에 대해 내놓은 예측뿐이다. 그러므로 양자역학은 상자 안에서 무슨 일이 일어나는지, 심지어 상자를 열었을 때 무엇이 나올지에 대해서도 말할 수 없다. 그저 고양이가 죽어 있거나 살아 있는 것을 발견할 확률만 예측할 수 있을 뿐이다. 만약 그런 실험이 실제로 이루어지고 (많은 고양이를 희생시키면서) 여러 번 반복한다면, 점점 그 예측이 맞다는 것이 분명해질 것이다. (마치 동전을 여러 번 던지면 앞과 뒤가 반반에 가깝게 나온다는 것을 확인할 수 있는 것과 비슷하다) 이런 양자역학적 확률은 놀라울 만큼 정확하지만, 계산을 하려면 일단 원자가 두 상태의 중첩에 있다는 것을 받아들여야 한다.

수년에 걸쳐 많은 물리학자들이 최소한 양자 세계가 행동하는 것이 어떻게 그렇게 되는지라도 설명하기 위해 노력해 왔다. 그리고 가장 놀라운 의견들 중 몇 가지는 슈뢰딩거의 고양이 문제를 푸는 동안에 나온 것이다. 거래 이론transactional theory에서는 공간을 가로지르는 연결과 동시에 시간대를 가로지르는 연결을 통해 양자 세계를 다룬다. 이 이론에 따르면, 슈뢰딩거의 상자를 여는 행동은 과거로 신호를 보내서 방사성 원자가 붕괴할지 말지 결정하도록 한다.

한때 측정에는 양자 세계를 거시 세계로 바꾸는 인간의 의식이 개입한다는 식의 의견까지도 유행했던 적도 있었는데, 마치 의식에는, '비가역적 증폭'이 일어나도록 해서 양자적 중첩 상태가 사라지도록 하는 뭔가 독특한 것이 있다는 의견이었다. 결국, 아무도 중첩이 일어나는 양자 세계와 측정으로 특정한 결과가 나오는 거시 세계의 경계선을 그을 수 없기에 우리는 정말로 필요할 때만 경계를 지어야 할 것 같다. 심지어 측정 장치(검출기, 화면, 고양이)도 원자들의 집합에 불과하기에 매우 크긴 하지만 다른 양자계와 마찬가지로 행동해야 하며, 양자적으로 설명할 수 없게 되는 경우는 오직 우리 의식에 포착되었을 때뿐일 것이다.

측정 대상과 의식을 가진 관찰자 사이에 경계선을 긋는 것은 철학자들이 유아론solipsism이라고 부르는 것과 이어진다. 유아론은 관찰자가 세상의 중심이며 나머지 모든 것은 그저 상상에서 나온 가상이라는 생각이다. 다행스럽게도 이 이론은 수년 전에 신빙성이 떨어지는 것으로 결론이 났다. 적잖게 당황스럽지만 흥미로운 것은, 많은 사람들이 우리가 여전히 양자역학이나 의식의 기원에 대해서 완전히 이해하고 있지 못하기에, 두 가지가 어떤 신비한 관계로 이어져 있을 것이라고 주장한다는 점이다. 이런 추측은 재미있긴 하지만 주류 과학에서는 설 자리가 없다. (아직은)

그럼 고양이는? 고양이도 의식이 없나? 고양이는 상자 안에서 관측을 할 수 없을까? 이것을 시험해 볼 수 있는 쉬운 방법이 있다. 고양이 대신 인간 지원자를 넣고, 단지 의식만 잃게 만드는 독약을 넣는다면 어떨까? (고양이한테도 그런 약을 쓰자고 할 수도 있겠지만) 상자를 열면 이제 어떤 일이 일어날까? 확실히 그 지원자가 의식이 있는 동시에 의식을 잃은 상태에 놓여 있지는 않을 것이고, 그가 사실은 상자에서 나오기 전까지 두 가지의 중첩 상태에 놓여 있었다고 설득할 수도 없을 것이다. 그가 정신을 차리고 있다면 다소 예민한 상태인 건 별개로 하고, 이제까지 별일 없었다고 말할 것이다. 그가 의식을 잃고 있었다면, 그는 깨어난 뒤에 상자가 닫히고 10분 뒤에 장치가 작동하는 걸 듣자마자 어지러움을 느끼기 시작했다고 말할 것이다. 다음으로 그가 기억하는 건 스멜링 솔트[10] 냄새를 맡으며 깨어났다는 것이다.

그러므로, 개별 원자들은 양자적 중첩 상태로 존재할 수 있지만 사람은 분명 절대 그럴 수 없다. 또 이 사람에게는 뭔가 특별한 구석(그의 의식이 측정을 검증하는 데에 박사 학위나 흰색 실험 가운이 필요했을까?)도 없기에, 그와 고양이를 구분할 기준도 찾기가 어렵다. 그러므로 고양이 자신이 결과를 알고 있다면, 상자를 열기 전까지 고양이가 살아 있는 동시에 죽어 있다고 표현할 이유가 전혀 없다고 결론을 내릴 수밖에 없다.

서서히 약해지는 양자 현상

고양이가 중첩 상태에 놓여 있지 않다면, 양자적 미시 세계와 우리의 거시 세계를 나누는 기준선은 양자 세계 쪽으로 훨씬 내려가게 될 것이다. 측정이란 무엇인가라는 질문을 놓고 다시 살펴보기로 하자.

땅 속 깊이 묻혀 있는 바위에 들어 있는 우라늄 원자 하나를 놓고 생각

10 역주 : 권투 선수가 의식이 희미해질 때 냄새를 맡게 하는 약

해 보자. 매우 낮은 확률이긴 하지만, 우라늄 원자는 저절로 분열하면서 두 조각으로 나뉘고 엄청난 에너지를 방출할 수 있다. 이것이 원자로에서 열과 전기를 제공하는 에너지의 원천이다. 우라늄 원자의 절반 정도 크기의 두 조각은 서로 등을 맞대고 날아가지만 방향은 어디든 상관없다. 양자역학에 의하면 측정을 하기 전까지 각 조각들은 모든 방향으로 날아갈 수 있다고 봐야 한다. 이 조각들을 입자가 아니라 연못에 떨어진 돌이 일으킨 원형으로 퍼져 나가는 파동으로 생각하면 훨씬 이해하기 쉽다. 어쨌든 우리는 이 분열된 조각들이 현미경으로 볼 수 있는 작은 궤적들을 남긴다는 걸 알고 있다. 사실 이런 수천 분의 일 밀리미터 정도 되는 궤적들을 연구하는 것은 이미 바위의 방사성 연대 측정법에서 유용하게 사용되고 있는 기술이다.

이런 궤적 자체는 양자 세계에서 만들어진 것이기에, 그것을 측정하기 전까지는 분열이 일어나서 궤적이 나타난 경우와 나타나지 않은 경우 모두로 표현해야 한다. 또 분열이 일어났다고 하면, 그 궤적이 동시에 모든 방향으로 나타났을 것으로 설명해야 한다. 하지만 그러면 측정은 무엇으로 이루어지는가? 바위는 우리가 현미경으로 들여다볼 때까지 궤적이 있는 것과 없는 것이 함께 존재하는 연옥 같은 곳에 있는 것일까? 물론 그렇지 않다. 궤적은 우리가 그 바위를 오늘 조사하든 백 년 뒤에 조사하든, 아니면 조사하지 않든 상관없이 있거나 없거나 둘 중 하나일 것이다.

양자 세계에서 관측은 늘 일어나고 있을 수밖에 없으며, 의식을 가진 관찰자라는 존재는 실험 가운을 입었든 아니든 간에 아무 역할도 할 수가 없다. 측정의 정확한 정의는 '사건' 혹은 '현상'이 기록될 때 일어나며, 어떤 의미에서는 사건의 흔적이 남아서 우리가 원한다면 나중에라도 인지할 수 있어야 한다는 것이다.

너무 당연하게 들린 나머지 양자역학을 연구하는 물리학자들은 얼마나 멍청하면 이걸 다른 식으로 생각할 수 있는 거냐고 해도 무리는 아니다. 하지만, 양자역학의 몇몇 예측들은 전혀 합리적이지 않다. 필요한 것은 양자 세계에서 일어나는 사건이 어떻게 기록되는지에 대한 명확한 아이디어이다. 사건이 기록되는 그 때가 양자역학의 기묘함(두 갈림길을 동시에 가거나 뭔가를 하는 동시에 하지 않는 등)이 약해지는 때이기 때문이다.

1980년대와 1990년대에 걸쳐, 물리학자들은 양자 세계에서 무슨 일이 일어나고 있는지를 알아보게 되었다. 그들은 원자 하나와 같은 고립된 양자계가 홀로 중첩된 상태에 있다가 거시적인 측정 장치와 연결되면 어떻게 될지 고려해 보았다. 이때 측정 도구는 바위 같은 주변 환경이 될 수도 있다. 양자역학은 측정 장치나 바위를 이루고 있는 수조 개의 원자들 또한 중첩 상태에 있도록 지배하고 있다. 어쨌든, 이런 민감한 양자적 효과들은 그런 거시적인 물체에서 유지되기에는 너무 복잡해서 뜨거운 물체에서 열이 빠져나가듯 새어나가게 된다. 이런 과정을 '결어긋남 decoherence'이라고 하는데, 이 주제에 대해서는 많은 논란과 연구가 진행되고 있다. 결어긋남을 생각하는 방법은 각각 원자의 민감한 중첩 상태가, 거시적인 물체를 이루고 있는, 모든 원자 간의 가능한 상호작용의 조합에서 오는, 엄청난 수의 모든 가능한 중첩 상태 사이에서, 돌이킬 수 없을 정도로 흐트러진다고 보는 것이다. 원래의 중첩 상태를 회복하는 것은 섞어 놓은 카드를 섞어서 원래대로 되돌리는 것과 조금 비슷한 면이 있다. 훨씬 더 어렵다는 점만 빼고.

오늘날 많은 물리학자들이 결어긋남 현상은 우주 어디서나 언제나 일어나는 실제 물리적 과정이라고 보고 있다. 그것은 양자 계가 주변 환경(가이거 계수기에서 바위덩어리나 공기 분자에 이르는 모든 것이 포함된다. 의식을 가진 관찰자를 필요로 하진 않는다.)과 격리되어 있다가 만나는 순간에는 언제나 일어난다. 외부 환경과의 연결이 충분히 강해지면 원래의 민감한 중첩 상태는 매우 빠르게 사라진다. 사실 결어긋남은 물리학 전체에서 가장 빠르고 효율적인 과정 중 하나다. 결어긋남 현상이 그토록 오랫동안 발견되지 않은 것도 이런 놀라울 정도의 효율 때문이다. 물리학자들도 최근에 와서야 이것을 어떻게 제어하고 연구할 수 있을지를 배워 가고 있다.

결어긋남은 아직 완전히 이해되진 않았지만, 최소한 우리 패러독스를 이해하는 데 도움이 될 수 있을 것 같다. 슈뢰딩거의 고양이가 살아 있는 동시에 죽어 있는 것을 볼 수 없는 이유는, 우리가 상자를 열기 한참 전에 이미 가이거 계수기에서 결어긋남이 일어났기 때문이다. 계수기는 원자가 붕괴했는지 아닌지를 기록하는 기능이 있기에 원자가 결정을 내리도록 만든다. 따라서 어느 주어진 시간 간격 동안 원자는 붕괴했거나 아니거나 둘 중 하나의 상태로 결정되며, 가이거 계수기는 그것을 기록하고 고양이를 죽이도록 장치를 동작시키거나 동작시키지 않거나 하게 된다. 일단 양자 세계의 중첩 상태에서 벗어나게 되면 돌아갈 방법은 없으며, 단순한 통계적 확률만 남게 된다.

2006년 로저 카펜터Roger Carpenter와 앤드류 앤더슨Andrew Anderson이라는 두 과학자가, 중첩 상태의 붕괴와 양자적 기묘함이 새어 나가는 것이 가이거 계수기 수준에서 일어난다는 것을, 깔끔하게 실험을 통해 입증해서 논문으로 내놓았다. 이 실험은 별로 관심을 끌지 못했는데, 아마도 대부분의 물리학자들이 더 이상 그것을 풀어야 할 문제라고 생각하지 않기 때문이 아닐까?

이렇게 결어긋남은 왜 우리가 슈뢰딩거의 고양이가 살아 있는 동시에 죽어 있는 것을 볼 수 없는지, 또 애당초 고양이는 그런 중첩 상태에 있지도 않은지를 설명해 준다. 물론 선택지가 어떻게 결정되는지에 대해서는 결어긋남으로 설명할 수 없다. 양자역학의 확률적이고 예측 불가능한 측정의 성질은 사라지지 않는다.

사실 다중 우주 이론에 동의한다면 더 이상 가능한 두 가지 선택지 중 하나가 어떻게 선택되느냐를 설명할 필요도 없다. 이 문제를 보자면 고양이는 이 우주에서는 죽은 상태로, 다른 우주에서는 살아 있는 상태로 있을 수 있다. 상자를 열면 당신이 속해 있는 우주에 있는, 죽은 고양이나 살아 있는 고양이를 보게 될 뿐이다. 당신이 어떤 우주에 속해 있든, 언제나 다른 우주에서 상자를 열어서 다른 결과를 보게 되는 또 다른 당신이 있다는 것이다. 단순 명료하다.

FERMI'S PARADOX
페르미의 역설

외계인은 어디에?

우리는 우리의 존재를 거의 한 세기에 걸쳐 온 우주에 알리고 있었다. 라디오와 TV를 사용해서 세상의 정보를 보내기 시작할 무렵부터 우리는 신호를 우주로 흘리고 있었던 것이다. 겨우 수십 광년 정도 거리에 있는 외계 문명이 있다면, 우연히 전파 망원경을 우리 태양으로 돌렸을 때 엄청난 양의 희미하지만 복잡한 라디오 신호를 잡을 수 있을 것이고, 그것은 태양을 돌고 있는 행성 중 하나에 생명체가 살고 있다는 신호가 될 것이다.

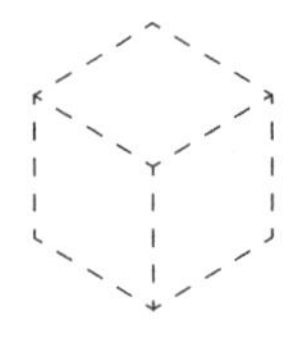

이탈리아계 미국인으로서

노벨 물리학상을 수상한 물리학자 엔리코 페르미Enrico Fermi는 양자역학과 원자 물리학에 많은 공헌을 한 인물이다. 1940년대 초반에는 시카고 파일-1Chicago Pile-1이라는 세계 최초의 원자로를 만들었고, 스핀에 따라 나눈 두 가지 기초 입자군 중 하나에는 그의 이름을 따서 페르미온fermion이라는 이름이 붙었다. (다른 한 입자군은 보존boson이다) 심지어 그의 이름을 딴 페르미fermi라는 길이 단위도 있다. 페르미는 매우 작은 길이 단위인 펨토미터(10^{-15}m)의 다른 이름이며, 원자핵이나 입자물리학에서 사용되는 단위이다. 하지만 이 장은 그가 했던 물리학 연구와는 무관한, 1950년에 그가 던진 한 질문에 관한 이야기다. 이것은 이 책에 나오는 질문들 중 가장 심오하고 중요하기에 마지막까지 아껴 두었다.

페르미의 유명한 질문은 원자 폭탄과 맨하탄 프로젝트의 고향인 뉴 멕시코의 로스 알라모스 연구소를 방문했을 때 동료들과 점심 식사를 하면서 나눈 이야기에서 등장했다. 거기서는 비행 접시와 외계 행성에서 지구까지 오는 데, 초광속 비행을 할 수 있느냐 없느냐를 놓고 가벼운 토론을 벌이고 있었다.

페르미의 역설은 다음과 같이 요약할 수 있다.

우주의 나이는 매우 오래되었고, 크기는 광활하며, 우리 은하에만도 수천 억 개의 별이 있고, 그 중에는 행성계를 가진 것도 있을 것이다. 지구가 매우 비정상적인 환경이라서 생명이 정착한 것이 아니었다면, 우주는 생명체로 바글바글할 것이다. 그 중에는 지적인 문명도 있어서, 우주 여행이 가능한 기술 수준을 갖춘 문명도 많을 것이고, 지금쯤이면 우리를 방문할 수도 있었을 것이다.

그렇다면 그들은 다 어디 있을까?

생명체가 살 수 있는 행성을 가진 태양계가 우리뿐만이 아닐 거라고 생각했던 페르미는 당연히 어딘가에는 지금쯤 은하 전체를 누빌 우주 여행 기술을 보유하고 있으면서도, 온건한 성향을 지닌 팽창주의적 외계 문명이 생겨나기에 충분한 시간이었을 것이라고 생각했다. 그와 다른 동료들은 어떤 종족이 그 정도 수준에 이르는 데 천만 년 정도가 걸린다고 추정했다. 매우 긴 시간처럼 보이고 어쩐지 대강 잡은 숫자 같기도 하지만, 중요한 점은 은하의 나이에 비하면 천 분의 일 정도밖에 안되는 아주 짧은 시간이라는 것이다. 호모 사피엔스가 등장한 것도 겨우 20만 년 정도밖에 되지 않았다는 점을 기억하자.

이 패러독스의 핵심은 다음 두 질문으로 압축할 수 있다.

- 생명체가 그렇게 특별한 것이 아니라면, 나머지 생명체들은 어디에 있는가?

- 만약 생명체가 특별한 존재라면, 어떻게 우주는 지구 상에서만 생명체가 나타날 수 있도록 정교하게 조절되었을까?

지구 상의 생명체가 가장 혹독한 환경에서도 번성하는 능력을 생각해 보면, 지구와 비슷한 다른 행성에서 그와 같은 일이 일어나지 말란 법이 있을까? 일단 생명체가 나타난 후에 번성하는 것보다는 생명이 처음 시작되는 것이 문제일 것이다. 과학자들이 이 패러독스와 그에 얽힌 문제들을 해결할 수 있을 것인지 살펴보기 전에 일반적으로 제시되었던 답들을 간단히 살펴보자.

1. **외계인은 존재하며 실은 이미 우리를 방문했었다.**

   나는 우리가 UFO 신봉자들과 음모론자들의 망상을 뒷받침할 어떠한 증거도 없다는 정당한 이유로 이 주장을 무시할 셈이다. 그럼에도 불구하고, 여전히 많은 사람들이 외계인이 비행 접시를 타고 지구를 방문했다고 믿거나, 수천 년 전에 피라미드를 지어 주고 다시 떠났다거나, 오늘날까지도 지구에 남아서 선량한 사람들을 납치해서 기괴한 실험을 하고 있다는 이야기를 믿고 있다.

2. **외계인은 어딘가 존재하지만 아직 우리와 만난 적은 없다.**

   왜 충분히 진보한 문명을 가진 외계인들이 우리에게 그들의 존재를 알리지 않고 있는가에 대해서는 많은 이유들을 떠올려 볼 수 있다. 예를 들면, 아마도 (우리와는 달리) 그들은 자신의 존재를 우주에 널리 알리고 싶지 않을 수도 있고, 우리가 우주 연합의 일원이 되기에 충분할 만큼 진보할 때까지 그냥 내버려 두기로 했을 수도 있다.[11] 물론 이런 생각들은 모든 외계 문명이 우리와 비슷한 추론 과정을 거친다는 가정이 필요하다.

3. 우리는 엉뚱한 곳을 찾고 있다.

50여년간 우리는 외계에서 오는 신호를 찾기 위해 귀를 기울였지만 아직까지 아무것도 찾지 못했다. 하지만 어쩌면 우리는 하늘의 적절한 곳을 찾아내지 못했거나, 딱 맞는 주파수를 맞추지 못했을 수도 있고, 신호와 메시지는 이미 오고 있지만 어떻게 해독해야 할지 모르고 있는 것일 수도 있다.

4. 다른 곳의 생명체들은 주기적으로 멸망한다.

우리는 지구에 살아 있는 것이 얼마나 축복 받은 것인지 잘 모를 수도 있다. 다른 태양계에 있는 생명이 살 만한 행성에서는 빙하기, 운석이나 혜성의 충돌, 플레어, 감마선 폭발과 같은 행성, 항성, 은하 규모의 대재앙을 주기적으로 겪을 수도 있다. 그런 사건들이 주기적으로 일어나는 곳에서는 생명이 우주 여행을 할 수 있을 만큼 지적으로 진화할 시간이 주어지지 않을 수도 있다. 아니면 반대편 극단도 생각할 수 있다. 다른 행성은 환경이 너무 편안해서 생물학적 다양성과 지성의 진화에 필요한 대량 멸종 위기를 겪지 않을 수도 있다.

---

11 역주 : 스타트렉의 은하연방 이야기

5. 자멸

모든 지적 생명체들은 어느 수준에 이르면 전쟁, 질병, 환경 파괴로 인해 불가피하게 자멸할 거라는 의견도 있었다. 멸망의 시기는 우주여행이 가능할 정도로 과학적으로 진보할 무렵일 거라는 의견인데, 이것이 사실이라면 참으로 불길한 메시지가 아닐 수 없다.

6. 외계인의 존재가 너무 낯설어서

우리는 외계인들이 우리와 비슷하게 생겼고, 우리 생각에 미래에 개발될 것 같은 기술을 지녔을 거라고 생각하는 경향이 있다. 모든 생명체는 물리학 법칙을 따르고 그것의 제약을 받기에 그렇게 생각할 만도 하지만, 그저 우리랑 매우 다른 지적 생명체를 상상해 낼 상상력이 부족한 것일 수도 있다. 물론 영화에 나오는 외계인들처럼 생겼을 거라고 상상하라는 뜻은 아니다. 하지만 우리는 무심결에 그들이 유기 물질을 바탕으로 이루어져 있으며, 팔과 다리, 눈을 가지고 서로 음파를 주고받으며 의사소통을 할 것이라고 생각하는 경향이 있다는 얘기다.

7. 우리는 정말로 우주에 홀로 남겨졌다.

생명이 탄생하는 데 필요한 조건이 너무도 까다로워서 몇 군데에서만 일어날 정도였다면, 자연을 이용해서 자신의 존재를 알리는 신호를 우주로 내보낼 수 있을 정도의 지적 생명체가 탄생한 것은 지구뿐일 수도 있다. 아니면 정말로 지구만이 생명이 탄생한 유일한 장소일지도 모른다.

위의 시나리오들은 모두 짐작일 뿐이지만 그것도 대부분은 썩 잘 다듬어진 것은 아니다. 페르미는 우주 어딘가에 지적 생명체가 정말로 존재할 가능성이 압도적으로 높지만, 우주 여행에 필요한 거리가 너무도 멀기에 광속이라는 제한을 생각한다면, 그만큼 시간도 걸릴 것이기에 외계 문명이 굳이 우릴 방문할 가치가 없다고 생각했다.

하지만 페르미는 외계인들이 자신의 고향 별을 떠나 지구까지 오지 않았다고 해도, 기술적으로 진보한 그들의 존재를 알아차릴 수 있다는 사실은 고려하지 않았다. 우리는 우리의 존재를 거의 한 세기에 걸쳐 온 우주에 알리고 있었다. 라디오와 TV를 사용해서 세상의 정보를 보내기 시작할 무렵부터 우리는 신호를 우주로 흘리고 있었던 것이다. 겨우 수십 광년 정도 거리에 있는 외계 문명이 있다면, 우연히 전파 망원경을 우리 태양으로 돌렸을 때 엄청난 양의 희미하지만 복잡한 라디오 신호를 잡을 수 있을 것이고, 그것은 태양을 돌고 있는 행성 중 하나에 생명체가 살고 있다는 신호가 될 것이다.

물리학 법칙이 우주 전체에 동일하게 적용된다고 믿고, 가장 쉽고 범용적인 신호 송출 방법이 전자기파를 이용한 것이라고 한다면, 기술적으로 진보한 어느 문명에서든 도중에 이런 형태의 통신 수단을 만들었을 것이라고 기대할 수 있다. 그렇다면 그 신호 중 일부는 우주로 나갈 것이고 광속으로 은하 전체에 퍼져 나가게 된다.

새로 만들어진 전파 망원경이 나오고 얼마 되지 않아, 20세기의 천문학자들은 그것을 이용해서 우주에서 오는 신호를 들을 수 있는 가능성에 대해 진지하게 고민하기 시작했다. 그리고 한 사람으로부터 외계의 지적 생명체를 찾으려는 진지한 탐색이 시작되었다.

드레이크 방정식

처음으로 진지하게 외계인을 찾아 나섰던 사람은 웨스트 버지니아 주 그린 뱅크에 있는 국립 전파 천문대에서 일하고 있던 천문학자 프랭크 드레이크Frank Drake였다. 그는 1960년에 라디오 주파수 영역의 전자기파 신호를 관측해서, 외계 태양계의 생명체 신호를 찾는 실험을 계획했다. 이 프로젝트는 프랭크 바움의 〈오즈의 마법사〉에 나오는 에메랄드 도시의 오즈마 공주의 이름을 따서 오즈마Ozma라고 명명되었다.

드레이크가 전파 망원경을 향한 곳은 태양과 유사하고 가까운 곳에 있는 고래자리 타우τ Ceti, 에리다누스자리의 엡실론ε Eridani, 두 개의 항성이었는데, 둘은 각각 12광년, 10광년 떨어져 있으며 생명체가 살 수 있는 행성을 갖고 있을 가능성이 높은 후보들이었다. 그는 라디오 신호를 잡기 위해서 수신 주파수를 특정한 값에 맞추었다. 그 주파수는 우주에서 가장 흔하고 가볍고 단순한 구조를 지닌 수소가 내는 것으로, 만약 외계 문명이 자신의 존재를 알리려고 한다면, 수소를 택할 확률이 가장 높았기 때문이었다. 그는 기록한 데이터에서 배경 잡음 위에 어떤 신호가 겹쳐져 있지 않은지 유심히 살펴보았다. 몇 달에 걸쳐 기록한 데이터를 확인했지만 단 하나를 제외하고는 흥미로운 신호는 나오지 않았다. 그 하나마저도 높은 고도를 비행하는 비행기에서 나온 것으로 확인되었다. 하지만 드레이크는 실망하지 않았다. 그는 늘 외계인의 신호를 찾는 과정이 로또를 사는 것과 비슷하다고 생각했다. 만약 그런 신호를 발견하게 된다면 엄청나게 운이 좋다는 걸 알고 있었다.

그는 좌절하지 않고, 그 다음 해에 외계 지적 생명체 탐사SETI, Search for

Extraterrestrial Intelligence(이하 세티)에 대한 첫 번째 콘퍼런스를 조직했고, 당시 이 주제에 관심을 갖고 있던 그가 알고 있는 모든 과학자를 초대했다. (열두 명 모두)

그는 그들의 관심을 집중시키기 위해서 우리 은하 안에서, 지구에서 관측이 가능한 전파 신호를 보낼 수 있는 외계 문명의 개수 N을 계산하는 방정식을 고안했다. 이 방정식에서는 7개의 숫자가 연속으로 곱해지는데, 그의 이름을 딴 이 방정식은 아래와 같다.

$$N = R_{*} \times f_p \times n_e \times f_l \times f_i \times f_c \times L$$

꽤 직관적인 식이다. 각 변수가 무엇을 의미하는지 차례대로 설명하고, 각각에 대해서 괄호 안에 드레이크가 처음 가정했던 숫자를 같이 표시해서, 어떻게 그가 그런 결론에 도달했는지 확인하도록 하겠다. 첫 번째 R_{*}은 매년 은하에서 새로 태어나는 별의 평균 개수이다. (드레이크는 매년 10개 정도라고 가정했다) f_p는 그 별들이 행성계를 갖고 있을 확률 (0.5), n_e는 행성계에 있는 생명이 살 만한 환경을 가진 행성의 평균적인 개수 (2), f_l, f_i, f_c는 각각 생명이 살기 적합한 환경에서 실제로 생명이 나타날 확률 (1), 생명체가 살고 있는 행성에 지적 생명체가 나타날 확률 (0.5), 자신들의 존재를 알리기 위해 우주로 신호를 내보낼 기술을 개발할 수 있는 문명이 나타날 확률 (1)이다. 마지막으로 L은 그런 외계 문명이 우주로 신호를 보낼 수 있는 기간이다. (10,000년) 드레이크는 이 숫자를 모두 곱해서 $N = 50,000$이라는 값을 얻었다.

페르미의 역설을 강조해 주는 인상적인 숫자이다. 그럼 이 숫자들은 얼마나 믿을 만할까? 당연하게도 전혀 신빙성이 없다. 계산에 필요한 것이 이 일곱 개의 숫자가 전부라고 하더라도, 여기 사용된 숫자들은 모두 어림짐작에 지나지 않는다. 앞의 세 가지 R_*, f_p, n_e는 반 세기 전에는 알려져 있지 않았지만, 천문학과 망원경의 발전으로 인해 최근에 우리 태양계 밖에서 여러 행성들이 발견됨에 따라 점점 값이 분명해지고 있다.

하지만 다음 세 개의 인자들은 지적이고, 의사소통이 가능한 생명체가 나타날 가능성과 관계 있는 확률들이다. 각각은 0(불가능)과 1(확실) 사이의 거의 모든 값을 가질 수 있다. 드레이크가 선택한 값들은 극단적으로 낙관적인 값이었다. 지구형 행성에 조건만 맞아떨어진다면 생명의 탄생은 당연히 일어난다고 보았고 ($f_l = 1$), 생명이 탄생하기만 한다면 지적으로 진화할 확률도 반반이라고 가정했으며 ($f_i = 0.5$), 그런 지적 생명체가 나타난다면 고의든 아니든 분명히 전자기파를 우주로 내보내는 기술을 개발할 것이라고 믿었다. ($f_c = 1$)

하지만 숫자는 아무래도 좋다. 드레이크 방정식은 단순히 우리 은하에 있는 외계 문명의 수를 추정하는 것 이상의 훨씬 중요한 역할을 해냈다. 바로 오늘날까지 이어지는 전 세계적인 외계 신호 탐색의 막을 연 것이다.

세티SETI

세티는 세계 각지에서 외계인의 신호를 찾기 위해 진행되고 있던 몇몇 프로젝트들을 통칭하는 이름이다. 과학자들이 전자기파로 신호를 주고받는 방법을 이해하기 시작했을 때부터, 우리는 외계에서 오는 전자기파 신호에 어떤 메시지가 담기지 않았는지 귀를 기울여 왔다. 가장 오래된 사건은 19세기까지 거슬러 올라간다.

1899년 콜로라도 스프링스 연구소에 있던 세르비아계 전기 공학자이자 발명가인 니콜라 테슬라Nikola Tesla는 자신이 만든 고감도 라디오 전파 수신기로 폭풍에 의한 대기 전기atmospheric electricity를 연구하던 중, 1, 2, 3, 4에 해당하는 연속된 코드 부호로 확인된 희미한 신호를 감지했는데, 그는 이것이 화성에서 온 것이라고 믿었다. 1901년 한 잡지 인터뷰에서 그는 흥분에 휩싸였던 당시를 이렇게 회상했다.

> 내가 찾아낸 것이 인류에게 막대한 영향을 끼칠 수 있다는 생각이 갑자기 떠올랐던 그 때의 느낌을 평생 잊을 수 없을 것 같다. 처음 그걸 발견했을 때 긍정적인 의미에서 소름이 돋았다. 거기엔 미스터리하고 초자연적인 뭔가가 있었고 나는 밤에 실험실에 혼자 있었다. [전기 신호가] 순서대로 숫자를 의미하는 신호가 주기적으로 들어왔지만 원인을 알아낼 수가 없었다. 조금 시간이 지난 후에 불현듯 내가 관찰한 그 신호를 지적인 존재가 보냈을 수도 있다는 생각이 떠올랐다.[12]

테슬라의 주장은 다양한 비판을 받았지만 그가 발견한 신호의 수수께끼는 결국 풀리지 않았다. 외계의 지적 생명체가 보낸 라디오 신호를 찾기 위해 처음으로 이루어진 조사는 1924년 미국에서 시행되었던 단기 프로젝트였다. 당시에만 해도 여전히 외계 문명의 고향으로 화성이 가장 유력

---

12 'Talking with the planets', Collier's weekly, 1901년 2월 19일자, p. 4~5

한 후보로 꼽히던 시절이었는데, 화성인들이 우리와 통신을 하려고 한다면 두 행성이 가장 가까워졌을 때 시도할 거라고 생각했다. 이렇게 두 행성이 가까워지는 현상은 지구가 태양과 화성 사이를 지나는 '충opposition[13]'일 때 일어난다. 1924년 8월 21일과 23일 기간에 화성과 지구가 수천 년만에 최고로 가까워지는 충이 일어났다. (이 기록은 2003년 8월에 갱신됐고 그 다음엔 2287년에 갱신될 예정이다) 만약 화성인이 정말로 있다면 이런 기회에 지구에 신호를 보낼 거라고 사람들은 확신했다. 미 해군에서는 이 아이디어를 진지하게 검토해서 '전국적 무선 침묵의 날 National Radio Silence Day'을 선포하고 화성이 지나가는 36시간 동안 매 시간마다 5분 동안 모든 라디오를 끄도록 했다. 워싱턴 DC에 있는 미 해군 관측소에서는 라디오 전파 수신기를 비행기에 싣고 1만 피트 상공에 띄웠고, 전국에 있는 모든 해군 기지에 수상한 전파를 감시하라는 명령을 내렸지만, 결국 그들이 확인한 것은 무선 침묵을 준수하지 않은 개인 방송 신호뿐이었다.

태양계 바깥까지 탐색을 확장한 프랭크 드레이크의 세티 프로젝트가 시작된 것은 그 직후의 일이었다. 전파 망원경이 우리의 관측 영역을 얼마나 확장시켜 주었는지 설명하자면, 드레이크가 1960년에 관측했던 약 10광년 거리의 두 별은 화성에 비하면 200만 배나 더 멀리 있는 것이다. 그건 마치 컵을 벽에 대고 옆집의 대화를 엿들으려고 했지만 잘 들리지 않았는데, 그 대신 런던에 앉아서 뉴욕에서 이야기하는 걸 들으려고 하는 것과 비슷하다. 확실히 전파 망원경의 접시를 정확히 어디로 향해야 하는지를 정하는 것은 중요한 문제였다.

---

13 역주 : 행성이나 위성이 지구에서 볼 때 태양의 정 반대편에 오는 것

캘리포니아의 세티 연구소는 1984년에 설립되었고, 몇 년 뒤에는 칼 세이건의 소설 〈콘택트Contact〉의 실제 주인공인 질 타터Jill Tarter의 지휘 아래 피닉스Phoenix 프로젝트가 시작되었다. 1995년부터 2004년까지 피닉스 프로젝트에서는 오스트레일리아, 미국, 푸에르토 리코에 있는 전파 망원경을 이용해서 지구로부터 200광년 이내에 있는 태양과 유사한 별 800개를 관측했다. 그들은 아무것도 찾아내지 못했지만, 그 프로젝트를 통해 외계 생명체 연구에 필요한 값진 정보를 얻었다. 질 타터는 동료 천문학자인 마가렛 턴불Margaret Turnbull과 함께 생명체가 살 수 있는 행성계를 가지고 있을 만한 가까운 별들의 카탈로그인 'habstarsHabitable stars'를 만들었다. HabCat 카탈로그에는 현재 17,000개의 별이 등록되어 있는데, 대부분은 수백 광년 이내의 거리에 있고, 지구와 유사한 행성을 갖고 있을 만한 후보가 될 법한 특성을 지닌 별들이다.

2001년에 마이크로소프트의 공동 창업자인 폴 앨런Paul Allen은 세티 계획에 전용으로 쓸 새로운 전파 망원경의 건설 초기 단계에 자금을 대기로 합의했다. 앨런 전파 망원경Allen Telescope Array (ATA)이라고 불리는 이것은 샌프란시스코에서 북동쪽으로 수백 마일 정도 떨어진 곳에 있으며 현재도 건설 중이다. 완공되면 각각 직경 6미터의 350개의 전파 수신용 접시가 하나로 연결되어 동작한다. 제1단계는 2007년에 완료되어 43개의 안테나가 작동 중이지만, 2011년에 정부의 지원 중단 때문에 이후의 프로젝트는 일시적으로 중단된 상태다. 그 후 곧, 이 전파 망원경을 살리기 위해 개인 자금을 모집하는 단체가 설립되었고, 수천 명의 모금의 손길이 이어졌는데, 칼 세이건의 소설 콘택트의 영화판에서 질 타터 역을 맡았던 조디 포스터도 모금에 동참했다. 나는 왠지 이 모든 것이 즐겁고 만족스러웠다.

포기는커녕, 외계인을 찾는 일은 여기서부터 본격적으로 시작이었다. 지금까지 우리는 겨우 전체 전자기파 스펙트럼 중 제한된 주파수 영역에서 수천 개의 별만 관찰해 왔을 뿐이다. ATA의 목표는 1,000광년 이내의 별 백만 개를 조사하는 것이다. 조사하는 주파수 영역도 넓어졌다. 드레이크가 처음 선택한 성간 수소 원자의 주파수인 1.42GHz는 당시에는 합리적인 선택이었다. 우리 하늘은 사실 매우 시끄러운 곳이다. 하늘은 은하에서 오는 잡음, 지구의 자기장 속을 돌아다니는 하전 입자의 움직임에서 오는 잡음, 초기 우주의 흔적인 우주 배경복사에 이르는 다양한 전파원에서 오는 라디오 파로 가득하다. 하지만 ATA로 탐색하게 될 주파수 영역은 1에서 10GHz 사이의 마이크로파 영역으로, 전자기파가 별로 없는 특별히 조용한 영역이라서 외계에서 오는 신호를 찾기에 이상적이다.

최근에는 지적 생명체의 신호를 찾는 것이 아니라, 그런 생명체가 살 수 있는 지구 같은 환경을 지닌 행성을 찾는 데 중점을 둔 연구도 진행 중이다. 오늘날 태양계 밖 행성 탐색은 가장 인기 있는 연구 분야 중 하나이다.

태양계 밖의 행성

태양계 밖의 외계 행성을 찾고 연구하는 것이 매우 흥분되는 일이라고 생각하는 사람이 나뿐만은 아닐 것이다. 별을 관찰하고 연구할 때는 그들이 내는 빛을 보고 무엇으로 만들어져 있는지, 어떻게 움직이는지에 대해 이야기할 수 있다. 하지만 행성에 대해서는 완전히 얘기가 다르다. 행성은 별보다 훨씬 작은 건 물론이고 그저 별빛을 반사할 뿐이라서, 가장 어두운 별보다도 백만 배는 더 어둡다. 그렇기 때문에 그들의 존재는 보통은 오직 간접적으로만 알 수 있다. 가장 보편적인 방법은 식蝕, eclipse 현상을 이용한 것으로 행성이 별의 앞을 지날 때 별의 밝기가 약간 줄어드는 것을 통해 확인하는 방법이다. 다른 방법은 행성의 중력이 그보다 훨씬 무거운 별에 미치는 작은 영향을 관측하는 것으로, 그 영향에 의해 별은 약간 구불구불하게 움직이게 된다. 이 현상은 우리 쪽으로 혹은 우리에게서 멀어지는 쪽으로 움직임에 따라, 별빛의 주파수(파장)가 변화하는 도플러 변이나 위치의 변동을 직접 측정해서 알 수 있다.

특별히 천문학자들의 관심을 끄는 것은 지구와 유사한 중력과 밀도, 중심이 되는 항성에서부터 적당한 거리에 있어서 표면에 물이 존재하는 행성들이다. 이런 조건들은 잠재적으로 생명이 나타나기에 적합한 환경이다.

이 책을 쓰고 있는 지금까지 발견된 외계 행성들은 약 700개 정도인데 이 숫자는 더욱 빠르게 늘어날 전망이다. 2009년, NASA는 외계 행성 발견에 필요한 장비를 탑재한 우주선을 쏘아 올려 탐색하는 케플러 계획Kepler mission을 시작했다. 2011년 2월 케플러 연구진은 거주 가능 영역에 위치하는 45개의 행성을 포함한 1,235개의 외계 행성 후보 목록을 발표했다. 이 중 6개는 지구 정도의 크기이거나 거의 비슷한 크기이다.

우리 은하에만도 최소한 500억 개의 행성이 있는 것으로 추산되며 그 중 1퍼센트(5억) 정도는 행성계 내의 거주 가능한 영역에 있다. 다른 추정치로는 지구와 비슷한 거주 가능한 행성의 수가 20억을 넘는다고 한다. 이 중에 3만 개 정도는 지구에서 1,000광년 이내에 위치해 있다.

지금까지 발견된 거주 가능한 외계 행성 중 단 두 개만이 과학계의 관심을 사로잡았는데, 거기서 생명체의 증거가 발견되어서가 아니라, 생명체가 살아남기에 적합하게 너무 뜨겁거나 차갑지 않은 골디락스 행성Goldi-locks planet의 조건에 가장 근접한 것이었기 때문이다. 첫 번째는 지구에서 20광년 떨어진 천칭자리의 적색 왜성 Gliese 581 주위를 돌고 있는 Gliese 581d라고 불리는 행성이다. 이름에 붙은 d는 이 별을 돌고 있는 세 번째 행성이라는 것을 나타낸다. (어떤 항성 주변을 돌고 있는 행성은 'b'부터 시작해서 알파벳 순서대로 번호를 매긴다. A는 항성을 나타낸다.) Gliese 581d의 크기는 지구의 다섯 배가 넘지만, 최근 기후 시뮬레이션에 따르면 대기가 안정적이며 표면에 물이 있는 것으로 나타났다. 같은 별을 돌고 있는 몇 개의 잠재적인 거주 가능한 행성도 발견되었지만 아직까지 확정된 것은 아니다.

두 번째 후보는 지구에서 약 36광년 떨어진 돛자리의 별 HD85512를 돌고 있는 HD85512b이다. (HD라는 이름은 헨리 드레이퍼Henry Draper 카탈로그에서 온 것이다) 이 행성은 지금까지 발견된 거주 가능한 외계 행성 중 가장 크기가 작은데 현재 생명이 살기에 가장 적합한 것으로 알려져 있다. 크기는 지구의 약 4배 정도에 중력은 1.5배이며 대기 상층부의 온도는 25도 정도로 추정된다. 표면 온도는 아직 알려지지 않았지만 아마 제법 높을 것으로 보인다. 그 행성의 1년은 지구 기준으로는 약 54일밖에 되지 않는다.

케플러 계획에서 첫 번째로 공식 확인된 외계 행성 케플러 Kepler 22b가 발표된 2011년은 매우 흥분되는 시기였다. 그 곳의 태양은 Gliese 581이나 HD85512보다 훨씬 먼, 거의 600광년 거리에 있지만 우리의 태양과 매우 흡사하다. (G형 주계열성이라고 불린다) 현재 추정으로는 지구의 몇 배 정도의 크기라는 것 외에 정확히 얼마나 큰지에 대해서는 자세히 알려지지 않았고, 지구처럼 바위로 이루어졌는지 토성이나 목성처럼 가스로 이루어져 있는지에 대해서도 알려지지 않았다. 만약 정말 암석으로 이루어져 있다면 표면에 액체 상태의 물이 존재할 가능성이 있고, 우리의 태양과 비슷한 별의 주변에서 적당한 거리를 돌고 있다면, 생명체가 살고 있을 가능성이 있는 흥미로운 후보일 수도 있다.

우리가 조만간 이 모든 의문에 답을 할 수 있느냐에 대해서는 논란의 여지가 있겠지만, 우리는 짧은 기간 동안 외계 행성 연구에서 큰 진보를 이루었고 여러 가지 발견들이 이어지고 있다.

우리는 얼마나 특별한가?

물론 어떤 행성이 생명체가 살기에 적합한가도 중요하지만, 알맞은 조건이 주어진다면 지구 외의 다른 곳에서 생명이 진화할 가능성은 얼마나 될까? 이것에 답을 하려면 우선 지구에서 생명이 어떻게 시작되었는지를 이해해야 한다.

우리 지구는 식물과 동물, 박테리아에 이르는 다양한 생명체로 가득 차 있다. 그리고 미생물을 포함한 많은 종들이 극한의 추위나 열기 같은 혹독한 환경, 심지어는 태양빛이 없는 곳에서도 번성할 수 있는 것으로 보인다. 이런 생명의 다양성, 젊은 지구의 온도가 내려가자마자 비교적 빠른 시간 내에 지구를 장악한 것만 보더라도, 생명이 시작되는 것 자체는 그리 어려운 일이 아니었던 것 같다. 하지만 이런 시각이 과연 옳을까? 지금 우리는 우주 어딘가에는 최소한 박테리아라도 살기에 알맞은 조건을 만족하는 곳이 있다는 걸 알고 있다. (좀 더 구체적으로 우리 태양계 어딘가라고 할 수도 있다) 그러니 다른 곳에서도 여기와 마찬가지로 생명이 나타났을 거라고 보는 것이 타당하다. 그럼 우리가 사는 지구는 얼마나 특별할까?

지구는 확실히 너무 뜨겁지도 차갑지도 않게 태양에서 딱 알맞은 거리만큼 떨어져 있다. 또한 바깥 궤도에 돌고 있는 거대 행성인 목성도 큰 도움이 되는데, 목성은 마치 우리를 지켜 주는 큰 형처럼 묵직한 중력장으로 우주 먼지나 소행성들을 빨아들여서 지구에 떨어지는 것을 막아 준다.

지구의 대기는 우리가 숨쉴 수 있는 공기를 제공해 줄 뿐만 아니라 (생명이 처음 나타난 것은 지구 대기에 산소가 없을 때였다) 외부에서 오는 전자기파와 상호작용하는 것 때문에 매우 중요하다. 대기는 가시광선에 대해서는 투명하지만, 적외선(열)은 들어오는 방향(태양에서)이나 나가는 방향(지표에서) 모두 부분적으로 흡수한다. 이런 온실효과greenhouse effect는 대기를 데워 주는 역할을 해서 지표의 물이 액체의 형태를 유지할 수 있게 해 준다. 액체 형태인 물은 수증기나 얼음보다 생명이 번성하는 데 훨씬 유용하다.

지구를 돌고 있는 달도 필수적이었던 건 마찬가지다. 달의 중력은 지구의 자전을 안정화시켜서 생명체가 진화하기 적합한 안정된 기후를 제공했고, 수십 억 년 전 지구에 매우 가까웠을 무렵에는 조석력tidal force이 지구의 맨틀에 작용해서 맨틀을 가열하는 데 도움을 주고, 또한 지구의 자기장을 형성하는 데 도움을 주었을 수도 있다. 이 지구 자기장은 태양풍에 지구 대기가 날아가버리지 않게 유지해 주고 있다.

심지어 그러한 판구조론 과정들은 대기 온도를 안정화시키는 데 필요한 탄소 순환과 지구 상의 생명체들에게 양분을 공급하는 것을 도와주는 중요한 역할을 하며 또한 지구 자기장에도 기여한다.

그렇게 보면 우리 행성은 꽤 놀라운 조건일 수도 있다. 하지만 그렇다고 해서 여기서 생명이 탄생하는 것이 당연한 걸까? 일단 생명이 탄생하고 진화가 시작되고 생명은 스스로 번성해 왔지만, 진짜 문제는 가장 첫 번째 단계부터다. 지구 상에 최초로 나타난 생명체는 단세포 원핵생물prokaryote(세포핵이 없는 단순한 유기체)로 약 35억 년 전으로 거슬러 올라간다. 이 생물들은 원시 유기체에서 진화했는데, 이 유기체 자체는 막질 안에 들어 있는 유기 분자에 지나지 않지만, 생명체의 중요한 두 가지 조건인 복제와 대사를 조절하는 능력을 갖고 있었다.

우리는 (단백질을 만드는 데 필요한) 아미노산이나 뉴클레오티드(DNA를 구성하는 단위)와 같은 유기 분자가 어떤 과정을 거쳐 최초의 복제자 replicator가 되었는지 아직 모른다. 생명이 어떻게 시작되었는가에 대한 질문은 과학에서 가장 중요한 것 중 하나인데, 방금 설명한 방식은 무생 기원설abiogenesis이라고 부른다. 많은 사람들이 생명은 오직 다른 생명에서만 나올 수 있다는 유생 기원설biogenesis과 자연적 과정을 통해 무기 물질에서 생명이 나타날 수 있다고 보는 (화학과 생물학이 만나는 지점이다) 무생 기원설을 혼동한다. 무생 기원설에 대한 연구는 무생물에서 생명체로 바뀌는 자연 발생에 해당하는 마술 같은 단계가 무엇이었는지를 찾아내려는 것이다.

지구에서 생명이 저절로 나타났다고 보는 것은 고물상에 태풍이 불어서 거기에 쌓여 있는 물건들이 우연히 비행기가 되는 것만큼이나 어렵다는 점에서 논란이 되어 왔다. 즉 유기 분자들이 그저 확률만으로 서로 붙어서 가장 단순한 형태의 생명체를 이룰 정도의 가능성만을 따져봐도 놀라울 수준의 우연의 일치라는 것이다. 이것은 과연 적절한 비교일까?

1953년, 시카고 대학의 스탠리 밀러Stanley Miller와 해럴드 유리Harold Urey는 이런 의문에 답하기 위해 우리가 잘 알고 있는 그 실험을 수행했다. 그들은 기본적인 재료로 시험관에서 생명을 만들어 낼 수 있을지를 확인하고자 했다. 그들은 초기 지구의 대기 조성이라고 추정한 암모니아, 메탄, 수소를 물과 섞은 혼합물을 가열해서 증발시켰다. 그리고 대기에서 번개가 치는 상황을 흉내내기 위해 전극 사이에 스파크를 일으킨 후 증기를 응축시켰다. 일주일 간 이 과정을 반복한 다음에 그들은 여기서 아미노산이 생성되기 시작한 것을 알아냈다. 아미노산은 특별한 형태의 배열로 이어져서 세포의 단백질을 만드는 중요한 구성물질이다. 하지만 완성된 형태의 단백질이나 생명의 또 다른 중요한 재료인 핵산nucleic acid(DNA나 RNA 같은)은 발견되지 않았다.

훌륭한 시작에도 불구하고 그 실험 이후 반 세기 동안에도 과학자들은 인공 생명체를 만들어 내지 못했다. 그렇다면 생명이 저절로 나타나는 것이 정말 그렇게 불가능한 일인 걸까? 우리는 적어도 그런 일이 최소한 한 번은 일어났었다는 걸 안다. 우리가 그 살아 있는 증거니까. 하지만 오늘날 지구 상의 모든 생명체가 과연 하나의 공통 조상에서 갈라져 나온 것인지 알아보는 것은 흥미로운 일이다. 만약 그렇지 않은 것으로 밝혀진다면 생명체의 탄생은 한 번 이상 일어났다는 의미이고, 그런 현상은 우리가 생각했던 것만큼 특별하진 않을 테니 말이다.

최근 논란이 되고 있는 한 연구가 이런 아이디어를 다루고 있다. 캘리포니아 사막의 한 이상한 호수에서 발견된 Strain GFAJ-1이라는 이름을 가진 새로운 미생물(발견한 대상에 이름을 짓는 센스가 없기로는 미생물학자들도 천문학자들 못지 않다는 것을 증명하는 이름이다)이 발견되면서 이 연구가 시작되었다. 약 백만 년 전에 형성된 것으로 보이는 모노 호수Mono Lake는 화학적 조성이 매우 특이하다. 바다보다 염도가 두세 배 정도 높고, 염소, 탄산염, 황산염을 함유한 pH 10 정도의 강알칼리성이다. 물고기는 살지 않지만, 이 호수의 화학적 조성 덕분에 특정 종류의 단세포 조류와 매년 그곳에 몇 달간 머물다 가는 수백만 마리의 철새에게 중요한 먹이가 되는 브라인쉬림프에게는 이상적인 서식처가 된다. 아, 그리고 이 호수에는 비소[14]도 잔뜩 들어 있다.

GFAJ-1 박테리아는 펠리사 울프-사이먼Felisa Wolfe-Simon이 이끄는 나사 생물학자들의 관심을 끌었는데, 이 박테리아는 이전에는 전혀 알려져 있지 않았던 비소를 이용하는 대사 능력을 갖고 있는 것으로 밝혀졌다.

지구 상의 생명체들은 다양한 원소의 조합으로 이루어져 있지만, DNA 자체는 오직 탄소, 수소, 질소, 산소, 인, 다섯 가지 재료로 만들어진다. 여기서 이 원소들을 비슷한 화학적 성질을 가진 다른 원소로 대체할 수 없을까 하는 의문을 떠올릴 수 있다. 비소는 주기율표에서 인 바로 아래에 있으며 비슷한 원자 구조를 갖고 있다. 나사의 과학자들은 GFAJ-1이 비소에 저항을 갖고 있으며, 모노 호수는 인의 함유량이 매우 낮다는 사실을 알아냈다. 박테리아는 비소가 풍부한 환경에 있을 때 번성했으며, 심지어 인을 완전히 제거했을 때도 그러했다. 세포를 복제할 때 새로운 DNA를 만들 원료가 필요할 텐데, 이 박테리아들은 다섯 가지 필수 원소 중 하나가 없는 상황에서 어떻게 복제를 하는 걸까?

2010년 말에 발표된 그 연구진들의 논문은 과학계에 세계적인 선풍을 일으켰다. 그들은 GFAJ-1의 DNA 구조는 인을 비소로 치환한 형태라고 밝혔다. 만약 이것이 사실이라면 우리는 백만 불짜리 연구를 마주하고 있는 것이다. 이 미생물들은 이런 방식으로 비소를 이용하는 능력을 진화시

14 역주 : 비소(As)는 사극에 자주 등장하는 사약의 주 재료인 비상(As_2O_3)을 만드는 데도 쓰인다.

킨 것일까 아니면 별도의 무기 발생 과정에서 나타난 것일까? 만약 후자라면 적어도 두 가지 상황에서 생명이 탄생한 것으로 볼 수 있고, 생명의 탄생 과정이 그렇게 드문 현상이 아니라고 볼 수도 있는 것이다.

우리는 여전히 지구 상의 생명이 어떻게 탄생했는지 모른다. 이 질문에 답을 할 수 있다고 하더라도 지적 생명체의 탄생을 둘러싼 퍼즐들은 여전히 남아 있다. 결국 생명체는 우주의 여러 군데에 존재하지만 지적 생명체는 오직 한 곳에만 존재할 수도 있는 것이다.

최근 까마귀의 행동을 연구한 결과에 따르면, 이 새들이 놀라운 지능을 갖게 된 것은 인간과는 전혀 다른 진화 경로를 통해서라고 한다. 그렇다면 아마도 지능도 다윈의 진화적 관점에서 불가피한 결과일지도 모른다. 이런 연구나 다세포 생물이 수십 억 년 전에 단세포 생물에서 진화했다는 것과 같은 연구들은 우주의 다른 곳에서도 무생물에서 인류와 같은 지적 생명체에 이르는 중요한 단계가 일어났을지도 모른다는 것을 시사한다.

인류 원리

이 장을 마치기 전에 페르미가 던진 질문보다 훨씬 더 심오한 질문을 언급하고 가야겠다. 이 주제는 최근 몇 년 전까지도 철학 분야에만 갇혀 있었으나 지금은 주류 물리학에서도 다루어지고 있다. 우리 우주 혹은 적어도 우리가 사는 우주의 일부분은 인류가 살기에만 적합하도록 정교하게 조정되어 있다는 것은 불가능하다는 인류 원리가 바로 그 핵심이다. 이 문제는 1973년 폴란드에서 코페르니쿠스의 탄생 500주년을 기념하기 위해

열린 콘퍼런스에서 호주의 우주론자 브랜든 카터Brandon Carter에 의해 현대적인 형태로 제안되었다. 카터는 이렇게 설명했다.

"우리가 관측할 수 있는 모든 것들은 관찰자로서 우리가 존재하는 데 필요한 조건들에 의해 제약을 받을 수밖에 없다. 우리의 상황이 반드시 중심이 될 필요가 없음에도 불구하고, 다소 불가피하게 그런 특권을 부여 받을 수밖에 없는 것이다."

코페르니쿠스가 인류가 우주에서 특별한 위치에 있지 않다는 것을 주장한 첫 번째 과학자였던 것을 생각해 보면 그곳에서 그런 아이디어가 소개된 것은 흥미로운 우연이다. 이곳에서 카터는 우주가 우리에게 이렇게 보이는 것은 그것이 조금이라도 달랐다면, 우리는 존재할 수조차 없었을 것이기 때문이라고 주장하고 있다. 내가 몸담고 있는 핵물리학 분야의 예를 들어 보겠다. 자연의 네 가지 기본적인 힘 중 하나인 강한 핵력은 원자핵을 서로 묶어 주는 역할을 한다. 강한 핵력은 두 개의 수소 원자핵(양성자)을 하나로 묶기엔 충분하지 않지만, 양성자와 중성자를 묶어 중양자Deuteron(중수소의 핵)를 만들기엔 충분하다. 중양자는 수소가 헬륨으로 바뀌는 핵융합 과정에서 매우 중요한 역할을 담당하는데, 이 핵융합 과정은 모든 별들의 원동력이며 우리의 태양이 내는 빛과 열도 여기서 나온다. 하지만 이 강한 핵력이 약간 더 강했다면 어떻게 되었을까? 아마 두 양성자를 하나로 묶을 만큼 강해서 수소가 헬륨으로 바뀌는 것이 훨씬 쉬워졌을 수도 있다. 사실은 아마 빅뱅 직후 우주 상의 모든 수소가 헬륨으로 바뀌어 버렸을 것이다. 수소가 없었다면, 수소와 산소가 만나서 물이 될 일도 없고 생명이 탄생할 기회조차도 없었을 것이다.

인류 원리는 만약 우주가 조금이라도 달랐더라면, 여기 앉아서 질문하고 있는 우리도 없었을 것이기에, 우리의 존재 자체가 우주로 하여금 그런 특성이 되도록 만든다는 것으로 보인다. 하지만 이게 정말 그렇게 놀라운 얘긴가? 아마 우주가 지금과 조금 달랐다고 해도, 그 상황에 맞는 조건에 따라 진화해서 여전히 왜 우주는 이렇게 정밀하게 조정되어 있는 건지 궁금해하고 있었을지도 모른다.

이것을 생각하는 다른 방법은 우리 존재에 대해서 자문해 보는 것이다. 당신은 어떻게 태어나게 된 걸까? 결국 당신의 부모님들이 만나서 당신을 낳을 확률은 얼마였을까? 부모님의 부모님들이 만나서 그들을 낳을 확률은? 그렇게 따져보면 우리는 생명의 기원까지 거슬러 올라가는 길고 긴 매우 불가능해 보이는 연속적인 사건들의 끝에 서 있는 셈이다. 그 중 하나의 연결고리만 끊어져도 여러분은 여기 있을 수 없다. 그러니 여러분은 이 인류 원리가 여러분에게 어떻게 적용되는지 곰곰이 생각해 볼 수 있겠으나, 그것 자체는 로또에 당첨된 사람이 자신의 행운에 대해서 생각하는 것과 별로 다르지 않다. 또한 그 사람의 번호가 당첨되지 않았더라도 누군가 당첨되었을 것이고, 그 사람도 마찬가지로 이 불가능한 수준의 행운에 의문을 가질 수 있을 것이다.

브랜든 카터의 주장은 약한 인류 원리로 알려진 것인데, 그와 더불어 강한 인류 원리도 있다. 거기서는 지적 생명체가 어딘가에서 진화하고 어떤 시점에 자신의 존재에 의문을 가지기 위해서는 우주는 이런 형태가 되어야 한다고 설명한다. 이 버전은 좀 더 미묘하고 훨씬 관념적이다. 개인적으로 나는 이건 좀 말이 안 된다고 생각한다. 그건 마치 우주가 우리를 낳기 위해서 강제적으로 이렇게 만들어졌다는 식의 주장으로 우주에 목적을 지우는 것이다. 이런 강한 인류 원리의 양자역학 판도 있는데 앞서 슈뢰딩거의 고양이에서 해결책으로 제시되었던 '의식적인 관찰자'와 동등한 것으로, 우주는 과거부터 줄곧 우리의 관찰에 의해서 비로소 현실이 된다는 주장이다. 모든 가능한 우주의 모습 중 우리가 그 안에 존재할 수 있도록 허락하는 단 하나의 우주를 선택한다는 것이다.

인류 원리의 퍼즐에서 빠져나가는 훨씬 간단한 방법은 바로 다중 우주 이론의 매력에 몸을 맡기는 것이다. 결국, 모든 가능한 형태의 우주가 동시에 존재한다면 그 중 살기에 적합한 우주에 존재하는 인류를 발견하는 건 별로 놀라운 일도 아닐 테니까.

*

이제 처음으로 돌아가 이 장을 마무리할 시간이다. 엔리코 페르미는 우주는 왜 이렇게 무서울 정도로 조용한가라는 유명한 질문을 던졌다. 어쨌든, 우리에게 맞도록 미세 조정된 우주는 결국 우리와 크게 다르지 않은 다른 생명체들에게도 맞도록 되어 있는 것이다. 수십 억 개의 은하를 지닌 넓고 넓은 우주에 지구가 아무리 특별하고 생명이 탄생할 가능성이 아무리 낮아도, 우주 어딘가에는 생명이 존재할 가능성이 압도적이라고 하지만, 이 은하수의 작은 모퉁이에 있는 건 그저 우리뿐일 수도 있다.

그럼 이렇게 헛수고일 수도 있는 탐색을 계속하고 있는 건 왜일까? 그것은 우리가 존재에 대한 가장 근본적인 질문들의 답을 찾고 있기 때문이다. 생명은 무엇인가? 우리는 특별한 존재인가? 인간이 된다는 것은 어떤 의미이고 우주에서 우리의 위치는 무엇인가? 비록 이러한 질문에 대한 답을 찾지 못한다고 할지라도 여전히 그런 의문을 갖는 것은 중요한 일이다.

REMAINING QUESTIONS
남은 질문들

입자는 빛보다 빠르게 움직일 수 있는가?
우리는 자유 의지를 갖고 있는가?
그 외에 남은 수수께끼들

과학으로 곧 이해하고 해결할 수 있는 것. 언젠가는 과학으로 풀 수 있을 것으로 보이지만 먼 미래에나 가능할 만한 것. 철학적이거나 형이상학적이라서 과학은 절대로 답을 줄 수 없는 것. 마지막 분류는 문제가 과학의 범주를 넘어서거나 명확한 답을 끌어내기 위해 문제를 조사할 방법조차도 찾을 수 없는 경우이다.

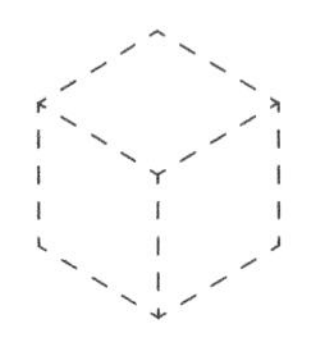

우리가 지금까지 과학에서 가장 어려운 패러독스 아홉 가지를 성공적으로 풀어냈다는 데 여러분도 동의하리라고 믿는다. 악마를 물리치고, 고양이와 우리 할아버지들을 구해냈으며, 옥신각신하는 쌍둥이들을 말렸고, 밤하늘과도 화해했고, 그리스 사람 제논을 원래 시대로 돌려 보냈다. 하지만 아마 내가 과학으로 깔끔하게 해결할 수 있는 문제들만 고른 것이 아닌지, 다른 난제들이 산적해 있는데도 아직 답이 없기 때문에 내가 마음대로 무시해 버린 건 아닌가 하는 의문이 들 수도 있을 것 같다. 물론 다른 문제들도 많다. 우주는 수수께끼로 가득하기에 더욱 매력적인 곳 아닌가.

아직 해결되지 않은 수수께끼와 미스터리들을 다음 세 가지로 분류할 수 있다. 과학으로 곧 이해하고 해결할 수 있는 것, 언젠가는 과학으로 풀 수 있을 것으로 보이지만 먼 미래에나 가능할 만한 것, 철학적이거나 형이상학적이라서 과학은 절대로 답을 줄 수 없는 것. 마지막 분류는 문제가 과학의 범주를 넘어서거나 명확한 답을 끌어내기 위해 문제를 조사할 방법조차도 찾을 수 없는 경우이다.

이렇게 후반부에서 과학의 난제들에 대해 깊이 다루기보다는 몇 가지 예를 분류하는 정도로만 해 두는 것이 좋을 것 같다. 여기 나열한 순서는 해결될 가능성이 높은 순서가 아니라는 점과 여기 제시한 예들은 지극히 개인적이고 주관적인 목록이며 모든 종류를 포괄하는 것도, 패러독스 유형에만 국한된 것도 아니라는 점을 강조하고 싶다. 이것들을 나열하는 것은 그저 우리가 우주와 우리가 살고 있는 곳에 대해서 아직도 얼마나 알아야 할 것이 많은지를 보여주기 위해서이다.

우선 첫 번째 유형에 속하는 열 가지 예를 들어 보겠다. 이 문제들은 아마도 내가 살아 있는 동안에 어느 정도 만족스러운 해답이 나올 것으로 예상되는 것들이다.[15]

1. 왜 우주에는 물질이 반물질antimatter 보다 많은가?
2. 암흑 물질은 무엇으로 구성되어 있는가?
3. 암흑 에너지는 무엇인가?
4. 완벽한 투명 망토는 가능한가?
5. 화학적 자기조립chemical self-assembly 으로 생명 현상을 어디까지 설명할 수 있을까?
6. 길게 이어진 유기 분자 가닥은 어떤 방식으로 접혀서 단백질이 되는가?
7. 인간의 수명에는 절대적인 한계가 있을까?

15 역주 : 저자인 짐 알-칼릴리 교수는 62년생으로 최근까지도 BBC 다큐멘터리에 출연하는 등 왕성한 활동을 하며 건강하게 지내고 있다.

8. 인간의 뇌는 어떻게 기억을 저장하고 불러낼까?
9. 지진을 예측할 수 있을까?
10. 컴퓨터의 계산 능력의 한계는 어디일까?

다음 열 가지 질문들은 개인적으로 과학이 언젠가는 답을 찾을 거라고 확신하지만 내가 살아서 그것을 볼 수 있을지는 의문이 드는 것들이다.

1. 입자들은 정말 아주 작은 진동하는 끈으로 되어 있을까? 아니면 끈 이론은 그저 잘 만든 수학적 이론일 뿐일까?
2. 빅뱅 이전에도 뭔가가 있었을까?
3. 숨어 있는 여분의 차원은 존재할까?
4. 의식은 뇌의 어느 부분에서 어떻게 나타나는 걸까?
5. 기계도 의식을 가질 수 있을까?
6. 과거로의 시간 여행은 가능할까?
7. 우주는 어떤 형태일까?
8. 블랙홀의 반대편에는 무엇이 있을까?
9. 양자역학의 기묘함에도 숨겨진 원리가 있을까?
10. 사람을 양자 텔레포트(순간이동) 시키는 것이 가능할까?

마지막은 과학의 범주 안에 있는 것인지조차 논란의 여지가 있는 질문들이다. 유감스럽게도 내 생각엔 아마도 과학은 절대로 이 질문들에 답할 수 없을 것 같다.

1. 인간에게 자유 의지가 있는가?
2. 평행 우주는 존재하는가?
3. 우주는 무엇으로부터 태어났는가?
4. 우리는 우주를 설명하는 수식을 발명했을까? 아니면 그 수식들은 발견되길 기다리며 이미 존재하고 있었을까?

빛보다 빠르게

이 장을 마무리하기 전에, 최근 실험 결과를 그대로 받아들인다면 잠재적으로 패러독스가 될 예를 하나 보여주겠다. 이 책을 쓰고 있는 시점에서 2011년 세계 언론의 헤드라인을 장식했던 입자 물리학의 미제가 두 가지 있었다. 두 문제는 모두 스위스 제네바의 CERN에서 있었던 입자 가속기 실험을 통해 나온 문제였다. 첫 번째는 입자가 과연 빛보다 빠르게 움직일 수 있느냐는 것이고, 두 번째는 우주 만물의 질량을 부여하는 기본 입자인 힉스Higgs 입자가 과연 존재하느냐는 것이다. 둘 다 현재로서는 결론이 내려지지 않았고 추가 실험이 필요한 상황이다.[16] 이 책이 오랫동안 쓸모가 있었으면 하는 마음으로 다소 무모하지만 이 두 가지 문제가 어떻게 될지 예측을 해 본다. 내 생각으로는 힉스 보존Higgs Boson은 2012년 여름쯤에 존재하는 것으로 확인될 것이고, 뉴트리노는 광속에 조금 못 미치는 속도로

16 역주 : 2012년 7월과 11월에 이루어진 실험을 통해 힉스 입자의 존재가 확인되었으며, 힉스 입자의 존재를 예측한 업적으로 피터 힉스(Peter Higgs)와 프랑수아 엥글레르(Francois Englert)가 2013년 노벨 물리학상을 공동 수상했다.

움직인다는 것이 확인될 것이다. 어쨌든 간에 만약 둘 중 하나, 아니면 둘 다 틀렸다고 하더라도 나를 비난하진 마시길!

어떤 뉴트리노는 빛보다 빨리 움직일 수 있다는 것과 힉스 보존의 존재가 잠정적으로 확인되었다는 논란의 대상이 되는 두 가지 뉴스 중 앞의 것이 과학적 패러독스에 훨씬 잘 어울린다.

이 문제는 유럽에 있는 스위스의 CERN과 이탈리아의 그랑 사소Gran Sasso에 있는 두 개의 입자 물리 연구소가 합작으로 한 실험에서 뉴트리노가 두 연구소 사이 730킬로미터에 달하는 지하의 암반을 통과하는 속도를 측정한 것에서 제기되었다. 뉴트리노는 어떤 물질과도 거의 상호작용을 하지 않기 때문에 암반도 진공처럼 통과할 수 있다. 지금 이 순간에도 여러분은 눈치챌 수 없겠지만 태양에서 만들어진 수십 억의 뉴트리노가 여러분의 몸을 통과하고 있다.

그랑 사소에 있는 OPERAOscillation Project with Emulsion-tRacking Apparatus는 극히 일부지만 이 잡아내기 힘든 입자를 측정할 수 있는 매우 크고 복잡한 장치다. 2011년 9월, 연구진은 CERN에서 만들어진 뉴트리노가 빛보다 60나노 초 정도 빨리 도착한 것을 확인했다고 발표했다. 훨씬 더 빠른 것은 아니지만 그 자체로 엄청난 결과다.

우리가 알고 있는 물리학 법칙에서는 어떤 것도 빛보다 빠를 수는 없다. 내 경험을 토대로 말하자면 아인슈타인의 상대론에서 가장 성가신 부분이 바로 이런 우주의 속도 제한이다. 아인슈타인이 상대론을 발표했던 1905년 이후로 수천 번의 실험을 통해 상대론이 옳다는 것이 확인되었고, 현대 물리학 이론의 전반이 그것을 토대로 하고 있다. 중요한 점은 빛의 존재 자체가 특별한 것이 아니라 이 속도 제한 자체가 시공간의 구조에 새겨져 있다는 것이다.

하지만 아인슈타인이 틀렸다면? OPERA의 실험 결과를 설명할 방법이 있는가? 과학적 이론은 전체적인 관점에서 언제나 그 이론이 틀렸다는 것을 증명하는 새로운 실험 결과가 나타나면 기존의 이론은 폐기되고, 보다 정확하고 현상을 더 잘 설명할 수 있는 이론으로 대체될 준비가 되어 있다. 하지만 뛰어난 이론을 폐기하려면 그에 걸맞는 증거가 필요한 법. OPERA 실험의 연구진도 자신의 실험에 대해 철두철미한 사람들임에도 불구하고 이번만큼은 어떻게 이런 결과가 나올 수 있는지에 대해서 손발을 들 수밖에 없었다.

언론에서 아인슈타인이 틀렸다는 둥 한동안 호들갑을 떨고 난 다음 이 드라마는 다음 국면에 접어들었다. 그랑 사소에서 수행한 ICARUS 실험에서도 CERN의 뉴트리노를 검출했는데, 여기서는 이동 시간이 아니라 에너지를 측정했다. OPERA에서 처음 발표가 나간 뒤 얼마 지나지 않아서 이론 물리학자들은 만약 뉴트리노가 정말 초광속으로 빛보다 빠르게 움직였다면, 이동 중에 전자기파를 방출하고 에너지가 줄어들었을 것이라는 점을 지적했다. 그러지 않고 광속을 넘어섰다는 것은 마치 비행기가 소닉붐sonic boom[17] 없이 음속을 돌파하는 것과 비슷한데, 한 마디로 있을 수 없는 일이었다.

ICARUS의 연구진들은 뉴트리노가 출발할 때와 동일한 에너지를 가지고 검출되었기 때문에, 이런 전자기파의 발생에 대한 증거를 찾을 수 없었다고 발표했다. 입자는 여전히 빛보다 빠른 속도로 움직일 수 없는 것으로

17 역주 : 공기 중에서 음속을 돌파할 때 발생하는 충격파

판명되었다.

요점은 OPERA의 결과가 아인슈타인의 상대론이 틀렸음을 증명하는 것이 아니듯이, ICARUS가 아인슈타인의 옳음을 증명한 것도 아니라는 점이다. 두 결과는 모두 실험적 측정의 결과지 발견이 아니다. 확인을 위해서는 다른 연구소에서 독립적으로 시행한 실험 결과의 적절한 뒷받침이 필요하다. 여기까지가 광속이 세계 기록을 유지하게 된 이야기다.

하지만 개인적으로는 뉴트리노가 진짜로 광속보다 빨랐으면 좋았을 것 같다. 만약 그런 것으로 확인된다면 세상 모든 물리학자들에겐 천국이 따로 없을 것이다. 복도의 칠판은 휘갈긴 수식으로 가득해지고, 물리학자들은 고뇌에 빠질 것이며, 노벨 물리학상이 이 뉴트리노의 패러독스를 풀어낼 새로운 아인슈타인의 손길을 애타게 기다리게 될 테니까.

찾아보기

ㄱ

ㄴ

ㄷ

ㄹ

ㅁ

ㅂ

ㅅ

ㅇ

ㅈ

ㅊ

ㅋ

ㅌ

ㅍ

ㅎ